公共机构主被动式能源耦合利用适宜性研究

冯国会　王宏伟　于　水　李环宇　著

中国建筑工业出版社

图书在版编目（CIP）数据

公共机构主被动式能源耦合利用适宜性研究／冯国会等著. — 北京：中国建筑工业出版社，2021.12
ISBN 978-7-112-26604-3

Ⅰ. ①公… Ⅱ. ①冯… Ⅲ. ①公共建筑－能源管理－研究 Ⅳ. ①TU18

中国版本图书馆 CIP 数据核字（2021）第 190070 号

本书以能源规划角度为出发点，对公共机构主被动式能源利用适宜性及耦合供应优化展开研究。调研各省市公共机构基本情况、用能形式、被动能源利用现状、建筑负荷和能耗特点等情况，选取资源能源、能耗、技术、经济、环境五个适宜性评价指标，构建公共机构主被动式能源耦合利用适宜性评价体系。利用熵权法及综合指数法确定各地区能源耦合方案的综合适宜性得分，采用自然断点法对综合得分进行分级处理，得到全国各省市三类公共机构主被动式能源耦合利用的适宜性情况。

本书适用于从事公共机构节能、可再生能源利用的相关专业人士阅读使用。

责任编辑：齐庆梅
文字编辑：胡欣蕊
责任校对：芦欣甜

公共机构主被动式能源耦合利用适宜性研究
冯国会　王宏伟　于　水　李环宇　著
*
中国建筑工业出版社出版、发行（北京海淀三里河路 9 号）
各地新华书店、建筑书店经销
北京红光制版公司制版
北京中科印刷有限公司印刷
*
开本：787 毫米×1092 毫米　1/16　印张：15½　字数：374 千字
2022 年 6 月第一版　　2022 年 6 月第一次印刷
定价：**80.00** 元
ISBN 978-7-112-26604-3
（38141）

前　言

近年来，我国经济发展由高速增长阶段逐步转向高质量发展阶段，生态文明建设被纳入到"五位一体"总体战略布局。2008年，《民用建筑节能条例》和《公共机构节能条例》两个重要的国家建筑节能法规颁布实施，将公共机构节能明确列为重点。针对我国公共机构被动式能源应用基础数据缺乏、被动式能源未得到充分利用、主被动式能源协调耦合利用缺乏技术指导、能源供应系统评价指标体系未建立，导致被动式能源利用率低、协调耦合利用率不高等问题，本书开展公共机构主被动式能源优化协调耦合技术与评价指标相关研究，探讨不同气候区典型公共机构主被动式能源耦合利用的适宜性情况，促进我国改变现有的公共机构能源消费结构，向低碳型、可持续型转变，为公共机构能源利用提供新方案、新思路和新方法，为公共机构能源规划决策者和设计者提供更为直观的参考依据，对社会民生、生态环境、国家安全具有重要意义。

本书主要基于沈阳建筑大学冯国会教授研究团队从事的科研及教学成果所撰写，以能源宏观规划为出发点，对公共机构主被动式能源利用适宜性及耦合供应优化展开研究及分析。以我国各地区三类公共机构（政府机关类、教育事业类、卫生事业类）为研究对象，采用点面结合、问卷和实测结合、文献调研和实地调研结合的研究方法，对公共机构基本情况、建筑负荷和能耗特点、用能形式、被动式能源利用现状等展开调研。从资源能源、能耗、技术、经济、环境五个方面选取二级指标，构建公共机构被动式能源供应技术评价指标体系以及公共机构被动式与主动式能源耦合利用适宜性评价体系。运用熵权法对各项可量化指标进行权重赋值，利用综合指数法确定我国各地区不同能源耦合方案的综合适宜性得分，借助ArCGIS软件中的自然间断点分级法对综合得分进行分级处理，得到全国各省市三类公共机构主被动式能源耦合利用的适宜性情况，并开发适宜性分布软件。同时，基于MARKAL模型构建了公共机构能源耦合数学模型，对全国各地区公共机构主被动式能源优化配比进行了计算和分析，得到全国公共机构主被动式能源综合优化供应方案。

感谢参与全书研究工作的老师和同学们。全书共分为6章，来自中国建筑科学研究院有限公司的张景高级工程师负责第2章；来自沈阳建筑大学的王宏伟教授负责第3章；于水教授负责第4章；冯国会教授、李环宇博士负责第5章，以上作者共同完成了第1、6章。同时感谢侯英春、车文华、戴鹏飞、杨江辉、高启翔、刘一晗、柳梦媛、白璐、刘赫、段伟鑫等硕士研究生在查漏补缺等方面所做的工作。

本书相关内容的研究工作得到国家"十三五"重点研发计划课题"公共机构被动式与主动式能源优化协调耦合技术与评价指标研究"（2017YFB0604001）的资助支持。

由于时间仓促及研究团队水平有限，书中难免有疏漏和不妥之处，敬请广大读者批评指正，积极给予意见和建议，研究团队不胜感激！

目　　录

1 绪　　论

1.1　研究背景

随着经济社会的快速发展、化石能源的大量消耗，资源紧缺和环境污染等问题突显，在满足日益增长的能源需求的同时，如何保障能源安全、减少大气污染、应对气候变化成为世界各国亟待解决的难题。

1.1.1　能源安全

根据《2019 年 BP 世界能源统计年鉴》，2018 年全球一次能源需求增长 2.9%，是 2010 年以来增长速率最快的一年，同时能源消费产生的二氧化碳排放量增长 2%，也是近几年来的最高水平[1]。图 1.1 为 2018 年各国或地区对一次能源消费的增长贡献率，可以看出相比于美国、印度等国家或地区，中国的一次能源消费增长贡献率位居首位，高达 34%。

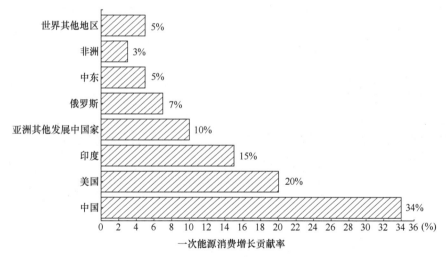

注：由于进位，上图的各国贡献率和值不为100%。

图 1.1　2018 年各国或地区对一次能源消费的增长贡献率

根据国家统计局公布的数据，2019 年我国煤炭、石油、天然气的消费量依次为 280422 万吨标准煤（tce）、91854 万 tce、39366 万 tce。现阶段能源消费结构依旧是以煤炭为主体，石油、天然气等化石能源消耗量也在逐年升高，但资源短缺严重。目前，我国石油已探明储量为 35 亿 t，占世界石油已探明总储量的 1.5%；2018 年中国石油产量为 1.891 亿 t，年均增长率下降了 1.3%，而石油消费量为 6.412 亿 t，年均增长率则上升了 5.3%。天然气的利用和发展主要受到自上而下"煤改气"政策的推动,产量及消费量均出现大幅度增长。根据《中国天然气发展报告(2019)》,2018 年中国天然气进口总量达 9039 万 t,比上年增长 31.9%,进口依赖度达到 45%,其中管道气进口量为 3661 万 t,增长 20.3%,LNG 进口量为 5378 万 t,增长 40.5%,由此可见我国对石油、天然气的进口依赖度越来越高。

同时,我国对太阳能、风能等可再生能源的开发利用逐渐增多,根据国家发展和改革委员会于 2016 年 12 月发布的《可再生能源发展"十三五"规划》,2015 年底,全国水电装机 3.2 亿 kW,光伏、风电并网装机分别为 4318 万 kW、1.29 亿 kW,太阳能利用面积超过 4 亿 m²。截至 2020 年,全国可再生能源发电装机 6.8 亿 kW,发电量 1.9 万亿 kWh,占全部发电量的 27%,各类可再生能源供热和民用燃料约替代化石能源总计 1.5 亿 tce。因此,最大限度地利用可再生能源逐渐成为未来的能源发展趋势。

1.1.2 气候变化及双碳目标

目前我国仍为发展中国家,经济社会发展所需要的各类能源、资源消耗量巨大。大量使用化石能源必然会导致环境污染问题,其中关注度最高的是二氧化碳等温室气体的排放。2015 年 12 月,在巴黎召开的气候变化大会上,《联合国气候变化框架公约》中近 200 个缔约方一致通过了《巴黎协定》这一全球气候变化的新协议,习近平主席在会上公开宣布中国碳排放在 2030 年左右达到峰值、2030 年单位 GDP 的二氧化碳排放量比 2005 年下降 60%~65%、非化石能源占一次能源消费比重达到 20%左右[2]。我国能源消费结构是以煤为主体,导致我国在应对气候变化方面承受巨大压力,根据《BP 世界能源统计年鉴》,2018 年我国二氧化碳排放量约为 9.4 亿 t,占全球碳排放量 27.8%,较 2017 年增长 2.2%。

2016 年国务院发布《"十三五"节能减排综合工作方案》中,二氧化碳、二氧化硫、氮氧化物在"十三五"期间的减排目标分别为 15%、15%、10%;2018 年 7 月,国务院印发《打赢蓝天保卫战三年行动计划》中,明确了大气污染防治工作的总体思路、基本目标、主要任务和保障措施及计划进程。提出到 2020 年,全国二氧化硫、氮氧化物排放总量控制在 1580 万 t、1574 万 t 以内,地级及以上城市空气质量优良天数比率达到 80%,除此之外,各地政府也相应发布政策以减少化石燃料燃烧对环境的影响。

2020 年 9 月 22 日,习近平总书记在第 75 届联合国大会一般性辩论上的讲话宣布:"中国将提高国家自主贡献力度,采取更加有力的政策和措施,二氧化碳排放力争于 2030 年前达到峰值,努力争取 2060 年前实现碳中和。"双碳目标是我国贯彻落实绿色发展的理念,推动经济高质量发展所做出的重大战略决策,其开启了我国以碳达峰和碳中和目标驱动整个能源系统、经济系统和科技创新系统全面向绿色低碳转型的新时代。

2019 年我国碳排放总量约为 100 亿 tCO_2,建筑领域碳排放达 39.8 亿 tCO_2,其中建筑运行碳排放约为 21.8 亿 tCO_2,隐含碳排放约为 18 亿 tCO_2。建筑领域的碳减排主要面临三方面的挑战:①新建建筑持续增加,碳减排压力大;②人民生活水平不断提高,人均碳排放强度将持续增长;③建筑供暖碳排放占比较大。如何快速实现碳达峰和转型升级，且不影响人居环境品质的改善和人民群众的幸福感和获得感，建筑领域面临巨大压力和挑战，产业结构、生产方式必将发生根本性变革。

1.1.3 公共机构能耗

近年来，我国城镇化高速发展，2018 年，我国城镇人口达到 8.31 亿人，城镇居民户数从 2001 年的 1.55 亿户增长到 2018 年的约 2.93 亿户；城镇化率从 2001 年的 37.7% 增长到 2018 年的 59.6%。快速的城镇化进程带动着建筑业持续发展，我国建筑业规模逐年扩大，城乡建筑面积大幅增加。2018 年我国民用建筑竣工面积约为 25 亿 m²，其中住宅建筑约占 67%，公共建筑约占 34%。在过去的十多年中，我国公共建筑总面积增长了近 3 倍，人均面积增长约 2.5 倍，是我国面积增长最快的分项[3]。

持续增长的建筑规模从建造和运行两方面驱动了大量的能源消费和碳排放增长。如图 1.2 所示为 2018 年中国建筑运行能耗分布情况，分别为北方供暖、城镇住宅、农村住宅、公共建筑四大类。横向坐标表示建筑面积，纵向坐标表示四部分建筑单位面积能耗强度，四个方块的面积即为建筑能耗总量。从建筑面积上来看，城镇住宅和农村住宅的面积最大，北方城镇供暖面积及公共建筑面积占建筑面积总量的 1/4 及 1/5，但从能耗强度来看，公共建筑和北方城镇供暖能耗强度又是 4 个分项中最高的。图 1.3 所示为 2004—2018 年中国民用建筑建造能耗发展情况。随着公共建筑面积及建筑能耗强度的逐年增长，公共建筑能耗已经成为中国建筑能耗中占比最大的一项[3]。

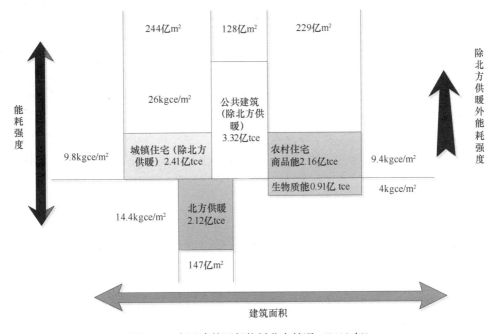

图 1.2　中国建筑运行能耗分布情况（2018 年）

随着我国经济的飞速发展，公共机构的数量还会持续增长，能耗需求也会不断增加。我国公共机构节约能源资源"十三五"规划节能目标中要求，以 2015 年能源资源消费为基数，2020 年人均综合能耗下降 11%，单位面积建筑能耗下降 10%，公共机构

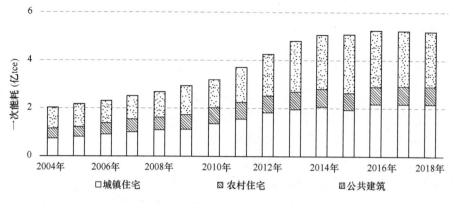

图 1.3 中国民用建筑建造能耗（2004—2018 年）

能源消费总量将控制在 2.25 亿 tce 以内[4]。因此从公共机构能源利用出发，探讨减少公共机构能源消耗的方法，是缓解我国经济发展与能源资源短缺矛盾的有效方法之一。

1.2 研究意义

党的十八大以来，我国经济发展已由高速增长阶段转向高质量发展阶段，生态文明建设被纳入到"五位一体"总体战略布局。2008 年，《民用建筑节能条例》和《公共机构节能条例》两个重要的国家建筑节能法规颁布实施，将公共机构节能明确列为重点。针对公共机构被动式能源应用基础数据缺乏、被动式能源未得到充分利用、主被动能源协调耦合利用缺乏技术指导、能源供应系统评价指标体系未建立，导致被动式能源利用率低、协调耦合利用率不高等问题，开展公共机构主被动能源优化协调耦合技术与评价指标的研究，形成不同气候区典型公共机构主被动能源耦合利用适宜性分布图。研究成果可促进我国改变现有的公共机构能源消费结构，向低碳型、可持续型转变，为我国公共机构能源利用提供新方案、新思路和新方法，并且为公共机构能源规划决策者和设计者的研究提供更为直观的参考依据，对社会民生、生态环境、国家安全具有重要意义。

1.3 研究内容及对象界定

1.3.1 研究对象界定

（1）公共机构类型

公共机构在早期综合性政策文件中被称为"政府机构"。在"十一五"十大重点节能工程中，"政府机构节能工程"对政府机构的定义为靠公共财政运行的各级政府机关、事业单位和社会团体包括军队、武警、教育、公共服务等公共财政支持的部门。其中，政府机关包括党的机关、人大常委会机关、政协机关、审判机关、检察机关等；事业单位包括上述国家机关直属事业单位和全部或部分使用财政性资金的教育、科技、文化、卫生、体育等相关公益性行业以及事业性单位；团体组织包括全部或部分使用财政性资金的工、青、妇等社会团体和有关组织。2008 年 10 月 1 日起施行的《公共机构节能条例》中，公共机构的定义为全部或者部分使用财政性资金的国家机关、事业单位和团体组织（该定义为《公共机构节能条例》中的释义[5]）。总而言之，公共机构涵盖全部或者部分使用财政性资金的国家机关、事业单位和团体组织，如各级政府机关、博物馆、图书馆、医院、学校、公检法、军队等。

图 1.4 是公共机构类型结构分布图。据初步统计，2010 年全国公共机构约 190.44 万个。其中，国家机关 44.62 万个，教育事业类 67.60 万个，卫生事业类 28.14 万个，科技事业类 18.95 万个，文化事业类 1.92 万个，体育事业类 0.62 万个，其他事业类 6.60 万个，社会团体 21.99 万个。前三类公共机构数量占公共机构总数量的 70％以上，三者可以代表公共机构整体能耗情况及特点。因此，本课题研究确定公共机构类型为政府机关类建筑（以办公建筑为主）、教育事业类建筑（以高校教学建筑为主）、卫生事业类建筑（以住院处、门诊为主的卫生医疗类机构），全面考虑公共机构建筑需求负荷，包括供暖、供冷、供电及热水供应。

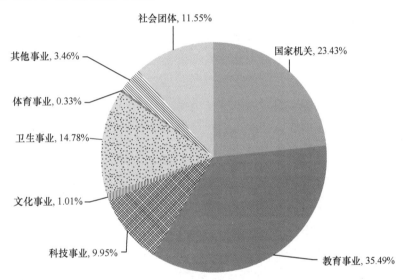

图 1.4　公共机构类型结构分布图

（2）被动式、主动式能源的定义

在本书中，定义被动式能源与主动式能源的主要区别在于能源的利用方式。被动式能源是指客观存在、可以通过相关技术手段直接利用的自然能源，如太阳能、地热能、风能等，多为可再生能源。主动式能源是指需要经过开采、运输、转换等环节才可以被建筑使用的能源，如煤炭、石油、天然气等化石能源，它们大多需要利用相关技术转换成电、热等其他能源形式。依据我国能源现状，本书确定研究被动式能源类型为太阳能、地热能，主动式能源类型为煤炭、天然气及电能。

（3）研究方向及层次

公共机构的建成及使用必须配以稳定安全的能源供应系统，一直以来以主动式能源供应为主（当地供应量不足可以调配输入），而本书是从环保、节能角度引入被动式能源，目的是减少对主动能源的使用。因此关注点在于能否利用当地被动式能源以及能利用多少的问题。

公共机构中被直接利用的能源通常为电能，电能作为一种二次能源，其来源可为常规能源（煤、石油、天然气），也可以是光电、水电、风电能等可再生能源，因此不容易区分电能为被动还是主动能源，市政热力及冷量也是能源转换中间产品。所以本书从能源供应侧出发，采用区域性能源规划的思路和宏观配置的研究层次，从源头出发确定主动能源形式。

从能源供应输入的角度研究各省煤、天然气、电、太阳能和浅层地热能的宏观配置方案，关注能源输出端的电、热、冷，不考虑能源具体转换系统和方式，以规划配置为目的探讨能源利用的适宜性。

1.3.2 研究内容及方法

针对公共机构被动式能源应用基础数据缺乏、被动式能源未得到充分利用、主被动式能源耦合利用缺乏技术指导、能源供应系统评价指标体系未建立等问题，本书通过调研不同气候区被动式能源资源基础数据、典型区域既有公共机构被动式能源利用的基础信息，建立公共机构被动式与主动式能源供应系统评价指标体系和评价方法，研究被动式能源与主动式能源耦合机理、优化配置原则，建立能源供应系统优化分析数学模型，开发被动式和主动式能源耦合利用适宜性分布软件，对不同气候区公共机构主被动式能源耦合利用的适宜性分布展开研究。主要内容和方法如下：

（1）公共机构用能现状及建筑负荷特点调研

课题以调查表的形式对不同气候区 600 个公共机构基本情况、能源应用现状、被动式能源利用基础信息等内容开展调研，通过调研公共机构建筑负荷情况，得到了政府机关类、教育事业类、卫生事业类三种类型公共机构冷热负荷特点。通过调研公共机构建筑负荷随时间分布特点，得出了公共机构建筑负荷的日变化特征、月变化特征以及年变化特征。在研究中主要讨论公共机构与室外气象参数的关系，找到了公共机构用能系统负荷的影响因素，并重点对 12 个典型区域公共机构被动式能源系统项目的运行参数进行测试，获得运行效率等关键参数。

（2）公共机构主被动式能源资源数据及利用情况调研

课题对被动式能源资源数据及主动式能源利用现状开展调研，整理全国 31 个省（自治区、直辖市）地热能、太阳能（被动式能源）以及电能与煤炭、天然气、电力（主动能源）等资源数据，调研各气候区公共机构地热能、太阳能利用现状，整理公共机构节能工作相关政策法规以及各省市可再生能源利用规划。针对目前被动式能源在公共机构中应用存在的问题进行剖析，并提出解决措施，为公共机构被动式能源规划发展提供建议。

（3）公共机构被动式与主动式能源供应技术评价指标体系研究

针对主被动能源在耦合利用方面缺乏科学客观的评价问题，在充分调研基础上，从供给侧能源规划角度出发，综合考虑不同地区主动式能源利用特征、被动式能源资源条件及技术发展水平、典型公共机构用能特点，确定资源能源、能耗、技术、经济、环境五个方面的评价指标，确定采用客观熵权法进行指标权重赋值，采用综合指数法进行适宜性综合评价，构建公共机构被动式与主动式能源供应技术评价指标体系，为后续能源利用适宜性分布图的绘制和软件开发制定标准和提供依据。

（4）被动式与主动式能源供应技术协调耦合分析数学模型基础研究

根据我国公共机构能源供应结构存在的问题，结合课题研究目标，对各类数学模型进行研究及筛选，分析各类模型的优缺点及适用性。采用 MARKAL 数学模型作为本课题能源耦合的基础模型，分析 MARKAL 模型的运算机理，结合公共机构能源供需特点，确定公共机构能源耦合数学模型的各类约束条件。采用负荷密度法构建公共机构能耗需求计算模型，在满足终端能源供求约束方程基础上构建公共机构能源供应量计算模型，采用碳排放系数法，以较"十二五"末期碳排放量降低 15% 为碳排放约束条件，构建公共机构碳排放计算模型；在满足转换技术条件约束方程基础上构建公共机构能源供应比例计算模型。

（5）全国各地区公共机构主被动能源优化配置方案研究

在构建公共机构主被动能源耦合模型结构及算法的基础上，利用情景分析法建立四种不同的能源供应方案，以辽宁省为例对公共机构主被动能源耦合模型进行实际应用，模拟不同方案下辽宁省公共机构的碳排放量及投资成本，通过分析和比较，确定辽宁省应采用天然气、太阳能与地热能的能源供应方案。将辽宁省公共机构的计算结果和方法推广至全国范围，通过调研各地区公共机构被动式能源应用情况，计算出全国各地区公共机构主被动能源的优化配比。同时调研全国 31 个省市、地区的 92 部政策规划，根据模型计算结果及政策调研结果给出我国各地区公共机构主被动能源优化配置方案。

（6）公共机构被动式能源与主动式能源耦合利用适宜性分布图的绘制

在公共机构被动式能源与主动式能源供应技术评价指标体系以及主被动能源优化配置方案研究基础上，选取熵权法对指标基础数据进行标准化及赋权处理，利用综合指数法确定不同能源耦合利用方案中各省三类公共机构适宜性综合得分。在 ArcMAP 地理信息系统中加载由全国地理信息资源目录服务系统下载 shpfile 格式中国省级行政区划图，利用软件中内置的自然间断点分级法对适宜性综合得分进行分级处理，将分级后的结果进行颜色渲染，绘制完成公共机构被动式能源适宜性分布图以及主被动式能源耦合利用适宜性分布图，并对公共机构被动式能源与主动式能源耦合利用适宜性分布结果进行分析。

（7）公共机构被动式与主动式能源耦合利用适宜性分布软件的开发

结合公共机构被动式能源与主动式能源供应技术评价指标体系及适宜性分布图研究成果，应用 HTML5、jdk1.8 开发了公共机构被动式能源利用适宜性分区软件，以 Visual Basic.net 为编程语言，Visual studio 2008 为开发环境，将公共机构被动式与主动式能源利用的适宜性研究成果融入主程序中，开发了公共机构被动式与主动式能源协调耦合利用适宜性分区软件。该软件可直观反应各地区被动式与主动式能源耦合利用适宜性情况，为公共机构能源规划决策者和设计者在主被动式能源利用方面进行优化配置提供帮助。

1.4 研究基础

1.4.1 国内外评价体系的研究现状

（1）国外评价体系研究现状

近年来在建筑的节能评价和持续性发展方面，国外已取得实质性的进展。这些进展包括建立了成熟的理论评价体系，政府出台并推行了相关法律政策，普及节能环保意识以及完成了各类的示范项目。在建筑评价体系的构建方面，欧美等发达国家已经构建了成熟可靠的建筑评价体系，世界上具有权威科学性的评价指标体系概况如表1.1所示，表中评价体系用于国际上对绿色建筑的评定，对绿色建筑的发展起到了推动的作用，其中英国的BREEAM评价体系、美国的LEED评价体系较为成熟，是多个国家认证并广泛使用的评价体系。日本的CASBEE体系、多国联合开发的SBTOOL评价体系，在借鉴成熟的BREEAM、LEED后，又根据各区域的实际情况，对评价指标做出了相应的调整。

各国或地区代表性评价指标体系　　　　　　　表1.1

评价指标名称	国家（地区）	开发机构	最新版本
BREEAM	英国	英国建筑环境研究院	BREEAM-2014
LEED	美国	美国绿色建筑协会	LEED-NC2014
CASBEE	日本	日本可持续建筑协会	CASBEE-2015
SBTOOL	多国	多国参与	SBTOOL-2014

1）英国BREEAM评价体系简析

BREEAM评价体系由英国建筑环境研究院开发建立，英文全称Building Research Establishment Environmental Assessment Method。该评价体系主要为绿色建筑的评价工作提供科学有效的工具，是世界上首个被广泛推广使用的绿色建筑评估方法。BREEAM评价体系具有"本地化"和"国际化"两个特点，该绿色建筑评价体系作为国际上最具权威实用的评价体系，本着因地制宜和平衡效益的理念为绿色建筑进行评估，并为绿色建筑的设计和建造提供切实有效的实践方法。BREEAM评价体系可以评估的建筑类型很多，如商场、新建建筑（如办公楼、住宅）、工业建筑或既有的建筑。目前，通过BREEAM体系认证的绿色建筑超过11万幢。以BREEAM-office为例，该评价体系由三个部分组成，下属9项二级评价指标[6]，如图1.5所示。

以办公类建筑评价体系为例，BREEAM具体指标、评价内容及分值如表1.2所示。

BREEAM评价体系权重分配表　　　　　　　表1.2

一级指标	评价内容（部分）	分值
管理	系统测试 场地调研 安全性 建设场地环境影响	12

一级指标	评价内容(部分)	分值
健康及舒适	采光 室内空气质量 空调分区 微生物污染 热舒适水平 减碳量	15
能源	可持续能源的检测 蓄冷特性 电梯	19
一级指标	评价内容(部分) 公共交通可达性	分值
交通	旅行方式 自行车配套设施	8
水资源	耗水量 用水计量 卫生用水的节水设施	6
材料	隔热性能 蓄热特性 可靠的材料来源 建筑场地垃圾管理	12.5
废弃物	堆肥 可回收的碎料 土地回收利用	7.5
土地使用和生态	污染的土地利用 改善场地生态	10
污染	制冷剂的 GWP 值 制冷剂的蓄热性	10
创新	隔噪特性 创新项	10

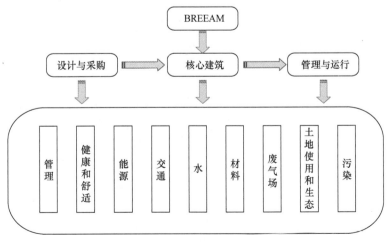

图 1.5　BREEAM 指标体系框架

2) 美国 LEED 评价体系简析

美国的 LEED 评价体系是由美国绿色建筑协会建立的国际性绿色建筑认证系统。目前，国际上有 120 多个国家使用 LEED 评价体系进行绿色建筑的认证，包括中国、印度、巴西、意大利等国。LEED 1.0 试行版自 1998 年首次发布，经过多年的试行和完善，结合实际的需求，创造出适用于不同建筑类型，不同生命阶段的评价工具。其中包括适用于新建建筑的 LEED-NC、商业建筑室内的 LEED-CI、既有建筑的 LEED-EB 等多个版本。LEED 评价体系大致从六个方面对建筑物进行考核和评估，分别为基地位置、节水效益、能源与大气、材料和资源、室内环境质量、创新及设计流程。如表 1.3 所示 LEED 评价体系的正式认证流程十分规范标准，评价的标准分为设计阶段和施工阶段，文件与信息的收集与认证也包含设计和施工阶段。项目经过一系列的评审打分后，会获得白金、金、银或铜的认证等级。具体流程如图 1.6 所示。

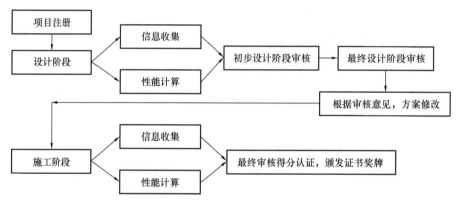

图 1.6　LEED 评价体系认证流程图

LEED 评价体系评估项目及分值　　　　　　　　　　　表 1.3

评估项目	分值	评估项目	分值
基地位置	14	材料和资源	13
节水效益	5	室内环境质量	15
能源与大气	17	创新及设计流程	5

3) 日本 CASBEE 评价体系简析

日本可持续建筑协会参考了国际上成熟、推广范围广的绿色建筑评价工具，根据自己国家的建筑发展情况，进行了日本本国的建筑环境性能效率综合评估工作，于 2012 年颁布了《低碳城市推广法》。由日本国土交通省支持的 CASBEE 评价体系于 2002 年颁布，首个版本主要是针对办公建筑的评价。CASBEE 评价体系的创新点在于首次把"建筑环境效率"这一指标列入评价体系中，此评估系统包括室内环境、服务质量、室内环境等建筑环境设计质量 Q 以及能源、资源材料、基地外环境等环境负荷 L 的比值 BEE，并以 Excellent、Very good、Good、Fair、Poor 五个等级为分级认证。其环境设计质量与环境负荷共分为 6 大项，其各项具有的相对权重比例如表 1.4 所示。其中权重比例最高的是室内环境与能源两大部分，室内环境主要领域为声、光、热、空气质量环境。在能源方面，包含建筑物的热负荷、设备（包括空调、照明、电梯等）效率、自然能源利用及效率管理等。

日本 CASBEE 评价系统各主要评估范畴相对权重　　　　表 1.4

评估范畴		权重系数	相对比值
环境质量	（一）室内环境	0.5	100%
	（二）服务质量	0.35	70%
	（三）室外环境	0.15	30%
环境负荷	（四）能源	0.5	100%
	（五）资源材料	0.3	60%
	（六）基地外环境	0.2	40%

4）多国 SBTOOL 评价体系简析

SBTOOL 评价体系[7]前身为加拿大自然资源局主持，多国共同颁布的绿色建筑评价工具 GBTOOL，于 2002 年更名为可持续建筑工具 SBTOOL。SBTOOL 评价体系与上文介绍的评价体系不同之处在于将重点放在了评价体系的适应性和可扩展性方面。作为多国参加研发的评价体系，SBTOOL 的体系框架更加灵活、开放。指标的涵盖范围十分广泛，各个国家使用时，可将此体系作为指标的数据库使用。其次，SBTOOL 的适应性很强，各个国家或地区可使用基础通用框架，根据自身的地域特征条件调整权重和认证基准。

在 SBTOOL 的评价过程中，包含建筑的特性评价、项目所处国家或地区相关事件的最低值，"好"以及"最好"的实践项目，最终得分参考当地的规范进行本土优化后，得到 1~10 的得分，由 SBTOOL 国家认证机构合作的第三方机构进行公布。最终得分情况如表 1.5 所示。

SBTOOL2014 得分及认证等级　　　　表 1.5

认证等级	得分情况
通过认证	0~3.9 分
铜级认证	铜叶，4.0~5.9 分
银级认证	银叶，6.0~7.9 分，且满足必备条件
金级认证	金叶，8.0~10.0 分，且满足必备条件

5）国外其他评价体系介绍

Evan[8]等人对风能、光伏发电、水电等清洁能源及发电技术做出可持续性综合评价，其中选取了能源效率、发电成本、水消耗量、占地面积、温室气体排放、技术可行性、社会影响等主要指标。H. Afgan[9]等人对发电成本、CO_2 排放量、能源效率、装机容量、占地面积等几个方面对不同清洁能源技术做出评价。

在典型能源评价模型构建方面，瑞典的 SEI 斯德哥尔摩环境研究院构建了 LEAP 能源评价模型，该模型采用情景分析原理对能源与环境进行核算分析，从能源供应、能源加工转换、终端能源需求三个方面对城市的和国家的能源环境做出规划。IEA/ET-SAP 国际能源署基于线性规划的原理，构建了 MARKAL 模型[10]，该模型功能广泛，可用于计算能源替代率及系统运行成本分析，技术更新进步的影响分析，优化技术的结构模型，确定能源系统的最优结构。3E 模型[11]由不同的国际能源机构和环保组织构建，分别从能源、经济、环境三个方面为国家的能源相关部门制定发展战略，为国家经济的可持续发展和进步提供保障。AIM 能源排放模型，由 NIES（日本环境厅国立环境研究所）构建，同样基于线性规划原理，对能源的利用过程进行模拟计算，展示能源利用设备和服务的实时状态。RET Screen 模型[12]为加拿大的 CANMET 能源多样化研究工作实验室构建，基于单变量求解原理，对 RET 的能源生产、生命周期和温室气体的减排量三个方面进行分析。

在能源综合性评价方面，Doukas[13]等人利用语言变量的（Linguistic Variablcs）方法评价可持续能源技术，帮助决策者选择优先发展的可持续能源技术。Athanasios[14]等人通过构建多目标分析模型，对不同清洁能源之间的混合利用进行评估，总结确定清洁能源可开发量的方法和工具。Hcoa[15]等人，根据韩国新能源的普及政策，利用层次分析法与模糊综合评价的方法从经济、技术、市场、政策、环境五个方面对新能源的普及政策进行了综合评价。在相关的可再生能源开发利用方面，Koutroulis[16]等人、Yang[17]等人、Bilal[18]等人利用遗传算法优化风光互补供能系统，Wang 和 Singh[19]利用粒子群优化算法优化风光互补供能系统。

（2）国内评价体系研究现状

由多家科研单位配合，中国建筑科学研究院主持编制的《绿色建筑评价标准》GB/T 50378—2006（已作废）于 2006 年制定颁布[20]，该标准借鉴国际认可成熟的英国 BREEAM 和美国 LEED 评价体系，结合我国建筑行业发展的实际情况编写而成。该标准是我国第一部全国范围内大力推广的绿色建筑评价体系，评价对象包括商场建筑、办公建筑和旅馆建筑等公共建筑和住宅建筑。《绿色建筑评价标准》GB/T 50378—2006（已作废）2006 版从节能与能源利用、节水与水资源利用、节地与室外环境、节材与材料资源用、运营管理和室内环境质量，共计 6 个方面对建筑进行综合评价，指标的选取围绕着我国节能环保的绿色建筑发展理念。

《绿色建筑评价标准》GB/T 50378—2006（已作废）2006 版发布以来，浙江省、深圳市、重庆市、辽宁省等多个省市地方主管部门先后制定并颁布了二十余项相关行业标准和规定来推动各区域绿色建筑的快速发展，全国有超过上千个建筑通过了绿色建筑标准的评价，对我国的绿色建筑评价和发展的工作中起到了至关重要的作用。

随着时代的发展、社会的进步，建筑多向多元化、高技术方向发展，《绿色建筑评价标准》GB/T 50378—2006（已作废）2006 版不能满足我国绿色建筑事业的需求。2013 年住房和城乡建设部推出了《绿色建筑评价标准意见征集稿》，结合了多年绿色建筑评价体系实行的状况，收集整理相关行业人士的意见，于 2014 年 4 月正式颁布了《绿色建筑评价标准》GB/T 50378—2014（已作废）标志着我国的绿色建筑建筑评价标准从之前的探索阶段正式进入了自主研发的新纪元。与 2006 版相比，2014 版新增了施工管理和运行管理两项指标，将绿色建筑的评价结果分为一星、二星、三星三个等级，参加评价的建筑需要满足标准中的控制项要求，根据不同的星级指标设置最低的得分率。《绿色建筑评价标准》[21]GB/T 50378—2014（已作废）由 11 章构成，分别为总则、术语、基本规定、节地与室外环境、节能与能源利用、节水与水资源利用、节材与材料资源利用、室内环境质量、施工管理、运行管理、提高与创新项。

各评价的技术章均由"评分项"和"控制项"两部分构成。评分项与加分项的评定结果为某项指标在得分区间的得分情况，控制项的评价结果为满足与不满足。评分项方面，"节地与室外环境"包括室外环境、场地设计与场地生态、土地利用、交通设施与公共服务四个二级指标，"节能与能源利用"包括供暖与通风、能量综合利用、照明与电气、建筑与围护结构四个二级指标，"节材与材料资源利用"包含设计优化与材料选用两个指标，"节水与水资源利用"包括节水器具与设备、节水系统、非传统水源利用三个二级指标；"室内环境质量"包括室内热湿环境、室内声环境、室内空气质量、室内光环境与视野四个二级指标；"运行管理"包含环境管理、管理制度、技术管理三个指标。"施工管理"包含过程管理和资源管理两个指标。《绿色建筑评价标准》GB/T 50378—2014（已作废）2014版指标更加细致，分类更加全面，评价体系权重概况如表1.6所示。

《绿色建筑评价标准》GB/T 50378—2014（已作废）评价体系权重概况　表1.6

评价客体		节能与能源利用	节地与室外环境	节材与材料资源利用	节水与水资源利用	室内环境质量	施工管理
设计评价	公共建筑	0.28	0.16	0.19	0.18	0.19	0
	居住建筑	0.24	0.21	0.17	0.2	0.18	0
运行评价	公共建筑	0.23	0.13	0.15	0.14	0.14	0.1
	居住建筑	0.19	0.17	0.14	0.16	0.16	0.1

《绿色建筑评价标准》GB/T 50378—2014（已作废）与美国的LEED体系最大的区别在于，2014版所评价的星级建筑必须包含所有7个方面的内容，因此获评的建筑必须具备多方面优异、性能综合能力强、节能降耗的特点。

在《绿色建筑评价标准》GB/T 50378—2014（已作废）实施过程中，国内通过绿色建筑认证以二星级建筑的占比最多，有583项，占比50%；一星级建筑其次，有426项，占比37%；三星级建筑最少，有156项，占比13%。一星级项目的成本投入不高，技术水平容易达到。目前，深圳、北京等城市大多数一线城市要求新建项目需严格执行绿色建筑一星标准，一星级建筑的推广与评定成为将来建筑业的发展趋势。二星级建筑在国家或政府相关政策的补贴和费用减免下，相对降低了成本，越来越多的开发商开始投建二星级绿色建筑项目。三星级建筑对成本和技术的要求较高，因此目前知名企业多对三星建筑进行投资建设，虽然三星级建筑数目较其他星级建筑要少，但最终的品质和实际的运行效果更加优异，运营效果良好。

为满足建筑多元化的发展需求，住房和城乡建设部于2019年3月正式颁布《绿色建筑评价标准》GB/T 50378—2019[22]。新标准的评价体系由安全耐久、健康舒适、生活便利、资源节约、环境宜居五类指标组成，每一类指标包括控制项、评分项和加分项，2019版评分分值如表1.7所示。

《绿色建筑评价标准》GB/T 50378—2019评分分值概况　表1.7

	控制项基础分	评价指标评分项满分值					提高与创新加分项满分值
		安全耐久	健康舒适	生活便利	资源节约	环境宜居	
预评价分值	400	100	100	70	200	100	100
评价分值	400	100	100	100	200	100	100

《绿色建筑评价标准》GB/T 50378—2019 中绿色建筑评价等级分为基础级、一星级、二星级、三星级四个等级。当满足全部控制项要求时，绿色建筑等级为基础级；满足标准全部控制项的要求且各类指标的评分项得分不应小于其评分项满分值的 30%；当总得分分别达到 60 分、70 分、85 分时，根据表 1.8 的要求区分一星级、二星级、三星级建筑。

一星级、二星级、三星级绿色建筑技术要求 表 1.8

	一星级	二星级	三星级
围护结构热工性能的提高比例，或建筑供暖空调负荷降低比例	围护结构提高 5%，或负荷降低 5%	围护结构提高 10%，或负荷降低 10%	围护结构提高 20%，或负荷降低 15%
严寒和寒冷地区住宅建筑外窗传热系数降低比例	5%	10%	20%
节水器具用水效率	3 级	2 级	2 级
住宅建筑隔声性能	—	室外与卧室之间、分户墙（楼板）两侧卧室之间的空气声隔声性能以及卧室楼板的撞击声隔声性能达到低限标准限值和高要求标准限值的平均值	室外与卧室之间、分户墙（楼板）两侧卧室之间的空气声隔声性能以及卧室楼板的撞击声隔声性能达到高要求的标准限制
室内主要空气污染物浓度降低比例	10%	20%	20%
外窗气密性能	符合国家现行相关节能设计标准的规定，且外窗洞口与外窗本体的结合部位应严密		

在其他指标体系研究中，国内的专家学者也取得很多成果。刘天杰[23]等人根据区域能源系统发展的现状，从能效、经济、环境三个方面建立区域能源规划评价体系，能效方面设置了综合能源利用效率、相对节能率、可再生能源消费比重、余热利用率四个二级指标；经济评价方面设置了全生命周期成本、内部收益率、增量投资回收期三个二级指标；环境评价方面设置了二氧化碳减排率和氮氧化物减排率两个二级指标，并利用所构建的评价体系对武汉某生态新城项目的区域能源规划做出了评价，对该项目的能源利用与改进提出了科学合理的意见和改造方案。甄纪亮[24]等人建立可再生能源发电产业综合评价指标体系，设立了资源水平、技术基础、环境压力、市场需求、经济效益、政策支持六项一级指标，利用模糊层次分析法，将指标体系中的各项定性指标进行量化处理，为唐山市的未来可再生能源发电产业提供了理论支持。叶青[25]等人参考了荷兰的 GPR 评价体系，创建了适用于评价中国绿色建筑性能的评价工具 GPR-CN 版，为绿色建筑的评价创建可操作平台，并以中新天津生态城为例，对评价工具进行了实际检验，论证了 GPR-CN 的可操作和科学性。周海珠[26]等人从能源效益、环境效益、经济效益三个方面出发，提出可再生能源互补供能系统的综合性能评价方法，利用评价方法对真实项目进行评价，并对综合性能的评价方法进行了可信性分析。曹馨匀[27]等人构

建建筑低碳化评价模型，设立了 19 个评价指标，采用改进的三角模糊数的层次分析法计算了建筑低碳化评价体系的各指标权重，并对权重进行合理性分析，证明其指标体系的可行性。

1.4.2 国内外能源耦合模型的研究现状

（1）国外能源耦合模型的研究现状

英国 Zia Wadud，Sarah Royston 等人对公共机构中的高等教育机关能源需求进行模拟计算，通过建立高等教育机关能源消耗模型，研究高等教育机关能源使用的变化规律，研究发现随着时间的推移，高等教育院校的能源消耗随着建筑面积、学生和教职工人数的增加而增加，但速度较慢。当高等教育机构增加建筑面积、增加学生数量、增加教职工数量时，高等教育机构的单位建筑面积能耗、人均能源的消耗则变少[28]。Richard Bull、Nell Chang 等人为提高公共机构的能源绩效，通过对"能源城市（欧洲地方协会）"发起的 Display ® 运动结果进行评估，分析了数据库中的 10000 多个公共机构建筑，该运动通过各公共机构建筑自愿将能效证书贴在墙上告诉人们建筑物的能效等级，让公众关注能源效率问题，来引起国家及能源机关的重视，该建筑能效证书作为一种工具，可以推动公共机构建筑能源绩效的改善[29]。

非洲 Busayo T.、Olanrewaju 等人为了研究可再生能源消费的决定因素，以期了解当前的消费模式及其潜在的决定因素，对非洲尼日利亚（西部）、埃及（北部）、埃塞俄比亚（东部）、刚果民主共和国（中部）和南非（南部），这五个规模最大的经济体从 1990 年至 2015 年的年度数据进行了研究，发现非洲可再生能源消费与能源强度之间呈负相关[30]。

韩国 Hyuna Kang、Minhyun Lee 等人在对首尔地区的 105 座公共办公楼的数据研究后，提出了公共机构办公建筑的最佳占用密度为 $31.41m^2/$人，占用密度高于 $31.41m^2/$人的建筑物与占用密度低于 $31.41m^2/$人的建筑物相比，平均可节省 50.3% 的能源[31]，Deuk Woo Kim、Yu Min Kim 等学者对韩国 4336 座公共建筑案例基础数据进行研究，建立了基准数据库，为公共机构节能提供了基础[32]。

意大利 Galatioto、R. Ricciu、T. Salem、E. Kinab 等人根据建筑节能的欧盟指令，在对公共机构的节能改造中，分析了可再生能源在历史建筑中的应用，以及使用不同能源的经济可行性，发现减少一些区域一次能源的消耗，相应区域其他能源的消耗会显著增加[33]。

马来西亚 Z Noranai 和 ADF Azman 等人为提高公共机构高校类建筑的电能使用效率，以马来西亚 Tun Hussein Onn 大学的 Tunku Tun Aminah 图书馆为例进行了能耗研究，发现电能使用效率低下是导致马来西亚 Tun Hussein Onn 大学能源成本增加的最大因素，并针对研究结果，提出了四种节能措施，发现改善人的行为来节约能源，可以使总成本减少 10%，若通过改进建筑节能技术，可以使总成本减少 90%[34]。

比利时 Yixiao Ma 和 Glenn Reynders 等人通过对法兰德斯（比利时）的 9000 座公共机构进行了聚类分析，结合发布的 EPC 数据，对法兰德斯办公类建筑、教育事业类建筑、卫生事业类建筑等不同公共机构领域类别当前的能源绩效进行了定性和定量的概述。研究结果清楚地揭示了法兰德斯公共机构的节能潜力，并逐步对其节能潜力进行了量化[35]。

罗马尼亚 S. Orboiu、C. Trocan 和 H. Andrei 等人通过对公共机构教育事业类建筑能耗进行研究，提出了一种监测罗马尼亚大学教育机构电能和能耗参数的方法，并利用该方法计算的结果与能源质量标准进行了比较，旨在减少公共机构的电力消耗，增加能源消费中可再生能源的利用比例[36]。

（2）国内能源耦合模型的研究现状

针对我国公共机构能源消耗巨大的问题，我国魏小清等学者在调查 20 座典型大型公共建筑能耗情况的基础上，从技术和管理水平两个方面提出了大型公共建筑能耗的控制措施[37]，Jihong Zhu、Deying Li 等学者利用政府机关、高等院校、三甲及以上医院三类公共建筑的 195 个案例，在能源规划的不确定性特征下，分类研究公共建筑的区域能源基准，帮助政府进行能源监管和规划，针对区域建筑能耗的分布不均匀性和多样性，建立了一个面向目标的区域能源基准模型[38]；Hong Liu、Chang Wang 等学者在对 1995—2015 年中国能源消费变化的研究中，发现经济增长对能源消耗具有显著的驱动作用，中国能源强度的大幅下降，主要是由于区域能源效率的提高[39]；我国 Yibo Chen、Jianzhong Wu 等学者分别对北京的 212 家公共机构、杭州 66 家公共机构进行数据统计研究，提供了各种解决不同区域建筑类型能耗分布的经验公式，并进行了验证[40]。

我国台湾 Jen Chun Wang 等学者也对公共机构学校类能源消耗情况进行了研究，调查对象为台湾 67 个高中，62 个初中和 102 个小学的终端能耗，调查数量分别占各级学校总数的 13.8%、6.9% 和 4.9%，调查对象的能源使用强度分别为 55.8kWh/m²/年、22.5kWh/m²/年和 20.1kWh/m²/年，人均能源使用量分别为 1163kWh/人/年、469kWh/人/年和 465kWh/人/年。研究发现私立学校比公立学校消耗的能源更多，并且学校规模与总能耗呈正相关，学习环境与能源使用强度显著相关[41]。

为评估我国公共机构的能源效率，我国建立了一个基于 2011 年至 2014 年的中国人民银行能源消耗评估管理绩效系统，决策单元分为四个气候区域以及 336 个分支机构的纯技术效率，即单纯从技术角度考虑的能源转换效率，在此基础上开发了一种评估公共机构能效的新方法，并分析了中国四个气候区公共机构的能效，制定了提高能效的措施。研究发现温和地区公共机构能效最高，严寒地区公共机构能效最低[42]。国际能源署《2018 年能源转型展望：全球和区域预测 2050》[43]对 2050 年全球和区域的预测结果也表明，能源供应结构的快速变化与能源转换效率的大幅度变化有关。

1.4.3 国内外适宜性分区的研究现状

（1）国外适宜性分区的研究现状

20 世纪初，德国气候学家 Wladimir Koppenhe 和学生 Rudolph Geigerg 以年和月平均温度及降水量作为分区标准，研究绘制了世界气候区划图，简明扼要地将世界气候分为六个区，被称为 Koppen 气候区划标准，是目前世界上应用最广泛的气候区划标准。在此基础上，英国学者思欧克莱以太阳辐射、温度、湿度作为分区指标，将全球划分为干热、湿热、温和、寒冷四个气候区。

Alessandro 等人深入研究了一种用于浅层地热潜力评估和制图的定量方法，即 G. POT 法，通过对该方法在意大利西北部的丘尼奥省地热潜力图上的应用的研究，对该方法进行了评价[44]。并且他们认为浅层地热潜力图是一种十分有效的规划工具，采用最新开发的 G. POT 方法，考虑场地特定的地下热参数和根据气候条件的使用情况，对斯洛文尼亚地区的浅层地热潜力进行适宜性评价与制图[45]。Alejandro 等人提出一种计算某地区低温地热潜力的新方法，该方法同时考虑了开环和闭环系统，并基于地理信息系统对这两种类型的开发进行多层三维绘图，通过有限元分析量化该方法的精度和低温地热潜势中热平流过程的影响[46]。Yi Zhang 等人开发了一个基于 ArcGIS 的模拟模型，以伦敦威斯敏斯特市为研究案例，绘制了地源热泵适宜性分布图，通过参数化研究，探讨了如何量化供热或制冷需求对地热能利用潜力的影响[47]。Younes 等人运用遗传算法对地源热泵系统进行数学建模和优化，从地表温度、冷热负荷需求、地源热泵运行时间和气候条件绘制了伊朗的浅层地热能经济分区图，将年总成本划分为五个等级，以此突出浅层地热能利用的适宜区域[48]。

（2）国内适宜性分区的研究现状

我国最早的气候分区工作由竺可桢完成，在柯本的分区标准基础上，引入温度、降雨量这两个符合中国国情的重要因子，将我国地理情况划分为八个气候区[49]。中国科学院地理科学与资源研究所的郑景云等人根据我国自 1970—2000 年间 609 个气象站的地面日气候参数，建立了以温度带、干湿区、7 月平均气温为主的气候划分指标体系，将我国划分为 12 个温度带、24 个干湿区、56 个气候区[50]。

国内学者亦有从建筑气候的角度出发，以较为宏观的角度研究气候和建筑之间的关系，探究建筑设计中各项策略或技术在不同气候条件下的适用性。图 1.7 为目前我国使用最多的建筑气候区划图。《建筑气候区划标准》[51]GB 50178—2016 中以累年一月和七月平均相对温度等作为主要指标，以年降水量、年日平均气温≤5℃和≥25℃的天数等作为辅助指标，将全国划分成 7 个一级区，又以一月、七月平均气温、冻土性质、年降水量等指标，划分成 28 个二级区，并说明了各区域气候特征及建筑基本要求。《民用建筑热工设计规范》[52]GB 50176—2016 用累年最冷月（1 月）、最热月（7 月）平均温度作为一级指标，以累年日平均温度≤5℃和≥25℃的天数作为二级指标，将我国划分为严寒、寒冷、夏热冬冷、夏热冬暖和温和五个气候区，并提出相应的建筑设计要求。重庆大学的张慧玲[53]等人以 HDD18、CDD26 为 1 级指标，以冬季太阳辐射量、夏季相对湿度、最冷月平均温度为 2 级指标将我国划分为 8 个建筑节能，并论述各气候分区建筑节能特点。

在建筑节能设计策略和气候分区相结合的研究方向中，国内学者同样取得了一系列研究成果。西安建筑科技大学的杨柳[54]等人从被动式建筑的得热与散热设计两个方面运用因子分析法选取了影响被动式建筑节能设计的 5 个气象参数，并利用聚类分析法得到被动式建筑得热设计 5 个分区，散热设计 3 个分区。谢琳娜[55]等人以我国 188 个城市气候观测点典型气象年气候数据为基础，分析室外日平均温度，水平面总辐射日辐照量等是影响被动式太阳能建筑设计的主要外部气象参数，结合我国的太阳能资源分布情况，利用地理信息系统（ArcGIS）将被动式太阳能建筑设计气候分区结果可视化。清华大学的夏伟[56]利用 Weather Tool 分析了全国 200 个城市的气候情况，形成不同被动式设计策略在各气候区内的适用性排序，并利用 ArcGIS 软件中的 Kriging 插值功能形成了被动式节能设计技术的有效时间全国分布图。

在适宜性分区（气候或资源）方面，闫增峰[57]等人通过冬季气候特征、供暖时间、临界温度和供暖天数的相关分析，总结该地区主要城市的供暖特点并对供暖适宜性进行了初步评价及分区。重庆大学的冀洪丹[58]等人结合气象、地址、水文及浅层地热能资源等因素，利用传统打分法及无量纲化，借助 MAPGIS 及 AutoCAD 对重庆地区进行浅层地热能适宜性分区及资源量评价。官煜[59]等人以浅层地热能资源量、技术条件、经济水平、环境条件为评价因子，利用层次分析法及综合指数法对安徽地区进行浅层地热能适宜性评价及分区，为该地区地热能合理开发利用提供技术依据。中国矿业大学的吕涛[60]基于熵权法和模糊综合评价法对我国 31 个省份太阳能光伏利用情况开展适宜性评价，依据评价结果将全国划分为四类太阳能利用开发区，并提出该地区相应的适宜发展模式。

2011 年王贵玲等人综合考虑了水文地质、气象、环境、经济因素这些因素，建立地下水源热泵系统适宜性评价体系，运用 Arcgis 对中国地下水源热泵建设的适宜性进行了分区[61]。王涛明确了宁夏沿黄河经济带重点城市浅层地热能利用适宜性评价因子，借助 MapGIS 和 ArcGIS 软件完成适宜性分区图的绘制[62]。臧海洋建立沈阳城区地下水源热泵适宜性评价体系，利用地理信息系统的空间叠加功能得到了沈阳城区地下水源热泵适宜性分区规划图[63]。韩春阳等人利用 GIS 的空间分析能力，以及 MapInfo 软件的空间叠加功能生成了沈阳城区地下水源热泵适宜性分区图[64]。

2012 年徐伟[65]等人依托层次分析法建立地下水源热泵系统适宜性评价体系，应用 TRNSYS 建立地下水源热泵系统模型，计算了全年逐时能耗，最终得到公共建筑地下水源热泵系统适宜性分区。赵艳娜等人选取了单井出水量、含水层岩性等 7 项评价指标，采用层次分析法对张掖市甘州区 37 个点位展开浅层地热能适宜性评价[66]。金婧、钱会[67][68]等人采用层次分析法进行银川市地下水源热泵系统适宜性评价，进而利用 ArcGIS9.3 软件的矢量数据转换、图形处理、空间叠加等功能绘制了银川市地下水源热泵适宜性分区图。

由于单一赋权法具有一定的缺陷，因此部分学者在应用了层次分析法的基础上，还引入了其他评价方法，如模糊数学法、熵权法等。孔维臻[69]等人运用模糊 AHP 分析法对地下水源热泵适宜性分区进行评价。2012 年龙娇[70]以重庆主城区为研究对象，从水文地质和工程地质条件建立浅层地温能适宜性评价模型，采用层次分析法和非结构性模糊赋权法确定指标权重，选取综合指数法和灰色关联度两种评价方法对分区结果进行验证，并运用 MAPGIS 绘制了适宜性分区图。2015 年杨露梅[71]等人提出基于 AHP 和熵权系数法的综合评价方法，对南京市地下水源热泵系统应用适宜性进行分区。2017 年周阳[72]等人借用分形原理还原论方法转换为更符合地质条件本质特征的非线性处理方法，探讨了浅层地热能赋存条件适宜性分区结构的分形维数及标度与分形维数的关系，简析了面状地形地貌信息几何属性对分维值的影响。2018 年吕冬冬[73]基于分形原理将传统的线性问题进行优化得到一种全新的非线性处理方法，应用不同分形维数计算方法将浅层地热能适宜性分区结构进行对比。

　　总结国内外对于分区方法的研究现状，主要着眼于两个问题：第一个是分区指标的确定，不同的分区目的需要确定不同的分区指标，指标的准确性也决定了分区结果的准确定。第二个是分区方法的选择，合理的分区方法对分区结果的准确性也起了关键作用。

1.5 技术路线

　　各种技术路线图如图 1.7～图 1.10 所示。

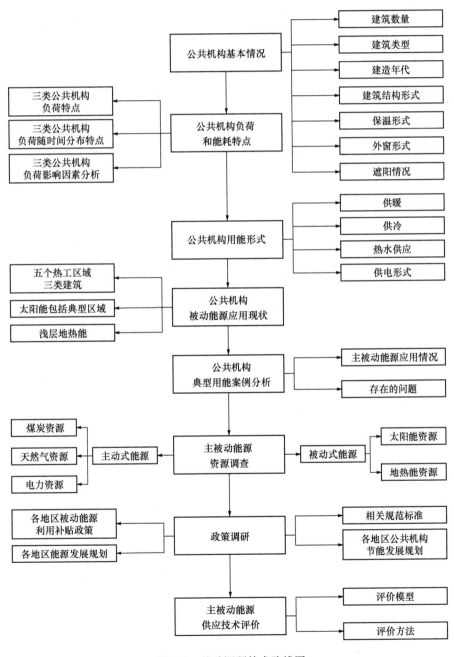

图 1.7　基础调研技术路线图

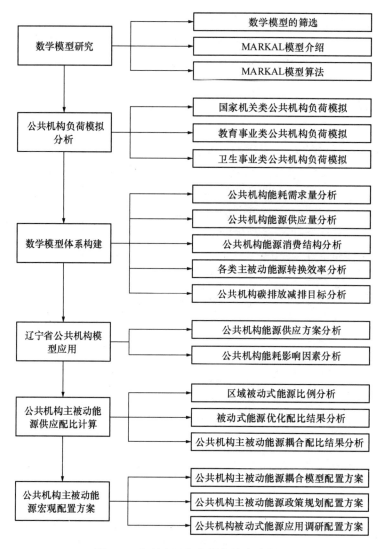

图 1.8 宏观配置方案研究技术路线图

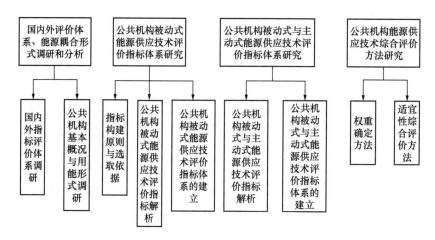

图 1.9 评价体系研究技术路线图

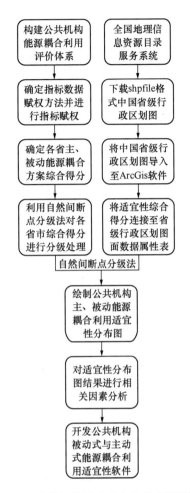

图 1.10　公共机构被动式和主动式能源耦合
利用适宜性研究技术路线

2 公共机构能源利用现状调研

2.1 公共机构现状调研

2.1.1 调研样本与方法

由于公共机构覆盖全国、类型众多、所处气候条件各异，且不同气候条件下公共机构典型建筑的资源能源使用状况与室内外环境存在显著差异。因此需要对全国公共机构建筑按照所属气候区（严寒地区、寒冷地区、夏热冬冷地区、夏热冬暖地区、温和地区）开展调研。

课题组以调查表的形式在全国各地区开展公共机构用能现状调研，主要对公共机构的建筑概况、围护结构情况、能源种类与消耗、被动式能源应用情况等内容进行调查，最终筛选出 600 个有效调研样本。

2.1.2 调研公共机构基本情况

课题组对 600 个公共机构有效建筑样本的调研数据进行整理汇总，总体情况如下：

（1）建筑类型

公共机构建筑类型包括：国家机关、学校、医院，其中，以国家机关的办公建筑为主。

严寒及寒冷地区调研公共机构共 246 家，其中国家机关 140 家，学校 72 家，医院 34 家。各类型公共机构分布如图 2.1 所示。

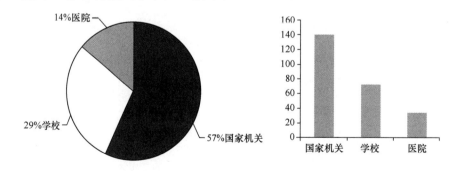

图 2.1　严寒及寒冷地区各类型公共机构分布图

夏热冬冷地区公共机构共 194 家，其中国家机关 92 家，学校 60 家，医院 42 家。各类型公共机构分布图如图 2.2 所示。

夏热冬暖地区公共机构共 122 家，其中国家机关 76 家，学校 27 家，医院 19 家。各类型公共机构分布图如图 2.3 所示。

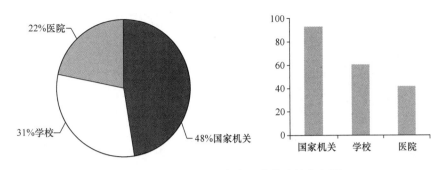

图 2.2　夏热冬冷地区各类型公共建筑分布图

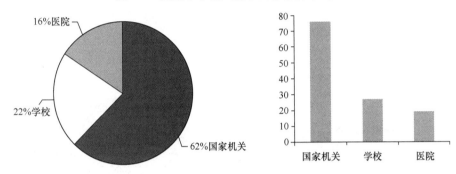

图 2.3　夏热冬暖地区各类型公共建筑分布图

温和地区公共机构共 38 家，其中国家机关 20 家，学校 10 家，医院 8 家。各类型公共机构分布图如图 2.4 所示。

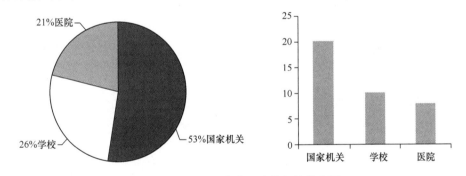

图 2.4　温和地区各类型公共机构分布图

（2）建造年代

调研对象中建筑建造年代跨度较大，既有 2010 年之后的新建筑，也有 20 世纪 50 年代以前的老建筑。这些建筑在设计建造时，技术、材料、工艺各异，其围护结构和供暖系统也各具特点，如图 2.5 所示。

（3）建筑结构形式

建筑结构以钢筋混凝土结构和砖混结构为主，如图 2.6 所示。

（4）保温形式

外墙和屋面的保温形式主要包括外保温、内保温，有的建筑未采取保温措施，具体情况如图 2.7、图 2.8 所示。无保温措施的建筑占调查建筑的近一半，这将增大建筑的供暖热负荷，给供暖带来不利影响。

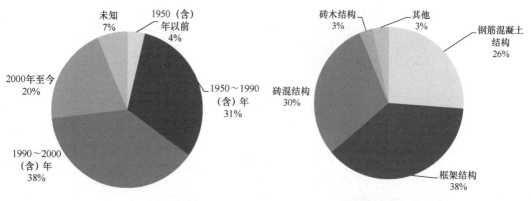

图 2.5　不同建造年代的公共机构比例　　　　图 2.6　不同建造结构形式的公共机构比例

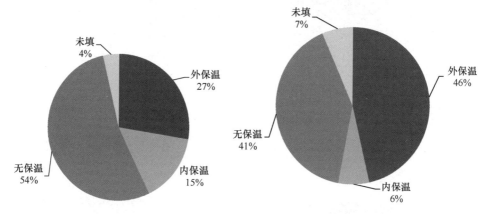

图 2.7　采用外墙保温的公共机构比例　　　　图 2.8　采用屋面保温的公共机构比例

（5）外窗形式

影响外窗热工性能、密闭性能的主要部件包括窗框材料、玻璃类型及层数等。通过调查数据可见，在公共机构中应用最多的为铝合金窗、中空玻璃如图 2.9～图 2.11 所示。

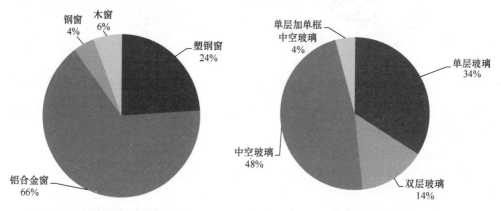

图 2.9　采用各种外窗窗框材料的　　　　　　图 2.10　采用各种外窗玻璃层数的
　　　　　公共机构比例　　　　　　　　　　　　　　　公共机构比例

（6）遮阳情况

由于寒冷地区对遮阳要求不高，尤其是公共机构建筑很少采用大量玻璃幕墙，因此一般采用内遮阳、镀膜玻璃等方式即可满足要求，很少采用外遮阳方式。内遮阳一般采用遮阳帘、遮阳百叶等方式，由于西晒对建筑影响较大，因此部分建筑仅在西向有内遮阳，多数建筑无内遮阳。采用各种遮阳的公共机构比例如图 2.12 所示。

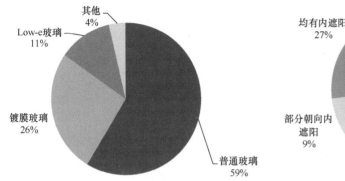

图 2.11　采用各种外窗玻璃类型的公共机构比例

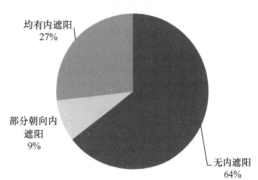

图 2.12　采用各种遮阳的公共机构比例

2.1.3　调研公共机构用能情况

（1）公共机构用能系统运行依据

1）建筑节能设计标准

《公共建筑节能设计标准》GB 50189—2015 已于 2015 年 10 月 1 日起实施。本标准对全国新建、扩建和改建的公共建筑提出了节能要求，并从建筑、热工以及暖通空调设计方面提出控制指标和节能措施。

2010 年发布了行业标准《夏热冬冷地区居住建筑节能设计标准》JGJ 134—2010，2012 年发布了行业标准《夏热冬暖地区居住建筑节能设计标准》JGJ 75—2012。我国已有了作为国家标准的较为完备的民用建筑节能设计标准，再加上各大城市根据其自身气候条件、经济发展需要和能耗状况等制定的地方节能设计标准，设计阶段建筑节能标准规范已趋于完备，基本能满足建筑节能工作不断发展的需要。

2）供暖系统运行管理标准与规范

a）设计标准

1987 年，我国第一部供暖空调设计标准《采暖通风与空气调节设计规范》GBJ 19—1987（已作废）颁布实施；1998 年，建设部发布修订通知，2003 年，新版《采暖通风与空气调节设计规范》GB 50019—2003 颁布实施；2012 年，《民用建筑供暖通风与空气调节设计规范》GB 50736—2012 颁布实施，《采暖通风与空气调节设计规范》GB 50019—2003 中相应条文同时废止。新的标准对设计工作提出原则性要求，强调"节能、安全、环保、健康"的关系，寻求节能与舒适的平衡，在满足室内温度前提下，更加突出了节能设计和质量要求等。可见，暖通空调系统从设计开始越来越重视节能要求。

《公共建筑节能设计标准》GB 50189—2005（已作废）是我国第一部公共建筑的节

能设计标准，围护结构热工设计和供暖、通风和空气调节节能设计是公共建筑节能设计的两个主要环节。《公共建筑节能设计标准》GB 50189—2015 是现如今最新的公共建筑的节能设计标准，涉及建筑与建筑热工、供暖通风与空气调节、给水排水、电气以及可再生能源应用方面。

b）施工验收标准

《建筑给水排水及供暖工程施工质量验收规范》GB 50242—2002 对建筑给水排水及供暖系统的安装提出具体要求。

《通风与空调工程施工质量验收规范》GB 50243—2016 对通风与空调系统的安装、调试、竣工验收、综合能效的测定与调整进行了要求。

《建筑节能工程施工质量验收标准》GB 50411—2019 对供暖、通风与空调、空调与供暖系统冷热源及管网节能工程的施工与验收提出要求。

c）运行技术标准

《城镇供热系统安全运行技术规程》CJJ/T 88—2014 对城镇供热系统的热源、热力网、热用户、监控与运行调度等环节的安全运行进行规范。

d）评价标准

《城镇供热系统评价标准》GB/T 50627—2010 对城镇供热系统的设施、管理、能效及环保安全消防提出评价指标要求，尤其是管理评价中提出了运行管理评价指标包括安全运行、经济运行、节能管理、环境保护四方面内容，有助于加强城镇集中供热系统运行管理，提高能源利用效率。

《绿色建筑评价标准》GB/T 50378—2019 对住宅建筑和公共建筑的绿色评价进行规定。提出绿色建筑评价应统筹考虑建筑全寿命周期内的节能、节地、节水、节材、环境保护、满足建筑功能之间的辩证关系。运营管理是绿色建筑评价的指标之一。

《节能建筑评价标准》GB/T 50668—2011 对居住建筑和公共建筑的节能评价进行规定。评价对象包括建筑及其用能系统，评价范围涵盖设计和运营管理两个阶段。

从供暖标准的发展来看，节能要求推动着供暖技术的不断进步，供暖系统从设计、施工到运行都离不开节能，而供暖系统能耗主要发生在运行环境，运行节能显得尤为重要。而现有标准对供暖系统运行节能提出了设计、验收、评价要求，但如何实现运行节能，指导运行人员操作和运行管理，仅在《城镇供热系统运行维护技术规程》CJJ/T 88—2014 进行了一些规定。该规程主要针对城镇供热系统，且热源仅为燃煤锅炉适用，公共机构供暖系统可以被认为是城镇供热系统的热用户，其运行调节与城市热网的运行调节目的、方式不尽相同。同时，经过十几年的技术发展，供暖系统形式更多元化，尤其是公共机构供暖系统从热源到末端具有自身特点，需要更为细致的运行指导。

3）我国空调系统运行管理标准与规范

在 2000 年，为贯彻执行《中华人民共和国节约能源法》，对改建和已运行的空气调节系统寻求合理的运行规律，提高系统的能源利用率，同时创造有利于健康、舒适的工作和生活环境。

国家质量技术监督局根据我国空调系统的运行状况并参考国外的标准规范制定了《空气调节系统经济运行》GB/T 17981—2000（已作废），并已于 2000 年 8 月 1 日起实施。

2005 年我国建设部和国家质量技术监督检验检疫总局联合发布了《空调通风系统运行管理规范》GB 50365—2005（已作废），并已于 2006 年 3 月 1 日起实施。

2007 年《空气调节系统经济运行》GB/T 17981—2007 的问世，不仅通过对空调系统运行的评价分析其节能性，这次新的标准使用的概念更加规范明确；对于空气调节系统节能运行的划分也更加细化；但由于系统的多样化和运行情况的差异，仍缺乏具体的量化规定。

国务院办公厅于 2007 年 6 月 1 日发布了《国务院办公厅关于严格执行公共建筑空调温度控制标准的通知》（国办发［2007］42 号），要求除医院等特殊单位，以及在生产工艺上对温度有特定要求并经批准的用户之外的公共机构，夏季室内空调温度设置不得低于 26℃；冬季不得高于 20℃。暂且不谈这一规定合理与否，但通过本课题研究过程中的调查可以发现这一规定的执行难度可见一斑。住房和城乡建设部于 2008 年同时出台了《公共建筑室内温度控制管理办法》。相关标准及法规如表 2.1 所示。

空调系统节能运行方面的标准与法规　　　　　　　　表 2.1

名称	实施日期/标准号
《中华人民共和国节约能源法》	2016 年 7 月 2 日
《蒸汽和热水型溴化锂吸收式冷水机组》	GB/T 18431—2014
《冷却塔及其系统经济运行管理标准》	DB31/T 204—2010
《能源效率标识管理办法》	2005 年 3 月 1 日
《空气调节系统经济运行》	GB/T 17981—2007
《国务院办公厅关于严格执行公共建筑空调温度控制标准的通知》（国办发［2007］42 号）	2007 年 6 月 1 日
《直燃型溴化锂吸收式冷（温）水机组》	GB/T 18362—2008
《工业锅炉水质》	GB/T 1576—2018
《公共建筑室内温度控制管理办法》	2008 年 7 月 1 日
《中央空调系统操作员》	2011 年

（2）不同类型公共机构用能情况与需求

不同类型与地域的公共机构建筑用能需求主要为供暖/空调、照明、炊事、生活热水。公共机构包括国家机关、科教文卫体事业单位和团体组织。由于各类公共机构职能不同，其建筑供暖/空调需求也各具特点。供暖系统在设计时要根据不同类型公共机构供暖负荷需求合理配置热源、管网和末端设备，同时选择适宜的系统形式，满足不同供暖需求。

国家机关和社会团体的建筑主要为办公建筑，这类公共机构主要是白天办公，因此在供暖季白天供暖应满足设计温度要求，夜间可采用值班供暖。

教育事业类公共机构主要是学校，尤其是高等教育机构。其建筑类型包括办公建筑、教学建筑、场馆建筑、宿舍建筑等。不同建筑类型，供暖时间、温度需求都不相同。同时，高等教育机构用能具有明显周期性，寒假期间学生离校，供暖系统负荷明显降低。这就要求高校供暖系统应设置合理的分区，同时满足不同建筑的供暖要求。如宿舍建筑要求供暖季全天 24h 供暖，教学建筑在晚自习结束以后可以降低供暖温度或采用值班供暖，场馆建筑可以根据实际使用需求设置供暖时间。

卫生事业类公共机构主要是医院。医院建筑主要包括门诊楼、住院楼等。医院供暖系统室内温度要求较高，且应保证24h供暖稳定。

文化和体育事业类公共机构主要包括各类文化馆、艺术馆、美术馆、体育场馆等。这类公共机构常年向公众开放，公益性、公共性强，且大型演出、赛事时能耗密度高、能耗量大，其平时和演出、赛事期间供暖需求不同。这就要求这类公共机构合理设置热源，既满足演出或赛事期间最大供暖负荷要求，同时满足平时供暖负荷均在高效区运行。

由于我国地域广阔，气候差异巨大，因此，将我国划分为五个气候区，分别为严寒地区、寒冷地区、夏热冬冷地区、夏热冬暖地区和温和地区。根据《民用建筑供暖通风与空气调节设计规范》GB 50736—2012规定"累年日平均温度稳定低于或等于5℃的日数大于或等于90天的地区，应设置供暖设施，并宜采用集中供暖"。这也就划定了我国的常规供暖地区，也就是常说的"三北"（东北、华北、西北）地区。近些年，随着我国经济发展和人民生活水平的提高，城市供热向山东、河南及长江中下游的江苏、浙江、安徽等省市发展，供暖方式根据当地的条件确定，主要以分散供暖为主。

不同气候区的供暖系统存在着一定差异，主要体现在：

1）室外设计计算参数不同。不同气候区的供暖室外计算温度各不相同。

2）供暖周期不同。如严寒地区的哈尔滨供暖天数为176天，寒冷地区的北京供暖天数则为123天。

3）供暖室内设计参数受建筑类型影响，与气候区关系不大。同类用户对室内温度需求基本一致，供暖需求相同，如严寒和寒冷地区的主要房间供暖室内设计温度应采用18~24℃，夏热冬冷地区主要房间供暖室内设计温度宜采用16~22℃。

4）供暖方式不同。严寒和寒冷地区以集中供暖为主，夏热冬冷地区以分散独立供暖为主（电供暖），因此夏热冬冷地区供暖系统运行相对简单。

公共机构实际上是集中供热系统的一个热用户，对其供暖系统的研究不考虑市政热电厂、市政锅炉房等大型热源和市政管网，仅包括区域热源（热力站、锅炉房等）、小区供热管网、室内供暖系统等。主要情况如下：

1）供暖方式

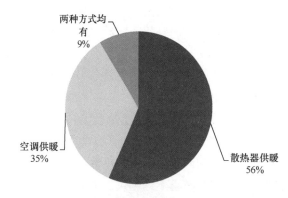

调研对象中建筑供暖方式主要为散热器供暖和空调供暖两种方式，如图2.13所示。

2）热源形式

公共机构建筑供暖系统热源形式主要包括用户热力站、小区热力站、小区锅炉房、地源热泵、空气源热泵等形式。北方地区以热力站和小区锅炉房为主，部分地区试点应用了地源热泵；夏热冬冷地区由于供暖负荷小，

图2.13　采用各种供暖方式的公共机构比例

供暖周期短，有的采用地源热泵和空气源热泵，还有的采用电暖气供暖。

调查的建筑热源形式主要为市政热力、自有锅炉、外单位区域锅炉三种，如图 2.14 所示。

3）管网形式

采用用户热力站的公共机构建筑，其热力站设在建筑内，其与市政热力热交换后，用户侧即为室内供暖系统。

采用小区热力站的公共机构建筑，其

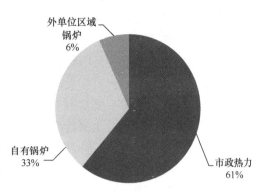

图 2.14 采用各种热源形式的公共机构比例

热力站独立设置，并且热力站供应多栋建筑，多采用枝状管网供暖。

采用小区锅炉房的公共机构建筑，其锅炉房独立设置，一般采用枝状管网供暖。

管网保温形式根据建设年代不同差异较大，20 世纪 90 年代以前的管道多采用珍珠岩保温层，20 世纪 90 年代至 2000 年的管道多采用岩棉保温层和珍珠岩保温层，近几年的管道，多采用保温性能优异的橡塑保温层等。

公共机构室内供暖系统主要为散热器和风机盘管。采用散热器供暖的供暖系统一般为单管系统或者双管系统，有的公共机构将单管系统改为单管跨越管系统并安装了散热器温控阀。空调系统供暖，一般将经过换热器热交换的二次热水送至风机盘管或者空调机组，由送风向室内供暖。

2.2 公共机构建筑负荷与能耗

2.2.1 公共机构建筑负荷特点

建筑空调负荷通常由室内负荷与新风负荷组成。而室内负荷又可分为包括人体、灯光与设备等散热所形成的内部负荷和由于室外气象参数变化且与室内存在温差导致的各围护结构得热所形成的外部负荷。由于室外气象条件、建筑使用功能、围护结构材料种类、人员设备等影响因素的不同，各建筑表现出的冷负荷特点也不同。但是对于同一类建筑由于存在使用功能或人员设备等影响因素方面存在相同之处，则表现出类似的负荷特点或趋势。

为使自然冷热源能够更有针对性地在公共机构建筑中得到应用，因此，对于各类公共机构建筑相应的使用功能及人员流动情况、设备使用情况等，需要对其冷负荷特点进行归纳分析。

（1）政府机关类公共机构负荷特征总结

办公建筑每日工作时间内的负荷满足平稳，小幅波动的特点。每日逐时冷负荷有较强的规律：系统在上班时间冷负荷有一个逐渐上升的过程并保持稳定；到了中午，人员外出或者休息，空调负荷有一个下降；到了下午上班时间，冷负荷又恢复到高负荷状态。每日最大负荷主要出现在 10：00 及 16：00 左右。

办公建筑在工作日及周末室内热源负荷基本不变。一周内办公建筑的冷负荷变化相对较大，这种变化主要是由室外干球温度的变化产生的。

办公建筑冷负荷一般 7 月中旬到 8 月中旬系统达到最大值，而且一般由于设计时人员密度取得过大，导致系统实际负荷率偏低。

办公建筑的运行负荷主要是由室内热源负荷及围护结构负荷组成的，太阳辐射负荷及新风负荷实际运行时所占比例很小。

（2）教育类公共机构负荷特点

校园类公共机构类型较复杂，尤其是大学校园，包括教学楼、实验室、图书馆、学术中心、行政办公、学生宿舍、食堂等类型，不同建筑类型的人员、设备、灯光负荷值和作息时间差异较大。大学城内主要人流是学生、教师和部分服务人员，这些人员是移动的空调负荷群，且时间性、规律性比较明显。

因此，对于校园内各个建筑逐时负荷，例如：在上午（8：00～12：00）和下午（14：00～18：00）工作时间内，宿舍、食堂人员密度较小，空调负荷较低，可以少开机，甚至不开机；而在教学楼、图书馆、实验室等类建筑中，人员密度较大，灯光、设备负荷也相应增加，空调负荷较大，并在午后伴随室外气候条件，出现空调负荷峰值；在午餐（12：00～13：00）和晚餐（18：00～19：00）时间，学生和教师主要集中在食堂和宿舍，造成这两类建筑冷负荷增加并出现最大值，此时，其他建筑空调负荷则相对较低。而在夜间到凌晨（22：00～6：00）所有负荷基本上集中在学生宿舍，其他建筑内基本没有能源负荷。

对于年度的不同季节负荷，负荷集中在白天及工作日。对于校园，由于暑期放假，冷负荷需求较大的七月和八月仅需要提供值班冷量。

（3）卫生事业类公共机构

对于医疗类公共机构，根据其建筑不同的使用功能对建筑冷负荷的影响又需要分为两类：

1）门诊类建筑。由于其中人员流动性较大，有明显的高峰时段，所以其空调负荷也有所区别。

2）住院部或疗养类建筑。由于其中人员相对较为固定，所以空调负荷将主要受气候条件影响，呈现出相对稳定的规律。

2.2.2 公共机构建筑负荷随时间分布特点

结合某行政办公类建筑的实际调研及检测数据的整理对其空调系统冷负荷在日、周及年度内分布特点进行了总结。

（1）日变化特征

根据对某公共机构办公建筑空调系统测试情况分析了其负荷日变化特性。

其中的系统负荷的测定计算，主要通过布置在分集水器间的 1 号及 2 号系统冷水供回水管上的温湿度自记仪测得冷水进出口温度 T_{in}，T_{out}，利用超声波流量计测出系统冷水流量 G，然后利用下面公式计算系统负荷：

$$Q = 4.18G(T_{in} - T_{out})/3.6 \tag{2.1}$$

式中 Q——系统负荷，kW；

      T_{out}——冷水回水温度，℃；

      T_{in}——冷水供水温度，℃；

      G——系统冷水流量，m^3/h。

该办公建筑空调的运行时间：工作日：1号系统7：00～20：30关，2号系统7：00～17：30关；周末：1号及2号系统8：30～16：30。本次测试记录了7月25日到8月7日的逐时运行数据，鉴于两个系统的启停时间及系统热平衡，我们选取每日9：00到17：00的逐时数据进行计算与分析，其结果如图2.15、图2.16所示。

1）1号系统逐日负荷

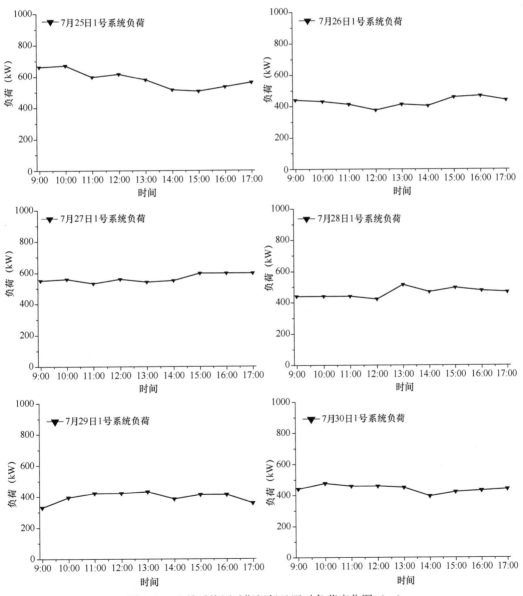

图2.15 1号系统测试期间每日逐时负荷变化图（一）

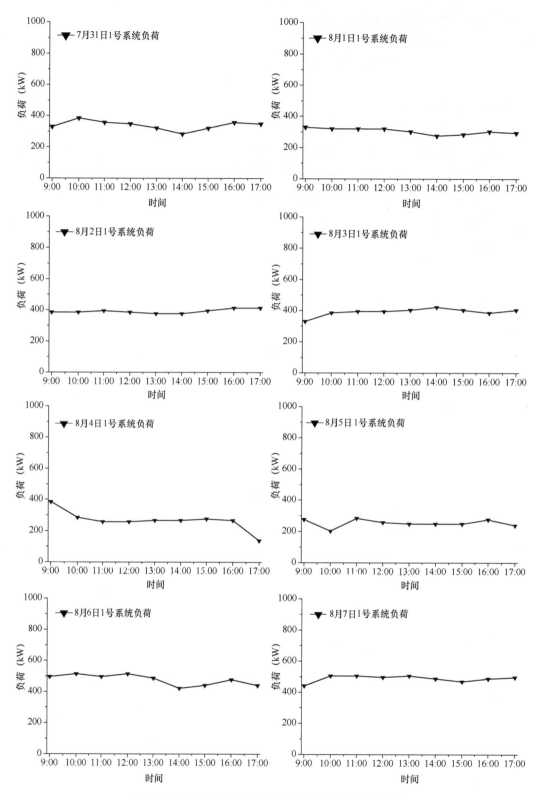

图 2.15 1号系统测试期间每日逐时负荷变化图（二）

2) 2号系统逐日负荷

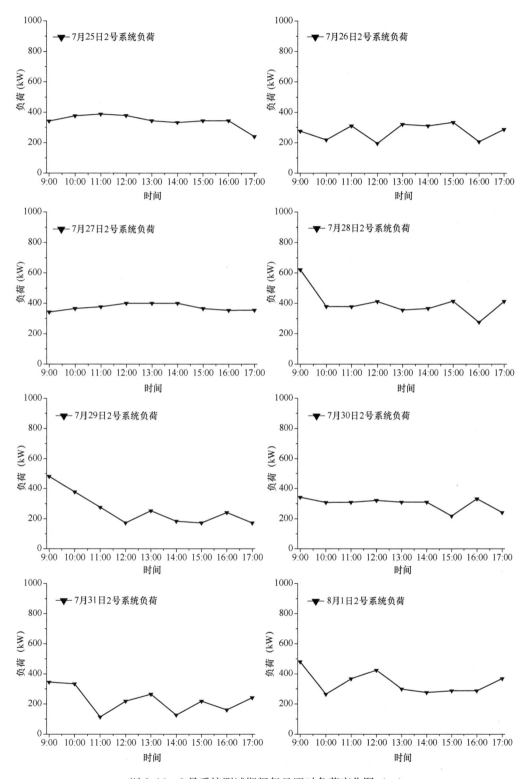

图 2.16　2号系统测试期间每日逐时负荷变化图（一）

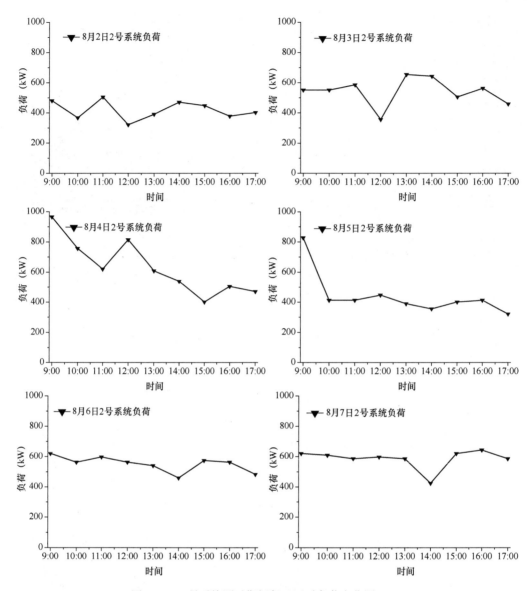

图 2.16　2 号系统测试期间每日逐时负荷变化图（二）

从图 2.15 可以总结得到 1 号系统空调冷负荷的日变化特征如下。

测试期间 1 号系统空调冷负荷日变化幅度不大，测试期间每日逐时负荷波动幅度都在 ±15% 以内，每日最大负荷主要出现在 10：00 和 16：00 左右，每日逐时冷负荷变化特征可以表述为：平稳，小幅波动。

1 号系统空调冷负荷在人员上班之前有一个积累的峰值，之后的变化主要受人员活动情况和室外温度的影响。

从图 2.15 可以看出 1 号系统每日逐时冷负荷有较强的规律：系统在上班时间冷负荷有个逐渐上升的过程并保持稳定；到了中午，人员外出或者休息，空调负荷有一个下降；到了下午上班时间，冷负荷又恢复到高负荷状态。

从图 2.16 可以总结得到 2 号空调系统冷负荷的日变化特征如下。

测试期间2号系统空调冷负荷日变化幅度较大，测试期间每日逐时负荷波动幅度剧烈，波动从-49%到86.7%不等。

从图2.16可以看出2号系统每日逐时冷负荷变化规律性较弱。这与前面部分所述的2号系统室内温度较高有关：由于室内温度大部分时间只能维持在$28\sim29℃$，导致系统冷负荷中围护结构所占的比例减少，人员等室内热湿源负荷比例增加。而2号系统为对外办事大厅及大开间办公室，人员变化相对于1号系统更为剧烈，这也导致2号系统空调冷负荷相对于1号系统来说更为剧烈，更没有规律性。

（2）周变化特征

根据搜集的相关公共机构建筑周的逐时运行数据，选取每日9：00到17：00的逐时数据进行计算与分析，可以得到某公共机构办公建筑1号及2号系统的逐时负荷变化如图2.17～图2.19所示：

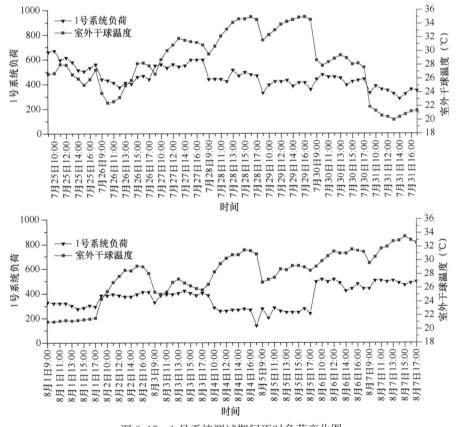

图2.17　1号系统测试期间逐时负荷变化图

从图2.17～图2.19可以得到1号和2号系统测试期间冷负荷变化规律如下。

测试期间1号系统最大冷负荷是670.8 kW，即是$52.5W/m^2$，最小冷负荷是$138.2kW$，即是$7.7W/m^2$，1号系统一周内逐时负荷变化明显。

测试期间2号系统最大冷负荷是$965.2kW$，即是$53.5W/m^2$，最小冷负荷是$69.1kW$，即是$3.8W/m^2$，2号系统相对于1号系统而言变化更为剧烈。对比图2.18和图2.19可以发现，1号系统与2号系统冷负荷变化趋势基本相同，且两者的变化趋势

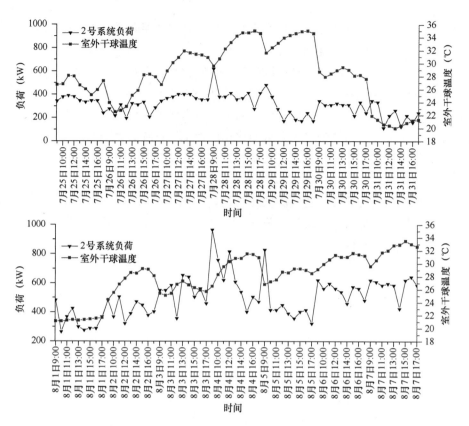

图 2.18 2 号系统测试期间逐时负荷变化图

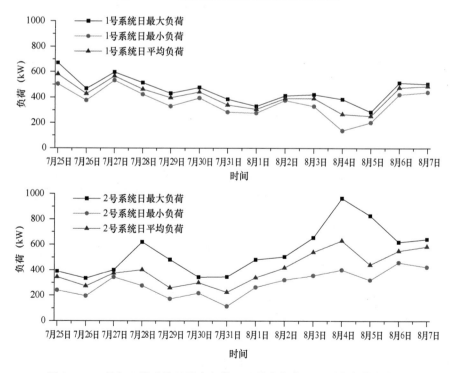

图 2.19 1 号与 2 号系统日最大负荷、日最小负荷、日平均负荷变化图

大体上与室外干球温度一致，从而可以得出室外气象参数的差异是造成周负荷变化明显的主要原因。

为了验证图 2.15 及图 2.16 中的结论，机组运行记录表中 7 月 24 日到 8 月 6 日两周的数据进行统计与分析，鉴于记录情况每日选取 8：00、10：00、12：00、14：00、16：00 的负荷进行统计。

从图 2.20 可以看出 1 号系统的日负荷特征仍满足：平稳，小幅波动的特点，而系统每周负荷变化也较为明显，其变化趋势与室外气象参数一致。

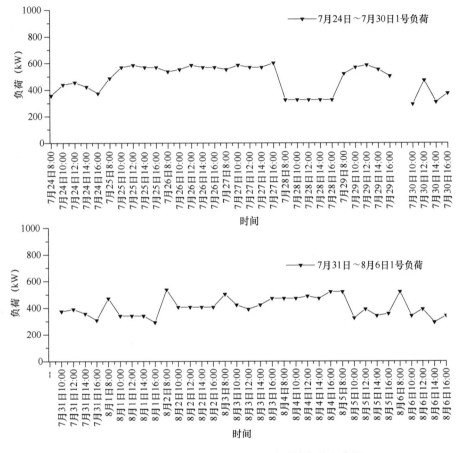

图 2.20　7 月 24 日～8 月 6 日 1 号系统负荷变化图

（3）年变化特征

空调季全年的负荷分布情况，1 号机组运行时间是 6 月 1 日到 9 月 16 日，2 号机组运行时间是 6 月 28 日到 9 月 16 日。全年空调季冷负荷的分布如图 2.21 所示：

从图 2.21 及图 2.22 可以看出：

1）1 号系统空调季冷负荷主要集中在 200～600kW（15.7～47.0W/m²），其中在 7 月 15 日到 8 月 15 日系统负荷达到最大值，期间 1 号系统平均负荷为 458kW（35.9W/m²），而在六月初及九月中旬空调负荷大部分处于非常低的状态。空调季中 1 号系统的平均冷负荷为 364.9kW（28.6 W/m²）。

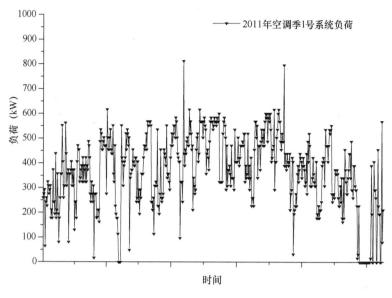

图 2.21　空调季 1 号系统负荷分布图

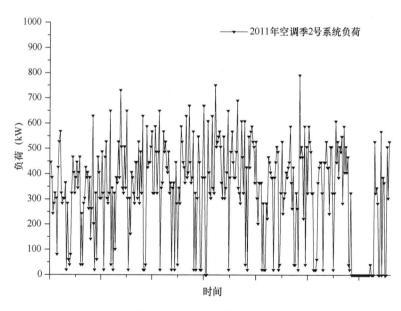

图 2.22　空调季 2 号系统负荷分布图

2）2 号系统空调季冷负荷主要集中在 300～600kW（16.6～33.3W/m²），2 号系统相对于 1 号系统在整个空调季负荷波动更大。同 1 号系统类似，2 号系统负荷也在 7 月中旬到 8 月中旬负荷达到最大值，而在六月初及九月中旬空调负荷处于非常低的状态。空调季中 2 号系统的平均冷负荷是 328.4kW（18.2W/m²）。

可知 1 号系统的设计负荷为 1210.5kW，而 2 号系统的设计负荷是 1498.9kW。将空调季 1 号及 2 号系统的逐时负荷除以设计负荷便可得到逐时负荷率，对逐时负荷率进行统计与分析可得到图 2.23、图 2.24。

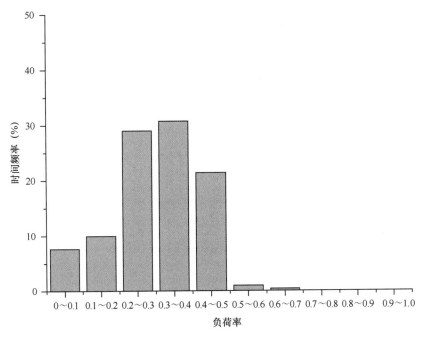

图 2.23 空调季 1 号系统负荷率分布图

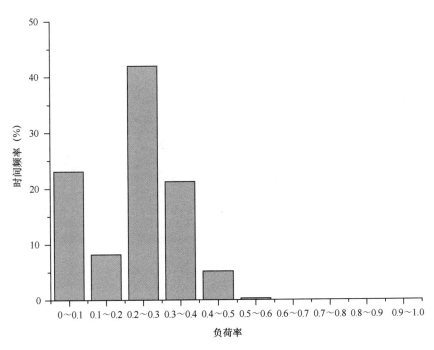

图 2.24 空调季 2 号系统负荷率分布图

从图 2.23 及图 2.24 可以得到：

1 号系统全年最大负荷率为 0.67，而且全年大部分时间 1 号系统的负荷率都小于 0.5，系统负荷率在 0.3～0.4 的区间上最多，达到 30.7%。全年空调季中有 81.1% 的时间系统的负荷率是位于 0.2～0.5 之间，系统负荷率在 0～0.2 的时间有 17.6％。从图 2.23 可以看出 1 号系统基本上所有时间都处于半负荷甚至小于半负荷状态。如果在计算设计负荷时对人数等相关参数取值参照实际调研情况，可以得到 1 号设计负荷 855.5kW，此时可以得到 1 号系统全年负荷率大部分处于 0.3～0.75 之间，这时系统负荷率正常。因此分析造成 1 号系统负荷率偏低的原因是：设计时人员密度取得过大，导致设计负荷过大。

2 号系统全年最大负荷率为 0.52，而且全年几乎所有时间 2 号系统的负荷率都小于 0.5，系统负荷率在 0.2～0.3 的区间上最多，达到 41.9％。全年系统负荷率在 0～0.2 的时间有 31.3％。从图 2.24 可以看出 2 号系统几乎所有时间都处于小于半负荷状态。如果在计算设计负荷时考虑实际调研情况，可以得到 2 号系统的设计负荷为 1073.6kW，此时 2 号系统全年负荷率大部分仍然位于 0.3～0.6 之间，由此可见设计负荷偏大只是其中一部分原因。对比 2 号系统测试期间室内温湿度监测情况：大部分时间 2 号系统室内温度智能控制在 28～29℃之间，因此大胆猜测是由于室内温度偏高导致实际负荷偏小，从而导致全年负荷率分布异常。

利用 TRNSYS 软件模拟了空调系统空调季冷负荷，结果如图 2.25、图 2.26 所示。

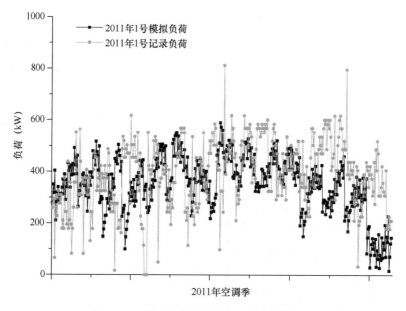

图 2.25　1 号系统模拟负荷与记录负荷变化图

从图 2.25 中可以看出 1 号系统的模拟负荷与物业公司记录的负荷在空调季平均相差 40.27kW，两者的标准差为 164.4kW。

另外利用模拟软件对 1981—2016 年大楼全年逐时负荷进行模拟，并对数据分析可以得到 1 号系统近 30 年最大负荷为 671.2kW，2 号系统近 30 年最大负荷为 872.1kW。然后对近 30 年系统负荷率分布进行分析可以得到：

从图 2.27 可以看出 1981—2016 年空调季负荷率主要集中在 0～0.4 之间，全年1 号及 2 号系统基本都是小于半负荷状态运行，系统甚至有 35％的时间负荷率仅为 0～0.1 之间。

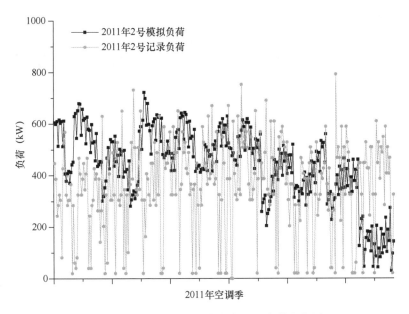

图 2.26 2 号系统模拟负荷与记录负荷变化图

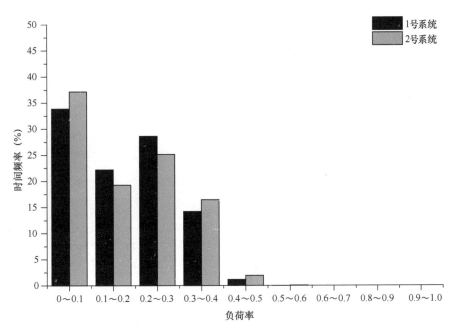

图 2.27 1981～2016 年空调季系统负荷率分布图

2.2.3 公共机构用能系统负荷影响因素

公共机构覆盖全国，而建筑空调系统的冷负荷主要由室内热源负荷，围护结构负荷，新风负荷及太阳辐射得热组成。根据前面的分析可知对于公共机构的办公建筑，室内热源负荷在工作日和周末其值分别是不变的，而围护结构负荷，新风负荷及太阳辐射得热都与室外气象参数有关。因此研究中主要讨论公共机构与室外气象参数的关系。

（1）建筑冷负荷与干球温度的关系

由于 2 号系统运行存在一定的问题，因而报告主要分析 1 号系统逐时冷负荷与室外干球温度的关系。另外为了减少室内热源负荷变化对结果的影响，分别对工作日及周末的逐时负荷与逐时干球温度进行多项式拟合，其结果如图 2.28、图 2.29 所示。

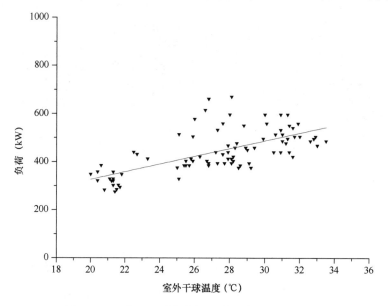

图 2.28　工作日逐时负荷与逐时干球温度的关系图

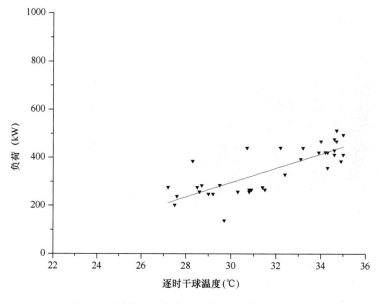

图 2.29　周末逐时负荷与逐时干球温度的关系图

从图 2.28、图 2.29 中结果可看到，逐时负荷与逐时干球温度的多项式拟合相关系数分别为 $R_1^2 = 0.45$，$R_2^2 = 0.63$，这表明 1 号系统冷负荷受室外干球温度影响明显。这是由于办公类建筑室内热源负荷在工作日及周末分别基本不变，从实际运行负荷组成来看新风负荷及太阳辐射得热所占比例很小,而围护结构负荷主要由室外干球温度决定,所以系统冷负荷受干球温度影响明显。这也意味着办公建筑负荷的变化主要是由室外干球温度的变化产生的。

(2) 建筑气象负荷与干球温度的关系

由于办公类建筑室内热源负荷工作日及周末基本不变,而其他部分负荷受室外气象参数的影响。因此我们将实测负荷减去模拟负荷中室内热源负荷后的负荷定义为建筑气象负荷,将得到测试期间的逐时建筑气象负荷与室外干球温度进行多项式拟合结果如图2.30所示。

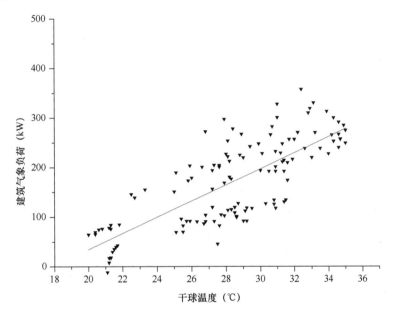

图2.30 1号气象负荷与干球温度的关系图

从图2.30中可以看出建筑气象负荷与干球温度拟合的相关系数 $R^2 = 0.5789$,两者的相关性较强,但并没有想象中那样强烈,这是由于测试数据较少加上测量误差而造成的。

(3) 建筑日总负荷与日平均温度的关系

同济大学何大四等人在《常用空调负荷预测方法分析比较》一文中提到:"日平均气温与日总负荷间有较强的相关性"。我们将每日8:00到18:00的逐时负荷相加得到日总负荷,而根据气象学中的定义将每日2:00,8:00,14:00,20:00对应的温度取平均值便得到日平均温度。由于办公建筑在工作日和周末的人员变化较大,而周末数据较少,因而仅对工作日的数据进行拟合,其结果如图2.31所示。

虽然测试数据较少,但是从图2.31中还是可以看出建筑气象负荷与干球温度拟合的相关系数 $R^2 = 0.6406$,两者的相关性仍然较强,这与何大四等人的结论一致。

(4) 建筑负荷影响因素的定性分析

前面分析了对建筑负荷产生显著性影响的因素,我们利用正交分析法来定性地分析室外气温的波动,室外相对湿度的波动,室内人员的波动对办公建筑负荷影响的显著

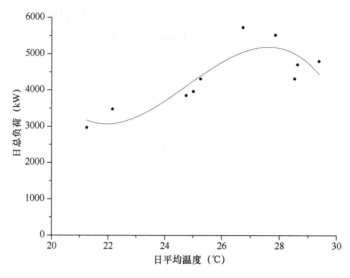

图 2.31　工作日日总负荷与日平均温度多项式拟合

性。对 2012 年测试期间 7 月 25 日到 8 月 7 日的工作时间 9：00～17：00 的干球温度和相对湿度进行统计，可以得到日干球温度平均变化 3.4℃，而相对湿度则变化 18.7％，而根据实际调研的情况 1895 大楼在工作时间内人员在室率变化 20％，根据正交试验原理可以得到试验因素水平如表 2.2 所示：

不同水平数下的因子　　　　　　　　　　　　　　　　表 2.2

因素	干球温度	相对湿度	人员在室率
水平 1	$T-1.7$	$(R-10)\%$	$(X-10)\%$
水平 2	T	$R\%$	$X\%$
水平 3	$T+1.7$	$(R+10)\%$	$(X+10)\%$
字母代号	A	B	C

表中：T——实测室外干球温度，℃；R——实测室外相对湿度，％；X——实测人员在室率，％。

　　然后根据因数水平表制定实验设计方案，取测试期间 7 月 25 日到 8 月 7 日工作时间（9：00～17：00）1 号系统的平均负荷作为试验结果。正交实验分析计算表如表 2.3 所示。

正交试验直观分析计算表　　　　　　　　　　　　　　表 2.3

试验号	A	B	C	1 号系统测试期间平均负荷(kW)
1	1	1	1	271.44
2	1	2	2	321.96
3	1	3	3	372.51
4	2	1	2	389.69
5	2	2	3	440.36

试验号	A	B	C	1号系统测试期间平均负荷(kW)
6	2	3	1	342.14
7	3	1	3	508.16
8	3	2	1	410.20
9	3	3	2	460.77
K1	965.91	1169.29	1023.78	总和 $T=3517.23$
K2	1172.19	1172.52	1172.42	
K3	1379.13	1175.42	1321.03	
R	413.22	6.13	297.25	

根据直观分析法，极差 R 的大小顺序为 $RA>RC>RB$，各影响因素的大小顺序为干球温度＞室内人员在室率＞相对湿度，为了更准确地分析影响负荷的因素，本课题采用方差分析验证直观分析的准确性，其结果如表 2.4 所示。

方差分析计算表　　　　表 2.4

方差来源	偏差平方和	自由度	方差估计值	F 值	$F_{0.1}$	$F_{0.05}$	显著性
因素 A	28458.5	2	14229.25	1771275.96	99.01	19	显著
因素 B	6.26887	2	3.134434	390.178511	99.01	19	显著
因素 C	14726.3	2	7363.13	916572.211	99.01	19	显著
误差	0.01607	2	0.0080333				

结果表明因素 A、因素 B、因素 C 对负荷有显著影响，并且显著性大小为：干球温度＞室内人员在室率＞相对湿度。

2.3　公共机构被动式能源利用现状

从 600 个公共机构的调研结果可以看出，公共机构中采用被动式能源（太阳能、地热能）的占比不过半，且能源使用形式较为单一。本节将公共机构按照不同的气候分区进行划分，分别对严寒地区、寒冷地区、夏热冬冷地区、夏热冬暖地区以及温和地区的公共机构被动式能源的应用情况进行了调研，具体的调研数据如下。

2.3.1　严寒及寒冷地区公共机构被动式能源的应用

严寒及寒冷地区调研公共机构共 246 家，其中国家机关 140 家，学校 72 家，医院 34 家。其中，在国家机关中被动式能源主要应用于太阳能热水系统、太阳能路灯采用的相对较多，太阳能光伏发电、地源热泵技术也有采用。国家被动式能源应用情况见表 2.5 及图 2.32。

国家机关被动式能源应用情况　　　　　　表 2.5

序号	技术类型	数量（个）
1	太阳能光伏发电	8
2	太阳能热水	10
3	地源热泵	8
4	太阳能路灯	9

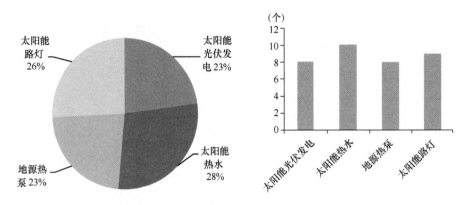

图 2.32　国家机关被动式能源应用情况

　　高校中太阳能与热泵结合的热水技术应用较多、太阳能路灯采用的相对较多，太阳能光伏发电、地源热泵技术也有采用。学校被动式能源应用情况见表 2.6 及图 2.33 所示。

学校被动式能源应用情况　　　　　　表 2.6

序号	技术类型	数量（个）
1	太阳能光伏发电	5
2	太阳能热水	11
3	微风发电	1
4	地源热泵	5
5	太阳能路灯	8

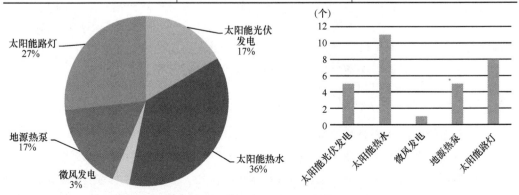

图 2.33　学校被动式能源应用情况

卫生类机构中应用太阳能热水洗浴技术较多、地源热泵技术也有采用，如表2.7所示。

卫生类机构被动式能源应用情况　　　　　　　　　　表2.7

序号	技术类型	数量（个）
1	太阳能热水	8
2	地源热泵	2

总的来说，严寒及寒冷地区在可再生能源应用方面，太阳能路灯、太阳能热水和地源热泵技术应用较多，太阳能光伏发电技术应用较少。

2.3.2　夏热冬冷地区公共机构被动式能源的应用

夏热冬冷地区公共机构共194家，其中国家机关92家，学校60家，医院42家。其中，在国家机关中被动式能源主要应用于太阳能光伏发电技术应用比例较高，太阳能热水系统、太阳能路灯技术也有应用，没有应用地源热泵技术。被动式能源应用情况见表2.8及图2.34所示。

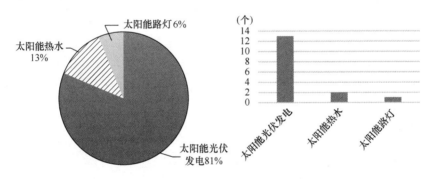

图2.34　国家机关被动式能源应用情况

国家机关被动式能源应用情况　　　　　　　　　　表2.8

序号	技术类型	数量（个）
1	太阳能光伏发电	13
2	太阳能热水	2
3	太阳能路灯	1

学校中浴室的空气源热泵热水系统、太阳能热水系统以及太阳能与热泵结合热水技术应用较多，太阳能路灯，太阳能光伏发电、沼气技术也有采用，学校被动式能源应用情况见表2.9及图2.35所示。

学校被动式能源应用情况　　　　　　　　　　表2.9

序号	技术类型	数量（个）
1	太阳能光伏发电	1
2	太阳能热水	5
3	空气源热泵热水系统	9
4	太阳能路灯	2

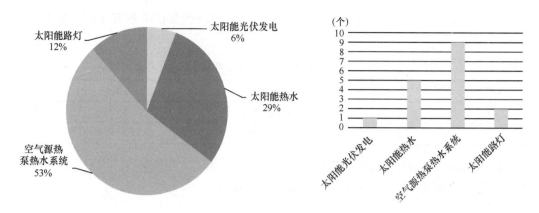

图 2.35　学校被动式能源应用情况

卫生类机构中浴室空气源热泵热水系统、太阳能热水系统，以及太阳能与热泵结合热水技术应用较多，太阳能路灯，太阳能光伏发电也有采用，被动式能源应用情况见表 2.10 及图 2.36 所示。

卫生类机构被动式能源应用情况　　　　　　　　　　表 2.10

序号	技术类型	数量（个）
1	太阳能光伏发电	1
2	太阳能热水	3
3	空气源热泵热水系统	4
4	风光互补路灯	1

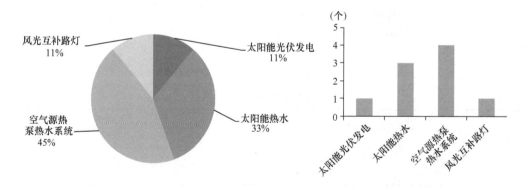

图 2.36　卫生类机构被动式能源应用

夏热冬冷地区在可再生能源应用方面，国家机关太阳能光伏发电技术应用较多，学校和医院太阳能热水和夏热冬冷地区在可再生能源应用方面，国家机关太阳能光伏发电技术应用较多，学校和医院太阳能热水和空气源热泵热水系统应用较多。地源热泵技术应用较少。

2.3.3　夏热冬暖地区公共机构被动式能源的应用

夏热冬暖地区公共机构共 122 家，其中国家机关 76 家，学校 27 家，医院 19 家，其中，2 个国家机关将被动式能源主要应用于太阳能光伏发电技术，1 个国家机关采用了太阳能热水技术，被动式能源应用情况见表 2.11 所示。

国家机关被动式能源应用情况 表 2.11

序号	技术类型	数量（个）
1	太阳能光伏发电	2
2	太阳能热水	1

学校应用了太阳能光伏发电、太阳能路灯和太阳能热水技术。被动式能源应用情况见表 2.12 及图 2.37 所示。

学校被动式能源应用情况 表 2.12

序号	技术类型	数量（个）
1	太阳能光伏发电	3
2	太阳能热水	1
3	太阳能路灯	4

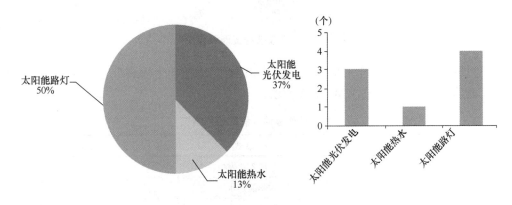

图 2.37 学校被动式能源应用

夏热冬暖地区在可再生能源应用方面，国家机关、学校太阳能光伏发电技术应用较多，各类公共机构空气源热泵热水系统应用较多。

2.3.4 温和地区公共机构被动式能源的应用

温和地区公共机构共 38 家，其中国家机关 20 家，学校 10 家，医院 8 家，其中，在国家机关中被动式能源主要应用于太阳能路灯和太阳能生活热水技术，被动式能源应用情况见表 2.13 所示。

国家机关被动式能源应用情况 表 2.13

序号	技术类型	数量（个）
1	太阳能热水	1
2	太阳能 LED 路灯	5

学校被动式能源主要应用于太阳能路灯、太阳能生活热水、太阳能光伏发电技术。被动式能源应用情况见表 2.14 及图 2.38 所示。

序号	技术类型	数量（个）
	学校被动式能源应用情况	表 2.14
1	太阳能光伏发电	2
2	太阳能热水	5
3	太阳能 LED 路灯	3

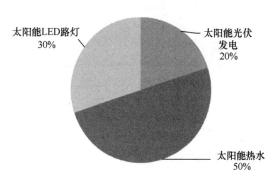
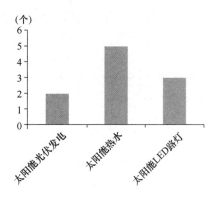

图 2.38　学校被动式能源应用

卫生类机构被动式能源主要应用于太阳能路灯、太阳能生活热水、太阳能光伏发电技术。被动式能源应用情况见表 2.15 所示。

序号	技术类型	数量（个）
	卫生类机构被动式能源应用情况	表 2.15
1	太阳能光伏发电	1
2	太阳能热水	2
3	太阳能风力路灯	1

温和地区在可再生能源应用方面，由于温和地区太阳辐射照度较强，太阳能利用具有优势，学校、医院太阳能光伏发电技术应用较多，各类公共机构太阳能 LED 路灯、太阳能生活热水系统应用较多。

2.4　公共机构用能案例分析

本节在 600 个公共机构建筑调研样本中，筛选出 12 个典型公共机构，重点对建筑、能源种类、被动式能源种类与用量进行统计和案例分析。

2.4.1　政府机关类建筑

（1）平泉市行政中心

1）基本概况

办公区域总建筑面积 2.4 万 m²，共九层 735 个房间，有 41 个单位入驻办公，有办公人员 1231 人。

2）能源应用现状

行政中心能源消耗包括电、水、煤和车用汽油。其中电、水是行政中心正常办公及设备用能主要能源来源，煤用于行政中心锅炉取暖，汽油用于行政中心公务用车。在行政中心安装太阳能光伏发电系统，也是大力推进创建"绿色机关"的重要措施之一。建设被动式能源太阳能光伏发电，大大缓解了行政中心用电压力，也减少了财政用电支出，同时会产生很大的社会影响力，在全县各公共机构具有良好的"低碳"示范效应。

（2）聊城市公安局

1）基本概况

特警办公楼为框架结构，2004 年投入使用，建筑面积为 1.49 万 m²，地上 16 层、南北裙楼 3 层、地下 1 层。根据市公安局节约能源"十二五"规划，坚持统筹安排，分批推进，对市局特警办公楼、交警办公楼、经侦办公楼分期进行节能改造，2013 年已完成了市局特警办公楼的节能改造。

2）能源应用现状

聊城市公安局能源消耗主要是电力、热力、汽油天然气和水。电力用于中央空调和日常办公。热力用于取暖，水用于生活，天然气用于餐厨，汽油用于车辆。公安局洗浴热水年耗电量为 7.9 万 kWh。大楼十二～十四层每层有 6 台电热水器，每台功率约 3kW，每天使用时间约 4h。现已全部更换为集中式太阳能集热系统。现市局办公楼、特警大楼和经侦大楼已经全部淘汰了白炽灯，更换了 1700 盏高效节能灯。

（3）兵团第八师石河子党政服务中心

1）基本概况

石河子党政服务中心作为公共机构最为集中的办公场所，建筑面积 6.5 万 m²，安置了 56 家机关事业单位，1700 余人在楼内办公。

2）能源应用现状

中心的主要能耗包括水、电、蒸汽，其中电力是主要消耗能源，因此近年来我们加快实施配电、空调、照明、电梯等重点设备的节电改造。蒸汽主要用于中央空调夏季制冷、冬季制热，另外机关餐厅蒸饭车也使用蒸汽运行。其中，2012 年投资 7 万元在机关餐厅安装空气能热水器，利用被动式能源，与电热水器相比节能率达到 70%，极大地减少电能消耗。2012 年投资 12 万元对党政服务中心内庭院进行通风改造，内庭院穹顶原先采用玻璃幕墙封闭，空气流通性差，夏季辐射时间较长，造成沿侧办公室温度较高、不透气。经研究论证，在内庭院加装低噪声百叶风机和定时调节控制系统，极大地改善通风环境，降低室内温度并减少空调能耗。

（4）无锡市民行政服务中心

1）基本概况

无锡市民中心于 2010 年 10 月正式投入使用，由 2 栋主楼、8 栋裙楼、2 个会议中心和 1 个行政服务中心组成。总建筑面积 36 万 m²，其中地上 29 万 m²。现驻有 111 个行政、事业单位，工作人员 6384 人。

2）能源应用现状

无锡市民中心消耗的能源资源类主要包括电、天然气、车用汽油、柴油和水五大类。其中以消耗电、天然气和水为主。电是无锡市民中心动力设备、空调系统、照明系统、信息机房、景观亮化等的主要能源，天然气是无锡市民中心餐厅、食堂的主要能源，汽油、柴油消耗量较小。无锡市民中心大楼空调采用的被动式能源为地源热泵中央空调系统。地源热泵空调系统主要承担行政服务中心、会议中心及大厅等大面积公共空间的制冷制热，总覆盖面积9万m²。

2.4.2 教育事业类建筑

（1）东北农业大学

1）基本概况

现占地面积为366.5万m²，总建筑面积83.92万m²，目前，学校每年消耗能源费用约需要3600万元，占学校省财政投入的1/3，单位建筑面积能耗28.27kgce/m²，人均能耗1077.7kgce/m²。

2）能源应用情况

①电能。用电主要集中在锅炉房，食堂、学生公寓、办公楼，教职工家属楼，教学楼（实验楼）等地。②煤。学校人数约23000人，每年消耗煤炭总量约3.6万t，天然气300000m³（约合3000tce）。③太阳能。太阳能为被动式能源，东北农业大学建立太阳能热水工程，用于学校校友浴室的改造，改造后年节约燃煤约2500t。

（2）北京工业大学

1）基本概况

北京工业大学总建筑面积107万m²，学校有教职工3000余人，其中专任教师1500余人。教师中有全职两院院士6人，博士生导师262人。全日制本科生12000余人，研究生8600余人，以及成教生，委培生等10000余人。

2）能源应用现状

北京工业大学主要消耗的能源和资源为：电力、天然气、市政热力、燃油和资源水，燃油包含柴油和汽油。2009年至2011年北京工业大学能源消耗结构基本保持稳定，主要是电力、天然气和燃油。对于被动式能源，学校主要采用了水源热泵系统为校本部供暖。水源热泵系统主要集中于科技综合楼、第三教学楼、图书馆、奥运体育馆等建筑中。校本部南区公共浴室和奥运场馆浴室均采用太阳能热水系统，有效地节约了燃气。奥运场馆太阳能系统每天可提供55℃热水70t，集热面积828m²，阴天时辅助空气源热泵。南区浴室的热水采用太阳能加热，设备安装在学生公寓12号楼楼顶，太阳能设备机房设在奥运餐厅东侧开水房设备间内。2011年，学校将此太阳能供热系统与2009年建设的奥运场馆太阳能系统（设备安装在奥运餐厅楼顶）进行了连接，可以做到两处的热水共同使用，有效地提高了能源使用效益。

（3）郑州大学

1）基本概况

郑州大学由原郑州大学、郑州工业大学、河南医科大学于2000年7月10日合并组建而成，校本部包括新校区、南校区、工学院、医学院4个校区，总占地面积430万m²，其中坐落在郑州高新技术开发区的新校区占地面积323万m²。

2）能源应用现状

郑州大学能源消耗以电、煤和天然气为主。其中电力是校园建筑和设备用能的主要能源，煤用于老校区冬季取暖，天然气用于新校区冬季取暖。对于被动式能源的利用，郑州大学采用合同能源管理合同模式，由能源管理合作公司出资对南校区的文科区、西南区及测绘学院三个开水供应点加装智能化太阳能热水循环系统。改造后，水经过太阳能系统预加热升温后，通过换热将饮用水加热，再通过燃气直燃机烧成开水。在南校区太阳能开水项目的基础上，学校继续对各校区开水房、学生浴池进行改造。晴天状态下，浴池洗浴用水采用太阳能加热即可满足洗浴要求，学校四个校区可取消蒸汽锅炉，能耗将得到极大降低。2010 年，郑州大学取得财政部 "2010 年太阳能光电建筑应用（金太阳）示范工程补助资金"，2011 年开始启动建设郑州大学新校区 2MW 太阳能光伏建筑应用示范项目。

（4）南京工业职业技术学院

1）基本概况

目前学校主要办学主体在仙林校区，占地面积 80 多万 m²，建筑面积 27.7 万 m²，有教职员工 800 余人。

2）能源应用现状

南京工业职业技术学院能源消耗以电、气、油为主，其中电力是校园建筑和设备用能的主要能源来源，天然气用于学校食堂餐事、公共浴室、开水房。油主要用于学校校车和公务用车。学校采用的被动式能源有：①太阳能光伏发供电。针对第二工业中心建设的太阳能、风能发电实训基地所产生的能耗，进行就地对接，主要用于照明和空调用电。②学校针对用能结构的不合理性，根据能效对比分析，决定采取电能、太阳能、空气源热泵等模式进行热水供应，从而替代原有的锅炉用气供应热水模式，对原校内容积式开水锅炉改造。

（5）厦门大学

1）基本概况

目前学校占地近 6km²，其中校本部位于厦门岛南端，占地 1.67km²，漳州校区占地 1.71km²，翔安校区规划建设用地 2.43km²。现有专任教师 2536 人，在校生近40000 人。

2）能源应用现状

厦门大学主要用能为电。学校在 "十二五" 期间，根据场地、使用年限等实际情况，逐步将学生宿舍、游泳馆和学生餐厅等场所热水系统改造为太阳能热水系统或者太阳能＋空气源热泵热水系统，逐步淘汰原有纯电热式热水系统。校园建筑在规划设计中综合考虑建筑的耐久适用、节约环保、健康舒适、安全可靠、低耗高效、自然和谐等内容，采用环保建筑材料，最大限度地节约资源。

2.4.3 卫生事业类建筑

（1）福建省肿瘤医院

1）基本概况

医院占地 9.37 万 m^2，现有建筑面积 11.67 万 m^2，医院编制床位 1600 张，设有 28 个临床科室、23 个病区、10 个医技科室和 9 个肿瘤基础研究室。编制 1298 人，现有职工 1539 人。

2）能源应用现状

医院用能主要包括用电、用水、供暖、天然气和公务用车燃油等。对于被动式能源的应用，2004 年，医院在病房楼屋面建立了当时省属单位中规模最大的太阳能热水系统，依靠能源使用的科学管理，对太阳能热水的供应时间进行科学制定，提高了能源使用的规划性，避免了无序规划、布局等造成的损失，也减少了能源在传输过程中造成的损耗。此外，医院利用屋顶绿化植物的遮盖作用和叶片的蒸腾作用，降低建筑围挡面的吸热，减少空调电能损耗，净化空气，美化环境。

（2）上海市第六人民医院

1）基本概况

医院占地面积 8.93 万 m^2，有独立的建筑单体 29 幢，总建筑面积 20 多万平方米，其中门诊医技干保综合楼建筑面积达 8.3 万 m^2，为上海市医疗系统中单体面积最大的大楼。

2）能源应用现状

上海市第六人民医院消耗的能源资源种类主要包括电、天然气、车用汽油、柴油和水等。医院屋顶设置小型热回收型空气源热泵机组，在提供空调冷水的同时，提供热水。

（3）新疆人民医院

1）基本概况

医院占地面积 7 万 m^2，建筑面积 20.5 万 m^2，医疗面积 13 万 m^2。用能人数达 3 万人。

2）能源应用情况

医院能耗以水、电为主，还包括煤、天然气、汽柴油。年用电量 1426 万 kWh，住院病人人均用电量 145 度；年用水量 55 万 m^3，住院病人人均用水量 16.12t；耗煤量 8519t。锅炉主要用于医院的生产与供暖。天然气主要用于医院餐饮。汽油、柴油用于医院车辆。

被动式超低能耗的应用有：①新疆人民医院急救楼和外科楼分别安装了 8t/h 的冷凝水回收装置对热风幕、换热器、锅炉、开水锅等用气设备的冷凝水进行回收循环利用，节约了水资源并有效地利用了冷凝水的余热，减少了供热燃料投入。②医院采用新型保温材料，在急救综合楼采用挤塑板进行外墙保温及新型节能隔热断桥铝合金窗户，2008 年对内科楼、综合楼、行政楼采用挤塑板进行外墙保温改造，2012 年对医院 12 栋住宅楼进行外墙保温工程，从而减少建筑热损失。

2.4.4 案例公共机构用能分析

对上述 12 个案例公共机构的建筑、能源种类、被动式能源种类与用量进行统计，见表 2.16。

公共机构建筑能源利用调研表   表 2.16

公共机构名称	类型	所属气候区	建筑面积（万 m²）	能源		被动式能源		备注
				种类	消耗量	种类	用途	
东北农业大学	学校	严寒地区	83.92	①电能；②煤	3.6万t	太阳能	学校校友浴室的改造	节约燃煤约2500t
新疆人民医院	医院	严寒地区	20.5	①电能；②煤；③水	1426万度 8519t 55万 m³	①冷凝水回收装置；②新型保温材料	①对热风幕、换热器、锅炉、开水锅等设备冷凝水进行循环利用；②对建筑外墙和门窗进行保温改造	
兵团第八师石河子党政服务中心	办公楼	严寒地区	6.5	①电能；②水；③蒸汽		①空气能热水器；②通风改造	①减少电能消耗；②改善通风环境	节能率70%
北京工业大学	学校	寒冷地区	107	①电能；②天然气；③燃油		①水源热泵；②太阳能热水系统；③空气源热泵	①供暖；②太阳能热水系统提供热水与开水	
平泉市行政中心	办公楼	寒冷地区	2.4	①电能；②煤；③水；④燃油		光伏发电系统	缓解行政中心用电压力	
郑州大学	学校	寒冷地区	248	①电能；②煤；③天然气		智能化太阳能热水循环系统	满足洗浴用水、饮用开水等	
无锡市民中心	办公楼	夏热冬冷地区	36	①电能；②天然气；③水		地源热泵中央空调系统	承担政务服务中心、会议中心及大厅等大面积公共空间的制冷制热	
上海市第六人民医院	医院	夏热冬冷地区	20	①电能；②天然气；③水；④燃油		小型热回收空气源热泵机组	提供空调冷水的同时提供热水	
南京工业职业技术学院	学校	夏热冬冷地区	27.7	①电能；②天然气；③燃油		①太阳能光伏发电；②空气源热泵	①照明和空调用电；②替代原有的锅炉用气供应热水模式	
福建省肿瘤医院	医院	夏热冬暖地区	11.67	①电能；②天然气；③水		太阳能热水系统	提供热水，提高能源使用的规划性	
厦门大学	学校	夏热冬暖地区	143	电能		①太阳能热水系统；②空气源热泵热水系统	逐步淘汰原有的纯电热式热水系统	

续表

公共机构名称	类型	所属气候区	建筑面积（万 m²）	能源		被动式能源		
				种类	消耗量	种类	用途	备注
聊城市公安局	办公楼	寒冷地区	1.49	①电力；②热力；③汽油；④天然气；⑤水		集中式太阳能集热系统	提供热水	

通过调研可见，所有的公共机构案例均为后期改造增设系统以采用被动式能源。这表明公共机构中被动式能源未得到充分利用以及缺乏主动式能源与被动式能源的耦合利用。此外，建筑用能的运行也证实了被动式能源的应用给建筑带来了客观的节能收益。因此，在未来对新建的公共机构应该在设计阶段、充分考虑当地的资源禀赋充分利用被动式能源，不但可以降低建筑本身能耗，还能减少后期系统改造带来的一系列人力、资金和对办公的影响等负担。因此对被动式能源的充分利用以及主动能源和被动能源耦合利用的适宜性研究是势在必行的。

2.5 公共机构能源利用政策调研及存在问题分析

2.5.1 公共机构节能及可再生能源利用政策调研

（1）公共机构节能相关政策调研

公共机构节能是我国节能工作中的重要组成部分，推行公共机构节能可以加快资源节约型、环境友好型社会的建设步伐，同时也是公共机构加强自身建设和树立良好社会形象的必然要求。近年来，党中央、国务院高度重视公共机构节能工作，将节能工作视为公共机构自身建设的重要内容展开实施，并要求各级政府机构在节能工作中发挥模范带头作用，努力建设节约型机关，发挥带头示范作用，对增强全民的节能意识和在全社会形成节能良好氛围起着示范与导向作用。表 2.17 所示为近几年来国家关于公共机构节能方面颁布的一些法规、标准导则等相关政策。

公共机构节能相关政策　　　　　　　　　　表 2.17

序号	法规标准导则条例	颁布年月
1	《中华人民共和国可再生能源法》	2009 年 12 月
2	《中华人民共和国节约能源法》	2018 年 10 月
3	《中央和国家机关节约型办公区评价导则（试行）》	2013 年 12 月
4	《节约型学校评价导则》GB/T 29117—2012	2012 年 12 月
5	《节约型机关评价导则》GB/T 29118—2012	2012 年 12 月
6	《民用建筑能耗标准》GB/T 51161—2016	2016 年 4 月
7	《节约型公共机构示范单位及公共机构能效领跑者评价标准》	2018 年 6 月
8	《公共机构能源资源管理绩效评价导则》GB/T 30260—2013	2013 年 12 月

序号	法规标准导则条例	颁布年月
9	《公共机构能源资源计量器具配备和管理要求》GB/T 29149—2012	2012 年 12 月
10	《公共机构能源管理体系操作手册》	2016 年 1 月
11	《公共机构节能条例》	2017 年 3 月
12	《公共机构能源审计管理暂行办法》	2015 年 12 月
13	《中央和国家机关及所属公共机构节约能源资源考核办法》	2012 年 12 月
14	《公共机构节约能源资源"十三五"规划》	2016 年 6 月
15	《公共机构室内温度控制管理办法》	2008 年 6 月
16	《关于严格执行公共机构空调温度控制标准的通知》	2007 年 6 月
17	《公共机构办公区节能运行管理规范》GB/T 36710—2018	2018 年 9 月
18	《公共机构能耗监控系统通用技术要求》GB/T 36674—2018	2018 年 9 月
19	《办公建筑设计规范》JGJ/T 67—2019	2019 年 11 月
20	《公共建筑节能设计标准》GB 50189—2015	2015 年 2 月

(2) 可再生能源利用相关政策调研

"十三五"期间，各省份紧跟国家脚步，近些年也大力推进公共机构节能工作及可再生能源利用，相继出台了各种规划、政策，大力推进地热能和太阳能的发展及应用。

1) 地热能方面

河南省在"十三五"能源发展规划的通知提到，合理开发利用地热能。"十三五"期间，新增地热供暖制冷面积 3000 万 m^2，累计达到 5500 万 m^2。北京市在"十三五"时期民用建筑节能发展规划发布会上提到，新增浅层地热能、深层地热能、污水源、工业余热和空气源热泵供暖面积 1300 万 m^2，到 2020 年，可再生能源应用建筑面积比例达到 16%。

湖北省在能源发展"十三五"规划的通知提到，加强地热资源勘查，合理规划地热开发利用。到 2020 年，新增浅层地热能建筑应用面积 560 万 m^2，累计应用面积达 2320 万 m^2。浙江省在公共机构节能"十三五"规划中提到，推广地源热泵等可再生能源应用。合理使用当地水源、地源等条件，"十三五"期间，完成县级以上热泵技术改造项目 10 个。四川省在公共机构节约能源、资源"十三五"规划提到，推进重点领域和关键环节的节能减排，增加地热能等可再生能源比重，减少能源消费排放，推广地源热泵项目 3 个，制冷供暖面积 6000 m^2。

西藏自治区在"十三五"节能减排规划暨实施方案中提到，加强地热能等清洁可再生能源普查（复查），大力推广、地热能开发利用。"十三五"控制温室气体排放工作方案中提到，大力发展地热能，到 2020 年，地热能发电装机规模达到 6 万 kW。贵州省在"十三五"建筑节能与绿色建筑规划提到，提升城镇可再生能源在建筑领域消费比重，力争完成太阳能、地源热泵技术建筑应用 600 万 m^2。

2) 太阳能方面

河南省在"十三五"能源发展规划的通知提到，推动太阳能利用快速发展。鼓励建筑物配套建设公用太阳能热水系统，提高太阳能热利用普及率。"十三五"期间新增光伏发电装机 300 万 kW，累计达到 350 万 kW。新增太阳能热利用集热面积 800 万 m^2，累计达到 2000 万 m²。湖北省在能源发展"十三五"规划的通知中提到，积极探索太阳能热发电，持续推广太阳能供热应用，到 2020 年，新增光伏发电装机容量 301 万 kW，累计达到 350 万 kW，新增太阳能光热建筑应用面积 7440 万 m²，累计应用面积达 1.5 亿 m²。

浙江省在公共机构节能"十三五"规划中提到，实施可再生能源应用工程，推广太阳能光伏，"十三五"期间，完成县级以上行政中心太阳能光伏试点工程 10 个。江苏省在太阳能发展"十三五"规划中明确指出，截至 2020 年底，分布式光伏装机要达 6000 万 kW 以上。甘肃省在公共机构节约能源资源"十三五"规划中提到，大力推进太阳能光热、光伏等可再生能源应用，推广太阳能光热项目 100 个，集热面积 10000m²，推广太阳能光伏利用项目 50 个，装机容量 1500kW；推广被动式太阳能供暖技术和热泵技术。山西省在"十三五"综合能源发展规划中提到，提升光伏发电。"十三五"末，太阳能发电力争达到 1000 万 kW。辽宁省在"十三五"控制温室气体排放工作方案提到，到 2020 年，太阳能光伏发电装机达到 200 万 kW 以上，发电总量 20 亿 kWh 以上。江西省在建筑节能与绿色建筑发展"十三五"规划提到，"十三五"期间，进一步推进太阳能光电、光热、地热能和空气源等可再生能源在建筑中的合理应用，城市可再生能源利用比达到 6% 以上。天津市在"十三五"规划的通知提到，加快发展太阳能发电：因地制宜发展设施农业光伏和集中地面电站，积极推进光热发电技术研究和工程应用。到 2020 年，全市太阳能发电装机规模超过 80 万 kW。在政府投资或财政补助的公共建筑中率先开展光伏应用，支持屋顶面积大、用电负荷大、电网供电价格高的工业园区和大型商业综合体开展光伏发电应用。

2.5.2 公共机构动式能源利用存在的问题

（1）被动式能源利用技术问题

1）太阳能利用技术问题

首先是太阳能本身具有不稳定性、分散性、效率低和成本高等问题，受季节、天气、地理等自然条件的限制影响，到达地面的太阳辐照度是间断的、不稳定的，必须解决蓄能问题，把太阳辐射能尽量贮存起来，以供夜间或阴雨天使用。到达地球表面的太阳辐射的总量大、密度低，在利用太阳能时，想要得到一定的转换功率，往往需要面积相当大的一套收集和转换设备，造价高。并且现有太阳能利用装置效率偏低、成本较高，经济性还不能与常规能源相竞争。再加上主动式太阳房系统复杂、设备繁多，初投资和运行维护费用较高。消费者难以接受出投资较高。同时，政府颁发相关政策较少。

其次是太阳能技术应用的问题，在太阳能集热系统中集热回路和供暖回路均采用差动控制，但是在生活用热水回路中却没有，因此太阳能区域供热供暖工程还没有实现；并且被动式太阳能建筑不能同时满足冬季供暖和夏季降温，供暖效果越明显，夏季室内温度越高。再加上辅助热源较少，工程应用有一定的局限性。因此，在保证良好供暖效果的前提下，解决夏季室内过热问题是目前技术发展的关键，还有集热蓄热墙式被动太阳能建筑受室外不稳定的气象因素影响显著，此外，导热、对流和辐射换热过程均为非稳态，过程复杂，对理论研究、计算均存在一定难度，现有集热蓄热墙式被动太阳能建筑的研究主要集中在单个部件的热性能上，对于系统整体热性能研究较少，这种建筑的风口控制困难，手动启闭风口使用不方便，风口易堵塞，严重影响热循环作用。

2）地热能利用技术问题

地热资源根据介质的温度可以分为大于150℃的高温、90～150℃的中温、小于90℃的低温三种类型。其中利用高温地热资源的主要方式为地热能发电，对于中、低温热能资源则采用直接使用的方式来提供生活热水或室内供热。

地热能发电的原理与火力发电的原理基本相同，是通过把地下热能转化为机械能再通过机械能转化为电能。在地热能发展过程中主要的技术问题是地热田的回灌、腐蚀与结垢。地下水中含有大量有毒矿物质，如果把发电后的热废水直接进行排放会对环境造成严重影响。而回灌技术要求较为复杂，需要考虑回灌井的最优地点，既要结合经济性也要使回灌井与生产井之间的路径的流动时间最大化，同时阻止废水向上流动污染地下含水层。地下水中含有较多的矿物质以及含有腐蚀性的化学介质，在利用地热流体发电的过程中由于温度、流速、压力的变化，各种矿物质的溶解度必然发生变化，其中产生沉淀结垢。增大了流动的阻力与传热阻力，同时还会对阀门、叶轮、气封片等产生腐蚀。所以地热能发电技术到目前为止仍未能大范围推广使用。

可对地热能进行直接利用的一般为浅层地热能。浅层地热能的主要能量来源于太阳的辐射能以及地球的内部热能，是一种储量丰富且可再生的清洁能源。然而其温度较低，作为低品位热能需要通过热泵进行制取和利用。对地热能进行利用的热泵为地源热泵，可主要分为水源与土壤源热泵。与空气相比水的质量热容更大，传热性能更好，在供热时节能效果更为明显，对于北方而言应用较为广泛，但也存在着一些技术问题。

对水源热泵而言水源选择、距离水源地的距离、水量是否充足以及是否会对管道造成腐蚀和磨损都是需要注意的地方。其次是回灌的问题，在利用地下水作为热源的时候如果回灌处理不当，会将污染物带入地下水。同时由于不能完全地将水回灌回去，地下水位的降低也会导致地壳下陷的问题。采用江水、湖水、海水的水源热泵，在夏季回灌水的水温较高，回灌后是否会对当地的生物造成影响也需要考虑。但如果是以工业废水以及城市污水作为热源的水源热泵，虽然对管道的抗腐蚀性要求较高但不仅能利用热泵减少能耗同时也能减少污水的热污染的问题，有着较高的利用价值。

对土壤源热泵而言，由于土壤温度较为稳定所以不会产生类似空气源热泵性能随室外气象参数变化的情况，也没有水源热泵需要考虑回灌的问题。但需要对土壤的热物性参数进行详细的调研据相关研究表明地下岩土的导热系数发生10%的变化，会对地埋管长度造成4.5%～5.8%的偏差，这影响着整个土壤源热泵的经济性与节能性。同时土壤离子、酸碱度，以及水分也影响着是否会对预埋管造成腐蚀。同时还需要对全年的负荷进行估算，在全年冷热负荷相差较大的地区，由于地下的热量很难散出或获得土壤的温度会出现热失衡。在前几年可能不会有什么影响，但随着使用时间的增加，土壤源热泵的供热供冷能力将会逐年下降，需要增加辅助热源或冷却塔来维持土壤的热平衡。

综上所述，尽管地热能在储量、经济性以及节能效益上具有一定的优势，但依旧还有许多技术问题有待解决，在其推广与利用过程中应该做好调研因地制宜，不能盲目推广以造成浪费。

（2）地方公共机构节能配套制度和法规建设缓慢

从 1999 年原国家发展计划委员会颁布的《党政机关办公用房建设标准》中明确党政机关办公用房建设规模和标准，到 2007 年新修订的《节约能源法》从法律上明确了公共机构在节能工作中的重要战略地位，再到 2008 年出台《公共机构节能条例》对公共机构节能规划、节能管理、节能措施和监督保障等四个环节提出具体要求，通过法律手段推进公共机构节能。从国家层面，对公共机构的重视程度是很高的。然而，立法仅仅是个开端，宏观制度之后的学习宣传、配套制度的完善、操作平台的搭建、切实到位的组织领导是法律之利的土壤。《条例》已颁布三年，根据目前相关资料显示，日前出台了地方公共机构节能管理办法的省份仅江苏、江西、陕西、河南、黑龙江省，而同时出台相对较为完善的配套政策和制度、实施方案的更是寥寥无几。全国乃至各地的能源消耗标准定额和规范体系尚未形成，部分省市机关尚未按条例要求建立能源消费状况管理、报告机制在此基础上更勿论公共机构节能主管部门的监督保障力度。可以说《条例》的执行效率还陷于权力与法律的博弈之中。公共机构节能工作制度建设工作亟待深入落实，需要各级政府完善和建立相关节能管理制度、节能机制和节能管理体系。

（3）有关支撑性技术工作滞后

还应当看到，建筑及能耗底数不清、能耗全口径统计制度、能耗标准定额和能源监测平台的缺失等基础性工作的滞后是公共机构节能管理工作有效开展的瓶颈。没有资源使用方面的权威的定额限制和定额管理，就缺失了能耗量的评价标准和改进度量。

"十一五"期间，我国提出了单位 GDP 能耗降低 20％左右的节能目标，并对政府机构资源节约工作提出了到 2010 年，与 2005 年相比实现节电 20％，节水 20％。单位建筑能耗和人均能耗分别降低 20％以上的目标。"十二五"规划指出，到 2015 年，实现单位 GDP 能耗比 2010 年降低 16％的节能目标。《公共机构节能条例》第十条规定，"国务院和县级以上地方各级人民政府管理机关事务工作的机构应当会同同级有关部门，根据本级人民政府节能中长期专项规划，制定本级公共机构节能规划。"地方各级人民政府节能中长期专项规划是根据国家中长期规划的相关目标制定的。

上述节能目标是党中央国务院综合整个经济社会的相关现实情况并规划预见其发展统筹制定的。笔者以为，针对当前我国公共机构巨大的能耗总量，节能宏观硬指标的提出，必将对由于主观追求奢侈、排场而形成的主动型浪费产生约束作用，当然前提是有可靠的能耗监测平台来保证有关数据的真实性和准确性。同时，随着节能工作深入推进并取得成效的过程中，必然需要较为精准的能耗定额、能耗比对标准等技术工具来规范管理行为和消费行为，指导和挖掘节能空间促使公共机构真正达到主动节能、科学节能为宏观规划提供有力的数据支撑。

（4）管理相对粗放与当前节能工作要求和目标不相适应

目前，有的机关节能管理工作中还存在着节能管理组织基础薄弱、制度缺位、机制在日常管理工作中出现了无规可依的现象，有的机关在节能机构设置上存在职责明确不清、职责交叉等情况，往往出现几不管现象。有的机关尽管成立了节能减排领导小组，但在实际工作中并没有把节能管理放在一个突出的位置，节能管理领导组织存在"有职无权"、甚至是"无职无权"的现象。在节能管理的实施上，存在"上头重视，下头无视检查前重视，检查后松弛"的情况，组织力量和执行力都较为薄弱。有的机关节能管理监督部门当好好先生，形同虚设，节能责任难以落实。有的机关能耗统计工作不扎实，底数不清，类别不细。还有的机关能源计量范围与财政核拨范围不相一致。且不论市场经济体制以及政府职能转变的要求，在计划经济体制下形成的机关后勤管理体系需要改革，仅从公共机构能耗管理方式及能力现状与当前节能体制的适应度来看，也是急需调整和改进的。

2.5.3 案例中被动式能源利用存在的问题与解决措施

对 12 个案例公共机构存在的问题进行分析，提出解决措施。如表 2.18 所示。

公共机构存在问题分析   表 2.18

气候区	公共机构名称	类型	建筑面积（万 m²）	存在的问题	解决措施
严寒地区	东北农业大学	学校	83.92	① 体系不够完善；② 资金缺口较大。导致能源管理很难一步到位	① 应加强组织领导，明确目标责任，建立健全的组织管理体系，协调各级部门为加强被动式能源实施提供基本保障；② 建议采用国家补贴、学校自筹和 EMC 管理方法相结合的模式
	新疆人民医院	医院	20.5	① 宣传力度不够；② 管理制度不健全	① 应加强各级组织宣传力度，使被动式能源的利用得到落实；② 应将被动能源应用与节能减排纳入工作议程，及时分析，面对问题不断采取新办法新措施
寒冷地区	兵团第八师石河子党政服务中心	办公楼	6.5	① 改造资金不足；② 技术和产品推广应用不够	应加强推广和应用，使党政服务中心更多地使用与改造被动式能源，做好节能减排工作
	北京工业大学	学校	107	① 设备和管道表面出现了大量的冷凝水；② 实测显示，冷水泵和冷却水泵的流量、扬程均远低于其额定值。两台水泵并联运行的流量仍小于单台冷水机组的额定冷却水量；③ 冷水机组的实测能效比较低	① 应考虑是否出现了叶轮腐蚀、电机老化或内漏严重等现象；② 及时处理机房内设备和管路保温层脱落等现象
	平泉市行政中心	办公楼	2.4	① 被动式能源的利用与能效提升尚有空间；② 管理能力有待加强	① 可以通过设备改造、精细化管理等手段实现被动式能源的应用与实现能效提升；② 宣传力度应继续加大，与各级各部门做好战略部署，宣传节能新形式、新举措

气候区	公共机构名称	类型	建筑面积（万 m²）	存在的问题	解决措施
寒冷地区	郑州大学	学校	248	① 管理方式有待加强； ② 改造资金短缺。节能改造需要大量的资金投入，但学校新校区建设导致学校负债较重，资金短缺成为节能改造的瓶颈	① 需要在进一步加强节能管理网络建设、加大资金投入、完善制度建设，通过精细化管理来降低能耗； ② 学校通过引进合同能源管理等新型节能改造方式，多方引资开展节能减排工作，大力促进节约型校园建设，实现能效提升，节约能源资源
夏热冬冷地区	无锡市民中心	办公楼	36	① 节能管理网络还有待更加完善； ② 技术改造尚需推进； ③ 管理水平有待提高	① 应明确了目标责任，健全运行机制，进一步形成运转协调、行之有效、反馈迅速的节能管理组织体系； ② 应通过持续加大技改投入，不断拓展节能新领域； ③ 要注重发挥管理局的节能主导作用，为机关节能提供有效的监督、指导、管理与服务
	上海市第六人民医院	医院	20	① 组织领导； ② 制度保障； ③ 资金落实	① 成立节约型公共机构示范单位创建小组； ② 由创建小组制定节约型公共机构示范单位创建工作的相关制度，规范和保障创建工作的顺利开展； ③ 利用医院后勤建筑能源智能化管控平台优化资源配置、集约管理、节约成本；采取自筹资金、合同能源管理、申请政府资金等方式
	南京工业职业技术学院	学校	27.7	① 被动式能源的利用与能效提升尚有空间； ② 管理方式有待加强； ③ 宣传力度不够	① 可以通过调整用能结构、转变用能模式、开展设备设施改造、节能产品的推广、生物质燃料的应用等手段实现被动式能源的应用与实现能效提升，进而节约能源资源； ② 需要进一步加强节能管理网络建设、加大资金投入、完善制度建设，通过精细化管理来降低能耗； ③ 宣传力度应继续加大，与各级各部门做好工作，宣传节能新形式、新举措

气候区	公共机构名称	类型	建筑面积（万 m²）	存在的问题	解决措施
夏热冬暖地区	福建省肿瘤医院	医院	11.67	① 经费难以保障； ② 管理方式有待加强	① 应采取自筹资金、合同能源管理、申请政府资金等方式，保障被动式能源等节能改造的有序进行； ② 需要在进一步加强节能管理网络建设、加大资金投入、完善制度建设，通过精细化管理来降低能耗
	厦门大学	学校	143	① 管理方式有待加强； ② 引进新技术是建设节约型校园的推动力； ③ 关于项目资金问题	① 应加强管理，成立节能领导小组，定期召开会议研究部署节能工作。确保被动能源应用等的节能工作落到实处； ② 主动争取节能专项经费，积极引进推广节能新技术、新产品，依靠科技，加快节能减排工作的步伐； ③ 应大力引进合同能源管理模式，利用社会资金改造学校老旧设施
寒冷地区	聊城市公安局	办公楼	1.49		

2.5.4　原因分析与解决措施

（1）政府职能决定了公共机构缺乏节能的自发内在动力

契约论的观点认为，人们最初生活在没有国家和法律的自然状态之中，享受自然权力，人类行为受自然法的支配，但由于这种自然状态存在很多不便、冲突和恐怖，人们就联合起来，订立契约，每一个人都让渡出一部分自己的自然权力给一个公共机构掌握，由这个公共机构来调解冲突和控制恐怖，以保障每个人的权力和安定的生活，这个公共机构就是国家。国家是一个抽象的概念，政府是国家的具体化。从总体上看，我们可以说，在当今和平与发展的时期，政府的目标在于提供社会必需的公共物品，为社会谋求公共利益，同时解决社会突出矛盾。政府为社会需求所提供的一般是不以营利为目的，具有典型的非排他性和非竞争性的公共物品，从而，无需致力于降低生产这些公共物品的成本，因此，也就很难用成本收益法来控制政府的支出，从而将不能保证这样的政府有自发的积极性来降低行政成本。

（2）监督制约乏力

首先，我国现行对公共机构监督制约机制缺乏应有的独立性和自主性，特别是党政监督实行"双轨制"，即监督机关既受上级主管部门的领导，又受同级党委和行政机关的领导，这种监督实质上是一种"同体监督"。在同体监督之内，决策、执行、监督权混为一体，监督机关在很大程度上只听命于同级党委、政府，不仅难以监督同级，连下级也难真正有效地进行监督。

其次，新闻舆论对公共机构行政经费支出问题监督力度较小。新闻舆论监督在一些西方国家被称为行政权、立法权和司法权之外的"第四种权力"，在政治生活中发挥着重要作用。近些年来，我国的新闻舆论监督的作用虽有所加强，但离人民群众的要求和期望还有很大差距。主要是因为新闻媒体在行使舆论监督权时要受到多方面的限制。一方面，在我国，新闻媒体隶属于党政机关，对主管党政机关及其领导干部不能行使舆论监督权，只是上级对下级实施监督的一种工具。另一方面，新闻舆论监督还要受到地域的限制。一些地方为逃避新闻舆论监督，常常以种种规定来限制本地以外的新闻一记者进行的批评性报道，以防捅娄子和添乱子。

再有，民间舆论监督力量微弱。主观原因是群众的公民意识有待培育，客观原因是此类问题的信息严重不对称。在外部约束乏力的管理体制框架下，类似于公共机构节能这样的需要严格做到上下口径一致，不打折扣、层层贯彻落实的工作就难以切实高效推进。笔者认为开展公共机构节能，需要公共机构自身积极践行有关条例、规定，需要监督机关切实履行行政职能，更需要一个整体解决的法律体系或公众监督平台及问责机制来作为保障。

（3）建设节能约束软弱

根据公共机构能耗的发生机理及其控制，笔者将公共机构节能分为建设和运行两个阶段，公共机构职能设定、人员定编、办公建筑建设和办公设备采购属于公共机构能耗规模的建设阶段，这一阶段的控制管理效果直接与运行能耗规模相关。现按照我国目前的行政管理职能和分工，将公共机构建设节能管理体系进行梳理。

3 公共机构主被动式能源供应技术评价指标体系研究

3.1 评价体系基础信息调研

国内外用于评价建筑相关指标的各种评价方法、辅助工具和体系层出不穷。可以从这些评价指标体系构建的过程中获得启发，构建本课题所研究的评价指标体系。在评价指标体系建立或评价方法选择的过程中，需要面对一些共同的问题：如何界定评价的范围、如何选取科学合理的指标、如何确定体系的框架、如何确定指标的权重、如何确定指标评价方法、如何使评价指标体系具有推广性等。为解决上述问题，不同国家或地区的研究人员和研究团队提出不同的解决方案，总结前人理论结果的同时，结合自身研究内容构建科学合理的评价指标体系。无论是建立新的评价指标体系，还是对已有的评价指标体系进行优化完善，对国内外现有的相关体系方法的调查与分析是一项非常重要的基础工作。

3.1.1 国外相关指标体系研究现状调研

目前国外相关研究机构对于建筑用能现状的探索、环保与节能层面的部署已取得实质性的进展，形成了各类评价体系，部分国家（地区）具有代表性的评价指标体系概况见表1.1。这些应用广泛、比较成熟的评价指标体系可以为被动式与主动式能源供应技术评价指标体系的形成提供参考。

（1）英国BREEAM评价指标体系

于1990年创建的BREEAM评价体系是世界上第一个绿色建筑评估方法。经过十几年的发展，英国BREEAM评价体系已经拥有了庞大而全面的技术支撑平台、较为完善的运作方式以及完整的评价体系框架。目前，BREEAM评价体系可以用于新建建筑（办公、住宅）、商场、工业建筑、既有办公、商业建筑等不同类型、不同生命阶段建筑的环境性能评价。

BREEAM—2014版评价体系认证方法是通过评价指标的得分情况进行评价等级结果分类，鼓励在建筑设计阶段、建造过程、维护及运营阶段减少对外部气候环境的影响。该评价体系在评价指标设置、评价体系构建等方面均有完善的科研技术标准与科学成果作为支撑，且高于英国现行建筑法规与标准。

BREEAM—2014版评价体系将所有评价条款归类为3类环境影响类别：全球、区域、场地与室内，进而划分为10大类评价领域：管理、健康与福利、能源、交通、水资源、材料、废弃物、土地利用与生态、污染、创新，如表3.1所示。BREEAM评价体系具有独立权重系统，根据其相对重要性赋予不同的权重比例。为了提高评价体系的灵活性，BREEAM评价体系允许指标互偿，不同指标间是否得分、得分多少可以互相补偿，每个评价领域得分与环境因素权重相乘后，再与创新分值相加得到最终分值，根据认证级别得分要求获得最终等级（最终得分需满足认证等级要求的最低得分率）。

BREEAM 评价体系从以环境、能源、资源作为主要性能考察标准的评价工具，逐步发展为涵盖环境、社会与经济各个领域的建筑可持续性评价体系，除关注传统意义上的建筑环境影响外，还兼顾了使用者生活习惯等节能素养的考察指标，以及全球变暖潜值和建筑 NO_x 排放的评价，同时政府机关的颁布的多种法规、标准以及设计工具的不断完善也促进了 BREEAM 评价体系的完善。

BREEAM 评价体系内容 表 3.1

一级指标	分值	评价内容
管理	12	①项目简介与设计；②生命周期成本使用年限；③负责任的工程实践；④调试与移交；⑤后续管理
健康与福利	15	①视觉舒适度；②建筑室内空气质量；③实验室安全防护；④建筑室内热舒适度；⑤声学效果；⑥安全性
能源	15	①节能与碳减排；②能耗监控；③室外照明；④低碳设计；⑤节能型冷库；⑥节能型交通系统；⑦节能型设备应用；⑧干燥空间
交通	9	①公共交通可达性；②便利设施可达性；③自行车交通设施；④最大停车容量；⑤出行规划
水资源	7	①耗水；②用水监控；③泄漏监控；④节水型设备
材料	13.5	①生命周期影响；②室外景观场地边界保护；③负责任的建筑材料来源；④保温设计；⑤耐久性和韧性设计；⑥材料的高效利用
废弃物	8.5	①建筑垃圾管理；②建筑材料循环利用；③可循环建筑垃圾的储存；④地板顶棚的室内装饰；⑤气候适应性；⑥功能弹性化
土地利用与生态	10	①场地选择；②场地生态价值；③生态类别保护；④场地生态影响最小化；⑤提升场地生态价值；⑥对生物多样性长期影响
污染	10	①制冷剂的影响；②NO_x 排放；③地表水径流；④减少夜间光污染；⑤噪声弱化
创新（附加）	10	创新项

（2）美国 LEED 评价体系

LEED（Leadership in Energy and Environmental Design）是由美国绿色建筑协会于 1993 年建立的非营利性机构，由建筑行业中有志于在美国推进绿色建筑发展的建筑商、建材生产厂家、业主、承包商和环境组织构成。LEED 是国际普遍认可的绿色建筑体系，世界范围内有 120 个国家开展了 LEED 认证，其中包括中国、日本、西班牙、墨西哥、加拿大、巴西、意大利以及印度等。目前 LEED 已成为世界各国建立建筑可持续性评估标准及评价指标体系的范本。

LEED 的评价标准可分为设计阶段评价标准与施工阶段评价标准，信息与文件收集也涵盖建筑设计与建筑施工两个阶段。设计阶段相关条款的信息资料可于设计阶段结束时提交审查并获得设计阶段的审查结果，但不能获得分值，施工阶段完成后结合施工阶段相关分值的提交信息与文件，进行两个阶段的共同审核才能获得分值及正式认证评价，如白金、金、银或铜等认证等级。LEED 评价体系正式认证的流程图如图 3.1 所示。

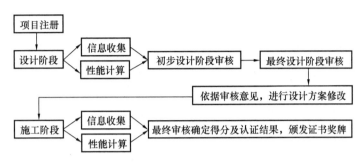

图 3.1 LEED 评价体系正式认证的流程图

LEED 不同版本整体框架较为一致，主要包括选址与交通、可持续场地设计、水资源利用效率、能源与大气、材料与资源及室内环境质量六项一级指标，但由于各个版本针对的具体评价对象不同，其评价内容略有差异，评价指标概况如表 3.2 所示。

LEED 评价体系指标分类、权重及得分分析表　　　　　　表 3.2

一级指标	总分	权重	二级指标	得分
选址与交通	16	14.50%	LEED 认证场址	16
			敏感土地保护	1
			优先场址	2
			周边密度与多样化用途	5
			高质量交通体系	5
			自行车交通设施	1
			减少停车足迹	1
			绿色机动车	1
			前提条件：施工过程污染防控	
可持续场地设计	10	9.10%	场地开发：环境保护/修复	2
			开放空间	1
			雨洪管理	3
			热岛效应控制	2
			光污染控制	1
			前提条件：室外节水/用水计量	

67

一级指标	总分	权重	二级指标	得分
水资源利用效率	11	10%	室外节水	2
			室内节水	6
			冷却塔用水	2
			用水计量	1
			前提条件：基本调试与验证	
能源与大气	33	30%	强化调试	18
			能源性能优化	3
			高级能源监测	6
			需求响应	1
			可再生能源生产	1
			制冷管理强化	2
			绿色电力与碳平衡	2
			前提条件：材料手机存储	
材料与资源	13	11.80%	降低建筑全生命周期影响	5
			原材料来源	2
			产品环境声明	2
			材料成分	2
			建筑垃圾管理	2
			前提条件：最低室内空气质量	
室内环境质量	16	14.50%	室内空气质量增强策略	2
			低挥发性材料	3
			室内空气质量管理规划	1
			室内照明	2
			热舒适性	1
			自然采光	3
			优质视野	1
			室内声学性能	1
			室内空气质量评价	2

LEED 评价指标体系具有以下四个特点：

评定指标体系具有标准、专业化的特点，且评定范围已扩展继而形成完善的链条；评价指标体系设计简洁，便于理解，易于把握和实施评估，使评估的门槛大大降低；采用了第三方认证机制，增加了体系的信誉度和权威性，使得评价结果更具科学性和权威性；经过多年实践和应用，LEED 已成为世界各国建立绿色建筑及可持续性评估标准及评价指标体系的范本，为世界后续评价指标的科学研究提供基础。

（3）日本 CASBEE 评价体系

CASBEE（Comprehensive Assessment System for Building Environmental Efficiency）是在日本政府的支持与督促之下，由日本企业、政府、学术界联合组成的"日本可持续建筑协会"合作研究的评价体系。CASBEE 在短短几年时间内获得迅速的发展，与日本国内对建筑性能的高度重视密不可分。为了能够针对不同建筑类型和建筑生命周期不同阶段的特征进行准确的评价，CASBEE 评价体系由一系列的评价工具所构成，其中最基本的四个核心评价工具是：CASBEE for Pre-design（新建建筑规划与方案设计）、CASBEE for New Construction（新建建筑设计阶段的绿色设计工具）、CASBEE for Existing Building（既有建筑）、CASBEE for Renovation（绿色运营和改造工具），除以上四个核心评价工具之外，还有用于临时建筑、独立住宅、热岛效应等特定用途的评价工具。

CASBEE 最先把"建筑环境效率"引入评价体系中，即 BEE＝Q（环境质量）/L（环境负荷），将节能建筑的两个对立方面进行评价，CASBEE 评价体系评价过程如表 3.3、表 3.4 所示。CASBEE 的评价指标分为 Q 和 L 两大类，每个大类指标下又分为二级指标和三级指标，针对不同的评价对象，评价指标有所差别。

CASBEE 建筑环境质量类 Q 评价指标体系分类　　　　　　　　　表 3.3

一级指标	二级指标	三级指标
室内环境	声环境	噪声
		隔声
		吸声
	热环境	室温控制
		湿度控制
		空调方式
	光环境	天然采光
		防眩光
		照度
		照明控制
	空气质量	污染源防控
		新风
		运行管理
服务质量	服务能力	功能性与操作性
		便利性
		维护管理
	耐用性与可靠性	抗震与减震
		部件寿命
		可靠性
	灵活性与适应性	空间裕度
		地板裕度
		系统可更新性
建筑用地内的室外环境	保护与创造生态群落	—
	城市景观与自然景观	—
	地方特征与空间亲和性	注意地方特征
		改善室内外热环境

CASBEE 建筑环境质量类 L 评价指标体系分类 表 3.4

一级指标	二级指标	三级指标
能耗	减少建筑外表面冷热负荷	—
	可再生能源利用	—
	设备系统高效化	—
	运行效率	监控
		运行管理体制
资源与材料	水资源	节水
		运行管理体制
	使用低环境负荷材料	材料使用量得减少
		旧建筑结构再利用
		结构材料的回收利用
		非结构材料回收利用
		可持续森林砍伐的木材
		提高再利用可能性的措施
	避免使用含有污染物的材料	使用不含有害物质的材料
		避免使用氟利昂
建筑用地外环境	全球变暖	—
	地域环境	防止大气污染
		降低城市热岛
		区域基础设施负荷
	周边环境	防止噪声、振动与恶臭
		风害与日照
		光污染

3.1.2 国内相关指标体系研究现状调研

（1）《绿色建筑评价标准》GB/T 50378—2019 评价体系概况

根据中央政府"十三五"规划要求，要求城镇新建民用建筑全部达到节能标准要求，到 2020 年，我国全部村镇绿色建筑占新建建筑比重达到 50%。故绿色建筑评价标准对绿色建筑的发展起着重要的指引作用，2006 年我国颁布《绿色建筑评价标准》GB/T 50378—2006，引领我国绿色建筑健康可持续发展。经过不断地探索研究，该标准得到进一步修订，2015 年 1 月 1 日，新版《绿色建筑评价标准》GB 50378—2014 开始实施。2019 年 3 月 13 日，中华人民共和国住房和城乡建设部发布公告，由中国建筑科学研究院有限公司编制的《绿色建筑评价标准》GB 50378—2019 正式发布，标志着我国的绿色建筑发展进入了新的台阶。

《绿色建筑评价标准》GB/T 50378—2019 中绿色建筑评价等级分为一星、二星、三星。参评建筑需满足全部控制项要求，并根据评分项以及申请不同星级标识分别设定最低得分率，得以评定具体星级。

在指标的选取编纂过程中以科学性、综合集成性和易操作性为原则，结合了我国的实际国情、整体建筑的实际情况及气候资源条件。修编后的绿色建筑评价指标体系遵循因地制宜的原则，结合建筑所在地域的气候、环境、资源、经济和文化等特点，对建筑全寿命期内的安全耐久、健康舒适、生活便利、资源节约、环境宜居等性能进行综合评价。以评价条文的形式进行具体评价，每类指标的评价条文均包括控制项和评分项。控制项的评定结果为满足或不满足，评分项和加分项的评定结果为某得分值或不得分。

《绿色建筑评价标准》GB/T 50378—2019 受启发于美国 LEED 评价指标体系，但与 LEED 认证体系最大的不同在于《绿色建筑评价标准》GB/T 50378—2019 要求所有的星级建筑都必须包含所有指标方面的内容，因此通过《绿色建筑评价标准》GB/T 50378—2014 认证的建筑可以说是各项相对平衡的综合性功能建筑。

(2)《节能建筑评价标准》GB/T 50668—2011

建筑节能领域目前已经有设计、施工、验收、检测等方面的技术标准，也是比较接近本课题研究方向的评价标准。对于节能建筑，需要一个涵盖设计和运营管理两个阶段的标准，将脱节的环节衔接起来。为建立一个针对建筑的节能性深入、细致的评价标准，2011 年 4 月 2 日住房和城乡建设部和国家质量监督检验检疫总局联合发布了《节能建筑评价标准》GB/T 50668—2011（Standard for energy efficient building assessment，以下简称"节能建筑评价标准"），于 2012 年 5 月 1 日正式开始实施。《节能建筑评价标准》GB/T 50668—2011 的总体编写思路和等级划分方法借鉴了《绿色建筑评价标准》GB/T 50378—2019 和《住宅性能评定技术标准》GB/T 50362—2005，以上两个标准已经实施多年，具有很强操作性和实际应用价值。《节能建筑评价标准》GB/T 50668—2011 继续借鉴这种评价方法和等级划分方法，不仅易于接受，而且有利于推广使用。

《节能建筑评价标准》GB/T 50668—2011 分为两个主体部分：设计评价阶段和工程评价阶段。其中设计评价指标体系由建筑规划、建筑围护结构、供暖通风与空气调节、给水排水、电气与照明、室内环境六类指标组成；工程评价指标体系由七类指标组成，比设计评价指标体系多出运营管理一项，每类指标包括控制项、一般项和优选项。（此评价准则来源于绿色建筑评价标准）本标准无权重体系，标准的条文评价结果为通过/不通过，同一类别的各条文之间的重要性没有进行区分。

此标准回避权重体系，通过达标的条数来判断建筑的达标等级。这不仅丧失了重要指标在反映"节能"真实程度中的作用，也削弱了"标准"在节能建筑建设实践中的导向作用。在市场机制下，很容易导致业主避重就轻，出现在同样的达标条数下，而"节能"的真实程度却有很大的差别的状况。所以说确定指标选取后，必须要进行权重的确定以明确评价的准确含义。

(3) 相关指标体系调研总结

通过对国内外具有代表性的绿色、节能建筑相关评价指标体系方法进行了分析与探讨，从这些体系的分布上来看，绿色、节能环保形式建筑相关体系及评价方法在欧美发达国家的多样性最为显著，一方面因为欧洲国家众多，工业革命化进程较早，科研手段发展迅速；另一方面欧美普遍关注建筑绿色化、节能化的传统，在经历过环境污染后更是注重社会的可持续发展和环保节能性。亚洲国家在建筑评价指标体系方面起步较晚，且由于经济、社会等多种原因缺乏相应的关注度。但是他们在建立自己的评价指标体系的过程中，根据实际的国情和发展情况，借鉴前人经验取长补短，亦显示出了各国自身的特色。

通过指标分类及各级指标设置、权重体系等多个角度进行比较，得出我国现有建筑评价标准与典型评价体系的具体差异、既体现出我国建筑评价体系的优点，又得出许多的不足和缺陷。但是所有评价指标体系均具有大概的通性：典型评价体系的权重设置多数采用德尔菲法（专家调查法）；层级结构及权重采用层次分析法构建；评价维度由环境评价延伸至社会、经济、人文、科技水平等多维层面；不断扩充体系内涵，拓展评价对象等。

通过上文的研究与分析得知，这些体系均采用特征评价指标与绩效评价指标两种指标类型混合的指标形式，指标内容基本上都涵盖了几个基本的主题：节能、节水、节材、生态环境保护、创造舒适的室内环境，体现的统一特征为：在创造健康和舒适的生活环境的前提下，减少对地球资源与环境的负荷和影响，使建筑与周围自然环境相融合，以求人与自然的和谐相处。因此本课题在设计评价指标体系时，可借鉴"中学为体、西学为用"的做法，借鉴外国相关体系的优点，全面考虑能源节能的因素，将主动能源与被动能源结合起来，以绩效指标、特征指标相结合的方式，从节能，环保等角度出发建立一套简易方便、科学有效、体现主被动能源耦合特性的、适用于我国各地区的主被动能源耦合特性的指标体系并确定各指标权重。

3.1.3　适宜性评价方法调研

（1）德尔菲法

又称专家调查法，是指围绕某一主题或问题，征询领域内专家的意见和看法的调查方法。在此预测过程中，专家在进行咨询的过程中互相不进行沟通和交流，互相独立互不干涉。这就克服了专家在会议中存在的专家们不能充分发表意见、权威人物的意见左右其他人的意见等弊病。此外，它还可用来进行评价、决策和规划工作，在长远规划者和决策者心目中享有很高的可信度。这种调查的对象只限于专家这一层次。调查是多轮次的，一般为3～5次。每次都请各位行业专业回答内容基本一致的问卷，并要求他们简要陈述自己看法的理由根据。每轮次调查的结果经过整理后，都在下一轮调查时向所有被调查者公布，以便他们了解其他专家的意见，以及自己的看法与大多数专家意见的异同。这种调查法最早用于技术开发预测，现在已被广泛应用于对政治、经济、文化和社会发展等许多领域问题的研究。

专家调查法虽然是通过每个专家具体的人来进行筛选指标和评判，但是却具有极强的客观性。对于建立能源耦合评价指标体系来说，基础指标需要通过课题组讨论与文献调研得出，通过专家的专业意见与权威性来进行进一步筛选。指标的选取若通过公式与算法来机械地进行判定则较为不妥，将多位领域内不同专家的意见进行综合与结合，通过至少三轮的筛选与评定，最终得出指标后再采取公式与科学算法进行指标权重的计算则比较合理，故专家调查法是最适合本课题研究方向的指标确定方法。

专家调查法是一种具有客观性质的，综合多数专家经验与主观判断的方法，具有匿名性、反馈性、评价结果的统计特性等优点，因此在许多领域的评价工作和指标体系建立中得到了应用。针对不同科研题目，专家调查法的应用流程大致类似但略有区别，于本课题来说，将专家调查法的应用流程经过调整后，总结如图 3.2 所示。

(2) 模糊层次分析法

即 Fuzzy Analytic Hierarchy Process，FAHP。1983 年荷兰学者 Van Loargoven 对 Saaty 的排序理论进行模糊扩张，提出了用三角模糊数表示模糊比较判断的方法。FAHP 在解决问题方面和 AHP 一样，本质上也是一种决策思维方式，它的理论核心是将复杂系统简化为有序的递阶层次结构。在关于指标重要性的判断方面，FAHP 给出的也是关于指标的两两比较结

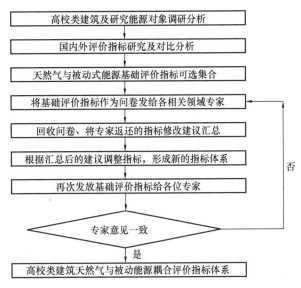

图 3.2　专家调查法应用流程图

果。只是 FAHP 形成的是指标两两比较的模糊判断矩阵，所以权重的具体计算方法与 AHP 有所不同。FAHP 采用三角模糊数取代传统 AHP 方法的 1～9 标度重要值，从而建立模糊判断矩阵。模糊判断矩阵与普通判断矩阵的根本区别在于，前者对于每个指标都有一个模糊评判区间 $u-l$。该区间反映了专家评判结果的自信度，从某种意义上也可理解成为数理统计中的"置信区间"。$u-l$ 越大，自信度越小；反之，$u-l$ 越小，自信度越大。FAHP 方法将自信度的概念引入到层次分析法中，这样既可以定量地评价建筑的综合性能，又可以反映信息的模糊性对评判结果的影响。

1) 三角模糊数的定义

设有实数集 $[-\infty, +\infty]$ 上的一个模糊数 M，当它的隶属函数 $\mu_M: R \rightarrow (0, 1)$ 满足下列式时，称其为一个三角模糊数。

$$\mu_M(x) = \begin{cases} \dfrac{1}{m-l} x - \dfrac{l}{m-l}, & x \in [l, m] \\ \dfrac{1}{m-u} x - \dfrac{u}{m-u}, & x \in [m, u] \\ 0, & \text{其他} \end{cases} \quad (3.1)$$

式中，$l \leqslant m \leqslant u$，$l$ 和 u 分别表示 M 支撑的上界和下界，而 m 为 M 的中值。一般地，三角模糊数 M 可记为 (l, m, u)。关系函数如图 3.3 所示。可知模糊数 m 为其上下限函数的一个中值，相对于 μ_M 的关系如三角函数所示，故命名为三角模糊数。本课题将三角模糊数与层次分析法计算权重赋值的方法相结合，即为三角模糊数—层次分析法。

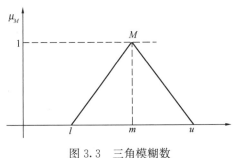

图 3.3　三角模糊数
$M = (l, m, u)$ 及其关系函数

2）三角模糊数的运算法则

三角模糊数与层次分析法相结合，在计算评价指标权重计算的过程中，需要结合三角模糊数的计算法则。这里对三角模糊数的运算法则进行简要说明，以明确运算流程，不至于出现计算错误的情况。

三角函数的相关运算法则如下：

令 $M_1 = (l_1, m_1, u_1)$，$M_2 = (l_2, m_2, u_2)$ 为两个三角模糊数，则：

$$M_1 \oplus M_2 = (l_1, m_1, u_1) \oplus (l_2, m_2, u_2) = (l_1 + l_2, m_1 + m_2, u_1 + u_2)$$

$$M_1 \odot M_2 = (l_1, m_1, u_1) \odot (l_2, m_2, u_2) = (l_1 l_2, m_1 m_2, u_1 u_2)$$

$$M^{-1} = (l_1, m_1, u_1)^{-1} = \left(\frac{1}{u}, \frac{1}{m}, \frac{1}{l}\right)$$

（3）熵权法

熵最初来源于物理学中的热力学概念，主要反映系统的混乱程度，现已用于多个领域的研究。信息论中的熵值理论反映了信息的无序化程度，可用来评定信息量的大小，某项指标携带的信息越多，其对决策的作用越大。当评价对象在某项指标上的值相差较大时，熵值较小，说明该指标提供的信息量较大，该指标的权重也应较大，可用信息熵理论评价各指标的有序性及其效用，即由评价指标值构成的判断矩阵确定各评价指标权重。熵权法是一种客观赋权法，指对实际发生的资料进行整理、计算和分析，从而得到权重。熵权法原理是把评价中各个待评价单元的信息进行量化与综合后的方法，采用熵权法对各因子赋权，可以简化评价过程。设有 m 个评价指标、n 个评价对象，对第 i 个指标的熵定义为 r_{ij}，则形成原始数据矩阵 $R = (r_{ij}) m \times n$，对第 i 个指标的熵定义为：

$$H_i = -k \sum_{j=1}^{n} f_{ij} \ln f_{ij}$$

$$(i = 1, 2, 3, \cdots, m; j = 1, 2, 3, \cdots, n) \tag{3.2}$$

式中，$f_{ij} = f_{ij} / \sum_{j=1}^{n} r_{ij}$，$k = 1/\ln n$，当 $f_{ij} = 0$ 时，令 $f_{ij} \ln f_{ij} = 0$，f_{ij} 为第 i 个指标下第 j 个评价对象占该指标的比重；n 为评价对象的个数；H_i 为第 i 个指标的熵。定义第 i 个指标的熵之后，第 i 个指标的熵权定义为：

$$w_{2i} = \frac{1 - H_i}{n - \sum_{i=1}^{m} H_i} \tag{3.3}$$

式中，$0 \leqslant w_{2i} \leqslant 1$，$\sum_{i=1}^{m} = 1$，$H_i$ 为第 i 个指标的熵 m 为评价指标的个数；w_{2i} 为第 i 个指标的熵权。

最小相对信息熵确定组合权重综合指标的主观权重 w_{1i} 和客观权重 w_{2i}，可得组合权重 w_i，$i = 1 \sim m$。w_i 与 w_{1i} 和 w_{2i} 应尽可能接近。根据最小相对信息熵原理，用拉格朗日乘子法优化可得组合权重计算式：

$$w_i = \frac{(w_{1i} w_{2i})^{0.5}}{\sum\limits_{i=1}^{m} (w_{1i} , w_{2i})^{0.5}} \quad (i = 1,2,3,\cdots,m) \tag{3.4}$$

3.1.4 评价体系构建原则

评价指标体系是指由表征评价对象各方面特性及其相互联系的多个指标，所构成的具有内在结构的有机整体。评价体系的建立及指标的选择需满足以下原则。

（1）区域性原则

衡量一个研究对象的实际情况，要从特定的区域出发因地制宜、发挥优势，评价指标要具有针对性。

（2）动态性原则

研究对象是一个动态的过程，指标的选取不仅要能够静态地反映考核对象的发展现状，还要动态地考察其发展潜力。选取的指标要具有动态性，可以衡量同一指标在不同时段的变动情况，并且要求选取的指标在较长的时间具有实际意义。

（3）可量化原则

数据的真实性和可靠性是进行监测的前提条件和重要保障，需要大量的统计数据作为支持。在保证指标能反映评价对象客观真实情况的前提下，可直接收集或通过计算得到指标的真实数据，来确保指标的可操作性，另外数据的收集来源应具有可靠、真实、权威的特点。最好是官方发布的数据，达到客观科学地评估研究对象的目的。

（4）层次性原则

一级指标分别设立多个具体的子指标。在众多指标中，把联系密切的指标归为一类，构成指标群，形成不同的指标层，有利于全面清晰地反映研究对象。

（5）政令性原则

指标体系的设计要符合我国"十三五"能源规划的发展政策，以便通过评价引导下一步公共机构主被动能源供应技术的推行。

（6）突出性原则

指标的选择要全面，但应该区别主次、轻重，要突出重点。

（7）定性与定量相结合的原则

指标体系的设计应当满足定性与定量相结合的原则，即在定性分析的基础上，还要进行量化处理。只有通过量化，才能较为准确地揭示事物的真实情况。

3.1.5 评价指标调研结果

本课题构建的公共机构被动式与主动式能源供应技术评价指标体系，参考国际上成熟的 BREEAM、LEED 评价体系与经典的 LEAP、MARKAL 模型的评价内容，从资源与能源、能耗、技术、经济、环境五个方面选取合适的指标，对我国 31 个省市自治区公共机构被动式能源供应技术进行评价。

（1）资源能源类指标

在本课题研究的评价体系中，资源能源类指标主要从两个方面考虑，一方面是我国

75

各省市自治区被动式能源（浅层地热能、太阳能）的资源量与可利用开发的条件；另一方面是考虑我国各省市自治区主动式能源（天然气、电能、煤炭）的供应能力。在考虑供应能力的同时，资源的稳定性也是我们需要考虑的因素之一，因为被动式能源的稳定性，决定了能否为公共机构建筑提供持续稳定的能源。

以往研究地热能适宜性及地源热泵利用的评价指标通常包括：单井涌水量、浅层地热能热容量、导水系数、含水层厚度、潜水渗透性等多项指标。太阳能指标通常包括：太阳能辐射总量、全年日照时长、有效日照天数、相对太阳能贡献率、丰富度、日照百分率等指标。在主动式能源的供应方面，主要考虑能源的供应能力，目前煤炭仍是我国一次能源消费的主体，作为清洁能源的天然气是政府的主推能源，电能作为公共机构主要用能形式以及能耗监测和审计的主要能源表现形式，也应作为主动式能源供应侧所需考虑的能源形式。资源能源类指标的调研统计结果具体如表 3.5 所示。

资源能源类指标调研结果   表 3.5

能源种类	指标收集
地热能	单井涌水量
	单位面积浅层地热能热容量
	导水系数
	含水层厚度
	潜水渗透性
太阳能	太阳能年辐射总量
	全年日照时长
	有效日照天数
	相对太阳能贡献率
	日照百分率
	丰富度
天然气	天然气生产量
	天然气消费量
	天然气储量
	天然气供应量
煤炭	煤炭生产量
	煤炭消费量
	煤炭储量
	煤炭供应量
电力	水力发电量
	火力发电量
	风力发电量
	电能总产量
	电力消费量

（2）能耗类指标

从能源的需求侧角度考虑，不同类型的公共机构建筑负荷不同，对能源的需求量也不同，主要体现在三类公共机构的功能定位不同。例如，卫生事业类建筑——医院，用能复杂，主要有两类差异较大的地方，其一是门诊办公室、病房等，仅需保持室环境温度同外界气候相适宜即可；其二是一些对环境温度、洁净度要求比较高的无菌病房、手术室等，不但需要常年保持恒温，同时更要确保环境的无菌性，因此空调常年需处于供冷或者供热情况下。政府机关类建筑——政府机关，建筑多为办公区域，有固定的上下班时间与休息日，根据人员使用时间设置空调的启停时间。教育事业类建筑——学校，校园建筑按照使用功能细分，划分为办公楼、综合楼、教学楼、图书馆、体育场馆类、宿舍、食堂、活动中心、医院、综合服务类及其他，存在使用情况较为灵活、不固定的特点。因而在公共机构能源需求侧方面，公共机构负荷的需求量这一指标能够反映三类公共机构的能耗特征，有利于区分不同类型公共建筑的能耗特点。

（3）技术类指标

技术指标主要反映被动式能源、被动式与主动式能源耦合利用技术的发展水平和潜力，如光伏发电装机容量、地热能可利用性等。不同地区地势条件不同，在太阳能规模化利用后，太阳能资源的利用需要土地作为其在地理空间上的承载，平坦的地形和宽广的面积更有利于光伏发电板的安装。国家发展和改革委员会、国家能源局及国土资源部联合发布的《地热能开发利用“十三五”规划》[74]，对我国浅层地热能的开发利用现状进行了总结，浅层地热能的应用主要为热泵技术，各个省市自治区的浅层地热能供暖及制冷面积可以反映该地区浅层地热能开发利用现状。

（4）经济类指标

公共机构的节能事业在被动能源的开发利用和系统改造方面势必需要大量的经济投入，多数评价体系中的经济类指标有投资成本、运行成本、设备维护成本、投资回收期、政策补贴、内部收益率等。国家统计局发布的统计年鉴中统计了各地的第三产业固定资产投资额、各地的GDP等。经济类指标调研统计结果如表3.6所示。

经济类指标调研结果   表3.6

经济类指标	指标收集
系统经济	投资成本
	运行成本
	设备维护成本
	投资回收期
	内部收益率
区域经济	政策补贴
	第三产业固定资产投资额
	GDP

（5）环境类指标

环境指标是综合评价体系中重要的一个方面，公共机构节能事业的推行，除了减少能源消耗外，还要降低对环境的污染。相关被动式能源评价体系在环境方面设立的指标有：二氧化碳减排量，二氧化硫减排量，氮氧化物减排量，粉尘减排量等。环境类指标调研统计结果如表 3.7 所示。

环境类指标调研结果   表 3.7

环境类指标	指标收集
碳排放	二氧化碳排放量
	二氧化碳减排量
其他气体	二氧化硫排放量
	二氧化硫减排量
	氮氧化物减排量
	粉尘减排量

3.2 公共机构被动式能源供应技术评价指标体系研究

3.2.1 资源能源类指标分析

本书将被动能源定义为客观存在、可以通过相关技术手段直接利用的自然能源，多为可再生能源，如太阳能、地热能等。依据前期全国各地区资源情况和公共机构能耗调研结果，本课题选择太阳能与地热能作为被动能源进行适宜性研究，针对太阳能、地热能相关基础信息，筛选出能够体现太阳能、地热能资源特点，全面展示被动能源利用水平的指标，最终确定被动资源指标包括：太阳能年辐射量、有效日照天数、单位面积浅层地热能热容量。

（1）太阳能

太阳能开发利用潜力的强弱从资源能源方面考虑，主要体现在两个方面：丰富性和稳定性，为了表明全国各地区太阳能资源的差异性，本课题选取太阳能年辐射量作为资源丰富性评价指标，选取有效日照天数作为太阳能稳定性评价指标。

1）太阳能资源量

太阳能作为一种重要的清洁能源及可再生能源，已经成为能源产业中不可或缺的一部分，未来也必然会得到大规模的开发和利用。我国位于北半球东部，国土面积巨大，南北相距约 5500km，东西相距约 5200km，年太阳辐射总量在 $3300\sim8400MJ/m^2$，平均值约为 $5900MJ/m^2$，全国 2/3 的地区年日照总时长超过 2000h，太阳能有效利用国土面积占整个国家的 67%，是太阳能资源较为丰富的国家之一，总体上呈现出"高原大于平原、西部干燥区大于东部湿润区"的分布特点。其中，青藏高原太阳能资源最为丰富，年总辐射量超过 $1800kWh/m^2$，部分地区甚至超过 $2000kWh/m^2$。四川盆地资源相对较少，有的地区甚至低于 $1000kWh/m^2$。

太阳能资源辐射量是太阳能大规模利用的前提，也是太阳能资源开发潜力的重要特性。表 3.8 为 2016 年我国 31 个省市自治区太阳能年辐射总量，数据来自国家气象数据中心的中国气象数据科学数据共享服务网所提供的《中国气象辐射基本要素年值数据集》，为省内各气象站点监测结果计算平均值。

我国太阳能资源年辐射总量分布情况   表 3.8

地区	地区特点	名称	省份均值（MJ/m²）
华北地区	由北到南年总辐射逐渐减少，范围基本在 4800～6900MJ/m² 之间，有一处气象站超 6400MJ/m²，均值约为 5560MJ/m²	北京市	5388
		天津市	5440
		河北省	5362
		山西省	5696
		内蒙古自治区	5898
东北地区	辐射范围跨度不大，除佳木斯较低，在 4000MJ/m² 左右，其余地区辐射量在 4400～5400MJ/m² 之间，均值约为 4950MJ/m²	辽宁省	5064
		吉林省	5132
		黑龙江省	4659
华东地区	除江西赣州地区辐射量 3400MJ/m²，其余地区均在 4100～5100MJ/m² 之间，均值约为 4500MJ/m²	上海市	4513
		江苏省	4523
		浙江省	4335
		安徽省	4348
		福建省	4550
		江西省	3841
		山东省	5115
华中地区	地区整体年辐射量较低，最低值为湖南常宁 2900MJ/m²，均值约为 4100MJ/m²	河南省	4693
		湖北省	4101
		湖南省	3508
华南地区	海南西沙可达到 6550MJ/m²，各地区年辐射量处于 4500～5600MJ/m² 之间，均值约为 5300MJ/m²	广东省	4694
		广西壮族自治区	5504
		海南省	5773
西南地区	地区辐射量的跨度范围最大，最高值达到 8000MJ/m²，最低值为 3400MJ/m²，由西向东呈减少趋势，原因是各地区地形差异较大，辐射量均值为 5000MJ/m²	重庆市	3716
		四川省	5182
		贵州省	3394
		云南省	5989
		西藏自治区	6881
西北地区	除陕西安康的辐射量为 4600MJ/m²，其余地区的辐射量皆在 5600MJ/m² 以上，为所有地区中最均衡的辐射量高值区，均值约为 6000MJ/m²	陕西省	5407
		甘肃省	6324
		青海省	6419
		宁夏回族自治区	5851
		新疆维吾尔自治区	5799

2）丰富度

我国跨越纬度广，地势多样，太阳能资源分布复杂，分为多个区域，太阳能资源丰富性主要取决于太阳的辐射强度，即单位时间内点辐射源在给定方向上发射的在单位立体角内的辐射通量。根据太阳年辐射总量进行区划，可划分为最丰富（A）、很丰富（B）、较丰富（C）、一般（D）四个等级，如表3.9所示，数据来源于中国可再生能源学会光伏委员会。

全国太阳年辐射总量等级　　　　　　　　　　　　　　　　　表3.9

名称	年总量（MJ/m²）	年总量（kWh/m²）	年平均辐照度（W/m²）
最丰富区（A）	6300	1750	200
很丰富区（B）	5040～6300	1400～1750	160～200
较丰富区（C）	3780～5040	1050～1400	120～160
一般区（D）	3780	1050	120

青藏高原及内蒙古西部是我国太阳能总辐射资源"最丰富区"（大于或等于 $1750kWh/m^2$），面积约占全国陆地面积的22.8%；以内蒙古高原至川西南一线为界，其以西、以北的地区是资源"很丰富区"，资源量一般为 $1400～1750kWh/m^2$，占全国陆地面积的44.0%；东部的大部分地区，资源量一般为 $1050～1400kWh/m^2$，属于资源"较丰富区"，占全国陆地面积的29.8%；四川盆地由于海拔较低，且全年多云雾，资源量一般不足 $1050kWh/m^2$，是资源"一般区"，占全国陆地面积的3.3%。具体分布情况如表3.10所示。

全国太阳辐射等级区域分布　　　　　　　　　　　　　　　　表3.10

名称	面积比重（%）	主要地区
最丰富区（A）	22.8	内蒙古额济纳旗以西、甘肃酒泉以西、西藏94°E以西大部分地区、青海100°E以西大部分地区、新疆东部边缘地区、四川甘牧部分地区
很丰富区（B）	44.0	新疆大部、黑龙江西部、内蒙古额济纳旗以东大部、吉林西部、辽宁西部、北京、河北大部、天津、山东东部、山西大部、陕西北部、宁夏、甘肃酒泉以东大部、青海东部边缘、西藏94°E以东、云南大部、四川中西部、海南
较丰富区（C）	29.8	内蒙古50°N以北、黑龙江大部、辽宁中东部、吉林中东部、山东中西部、山西南部、甘肃东部边缘、四川中部、云南东部边缘、陕西中南部、贵州南部、湖北大部、湖南大部、广西、广东、江西、福建、浙江、江苏、安徽、河南
一般区（D）	3.3	四川东部、重庆大部、贵州中北部、湖北110°E以西、湖南西北部

3）年日照时长

由于气候、地形、云层厚度等各方面因素，太阳能利用具有明显的季节性、昼夜性特征。影响太阳能开发潜力的主要因素为太阳能的稳定性。年日照时长是指在一年时间内，太阳直接辐射照度达到或超过 $120W/m^2$ 的各段时间总和，单位为小时（h）。

表3.11为2016年我国部分省级行政区年日照时长，数据来源于国家气象数据中心省市自治区各气象站点监测结果计算平均值。

我国太阳能年日照时长分布情况　　　　　　　表 3.11

地区	名称	省份均值（h）	地区	名称	省份均值（h）
华北地区	北京市	2640	西南地区	重庆市	1460
	天津市	2580		四川省	1790
	河北省	2670		贵州省	1630
	山西省	2870		云南省	2340
	内蒙古自治区	2930		西藏自治区	3050
东北地区	辽宁省	2210	华中地区	河南省	1920
	吉林省	2280		湖北省	1790
	黑龙江省	2340		湖南省	1610
华东地区	上海市	1970	华南地区	广东省	1690
	江苏省	2020		广西壮族自治区	1470
	浙江省	2040		海南省	1870
	安徽省	2210	西北地区	陕西省	2910
	福建省	1990		甘肃省	3000
	江西省	2150		青海省	3190
	山东省	2280		宁夏回族自治区	2980
				新疆维吾尔自治区	2920

　　年日照时长的空间分布大致以拉萨与哈尔滨的连接线为界，分东西两部分。西部日照时间普遍较长，东部日照时间则较短。高值地带出现在西藏西南端、内蒙古西部、新疆东部和青海北部等地，数值普遍超过3200h，最高值出现于西藏狮泉河，年日照时长达到3581h；四川盆地的年日照时长最少，最低值约为800h。东部地区北方日照时长要多于南方，淮河以南普遍低于2000h，淮河以北约为2450h。特别指出，西藏南部和东部地区其年日照时长与年辐射总量并不匹配，说明该地区年日照时长极大地降低了当地太阳能的开发利用潜力。

　　4）有效日照天数

　　由于我国各省市自治区的地理位置和气候条件不同，如江浙一带有梅雨季节，沿海多受台风的影响，太阳能的利用受天气的制约，稳定性受到一定的影响。各省市自治区每天日照时数的不同，会导致太阳能资源利用的时效性不同。气象学中将日照时间超过3h的气象日规定为有效日照天，如果一天中太阳的日照时间小于3h，那么该天的太阳能就不能被规模化利用，尤其是在光伏发电方面。因此，本课题用有效日照天数表示太阳能资源利用的时效性，从地理区域的划分角度，我国部分省级行政区有效日照天数情况如表3.12所示，数据来源于国家气象数据中心。

我国部分省级行政区有效日照天数情况　　　　　　　　　表 3.12

地区	包含省市	省份均值(d)	地区	包含省市	省份均值(d)
华北地区	北京市	294	西南地区	重庆市	187
	天津市	288		四川省	252
	河北省	297		贵州省	207
	山西省	302		云南省	282
	内蒙古自治区	317		西藏自治区	327
东北地区	辽宁省	264	华中地区	河南省	216
	吉林省	271		湖北省	173
	黑龙江省	275		湖南省	186
华东地区	上海市	223	华南地区	广东省	213
	江苏省	225		广西壮族自治区	175
	浙江省	203		海南省	221
	安徽省	206	西北地区	陕西省	294
	福建省	184		甘肃省	304
	江西省	190		青海省	321
	山东省	239		宁夏回族自治区	316
				新疆维吾尔自治区	307

在下文指标赋权方法研究中，权重计算方法确定为熵权法，熵权法的计算要求各指标的变化趋势不可以相同，指标之间需要呈现弱相关性，才可以较好地反映权重特点，利用 SPSS 软件对有效日照天数与年日照时长两项指标进行相关性分析，两项指标的相关系数高达 0.904，具有很强相关性，所以应舍去其中一项指标，在考虑太阳能利用稳定性时，有效日照天数是指大于 3h 日照的天数，而年日照时长仅反映该地区日照时间的长短，因此有效日照天数相比于年日照时长更能反映不同省市自治区之间太阳能的稳定性。

（2）浅层地热能单位面积浅层地热能热容量

浅层地热能开发利用潜力的强弱与太阳能考虑角度相似，选取单位面积浅层地热能热容量反映全国各个地区浅层地热能的资源量。

地热能资源具有绿色环保、污染小的特点，其开发利用不排放污染物和温室气体，可显著减少化石燃料开采及燃烧过程中对环境的影响。地热能资源的开发利用可为经济转型和新型城镇化建设增加生命力，同时也可以推动地质勘查、建筑、水利、环境、公共设施管理等相关行业的发展，在增加就业、惠及民生方面也具有显著的社会效益。我国地热能资源类型主要分为三类：浅层地热能资源、水热型地热能资源、干热岩资源。浅层地热能是指赋存于地球表层恒温带至 200m 埋深中土壤、岩石和地下水中的低温地热能，主要分布在东北地区南部、华北地区、江淮流域、四川盆地等，水热型地热能是以蒸汽为主的地热资源和以液态水为主的地热资源的统称，分为中低温和高温，主要分布在东部、华北平原、苏北平原、松辽盆地、四川盆地和藏南、滇西、川西等，干热岩地热能是一般温度大于 180℃，深埋数千米，内部不存在流体或仅有少量地下流体的高温岩体，主要分布在西藏地区。目前我国应用浅层地热能供暖或制冷技术已基本成熟，本课题只针对浅层地热能进行研究。

我国对于浅层地热能的利用多采用地源热泵技术，可分为地下水源热泵、地埋管热泵、地表水源热泵三种形式。地下水源热泵是利用潜水泵从地热井抽取地下水作为低位热源，辅助少量的高品位电能，使热量由低品位热能转移为高品位热能，来满足不同季节建筑物供热或制冷的需求。地下水源热泵所利用的地下水多由地层的恒温带提供，水温全年稳定在一个范围内，与所在地的年平均气温相比，略微高 1~4℃，在建筑物内经过热量交换后，再回灌至地下。根据地下水是否与机组冷凝器或蒸发器直接接触，可分为直接地下水换热系统与间接地下水换热系统。直接地下水换热系统利用抽水井抽取地下水，经处理后直接流经热泵机组进行热交换后，返回地下同一含水层，间接地下水换热系统是利用抽水井抽取地下水，经中间换热器进行热交换后，返回地下水同一含水层中。丰富和稳定的地下水资源是地下水源热泵系统实施的先决条件，根据抽取和回灌地下水的方式不同，可以分为单井抽灌和多井抽灌两种模型。单井抽灌系统是在抽水井中抽取地下水，并且将换热后的等量地下水全部回灌于同一眼井中。该项技术对水文地质条件和施工工艺、成井工艺要求较高。而多井抽灌技术可以实现抽、灌分离。按抽、灌井数量不同，可以分为一抽一灌、一抽两灌、二抽三灌等多种形式，使用范围较广。

地埋管热泵系统是传热介质经由水平或竖直的地埋管与岩土体进行热交换的地热能交换系统，又称为土壤源热交换系统。将地下的浅层土壤作为热源提取的对象，循环水在水泵的作用下经过地埋管循环流动，由于浅层土壤的温度具有随季节变化小的特点，循环水作为媒介可分别在浅层土壤中夏季获取冷量，冬季获取热量供给建筑物。地埋管热泵系统的室外换热环路（地下热交换器）采用埋管的方式，埋管的方式很多，目前普遍采用的有垂直埋管和水平埋管两种基本形式。水平埋管占地面积较竖直埋管大，效率低于竖直埋管，水平埋管约 1~2m 深度，注入水通过埋管循环，竖直埋管系统埋管深度一般在 50~150m，以 100m 左右深度的钻孔居多。地埋管热泵的技术比较成熟，能够满足对制冷和供热均有需求的建筑物的负荷需求。

《浅层地热能勘察评价规范》DZ/T 0225—2009[75] 中提出，各地区进行浅层地热资源适宜性分区以及能源利用潜力评价的基础是探明各个地区的浅层地热能条件以及分布规律，充分掌握各地区的地质情况和水文地质情况是总结浅层地热能赋存条件及规律的必要条件。丰富的地质资料有利于合理开发和可持续利用浅层地热能，减少开发风险，取得最大的社会、经济和环境效益。对于浅层地热能的勘察评价也为地源热泵工程进行可行性评价提供便利。

对于地埋管换热方式，浅层地热能适宜性分区主要考虑岩土体特性、地下水及地表水的分布和渗流情况、地下空间利用等因素，分区指标包括第四系厚度、卵石层总厚度和含水层总厚度。对于地下水换热方式，浅层地热能适宜性分区主要考虑含水层岩性、分布、埋深、厚度、富水性、渗透性，地下水温、水质、水位动态变化，水源地保护、地质灾害等因素，分区指标包括单位涌水量、单位回灌量与单位涌水量的比值、地下水位年下降量和特殊地区。地表水换热方式适宜性分区主要考虑水温、水质、流量、水位及其动态变化，湖泊和水库的容积、深度、面积及其动态变化，以及地表水目前的用途和水源保护要求等因素。

由于本书从宏观规划侧角度出发，因此对于浅层地热能的具体利用方式不做考虑，仅考虑浅层地热能的整体资源量。浅层地热容量指的是在浅层岩土体、地下水和地表水中储藏的单位温差热量，即温度每升高 1℃ 所吸收或放出的热量。该指标表示一个地区蕴藏的可开发利用的浅层地热能资源量，反映了该地区浅层地热能所具备的开采潜力，本课题选取了单位面积浅层地热容量这一指标，计算方法参照《浅层地热能的勘查评价规范》DZ/T 0225—2009 和中国地质调查局[76]相关技术要求，结合评价范围内地质体的储热性能，分别估算包气带和饱水带中的单位温差储藏的热量。具体计算公式如下：

① 包气带地热容量计算公式：

$$Q_R = Q_S + Q_W + Q_A \tag{3.5}$$

式中　Q_R——地热容量，kJ/℃；

Q_S——岩土体中的热容量，kJ/℃；

Q_W——岩土体中所含水的热容量，kJ/℃；

Q_A——岩土体中所含空气的热容量，kJ/℃。

$$Q_S = \rho_S C_S (1-\varphi) M d_1 \tag{3.6}$$

式中　ρ_S——岩土体密度，kg/m³；

C_S——岩土骨架比热容，kJ/(kg·℃)；

φ——岩土体孔隙率；

M——评价区域面积，m²；

d_1——包气带厚度，m。

$$Q_W = \rho_W C_W \omega M d_1 \tag{3.7}$$

式中　ρ_W——水密度，kg/m³；

C_W——水比热容，kJ/(kg·℃)；

ω——岩土体含水量。

$$Q_A = \rho_A C_A (\varphi-\omega) M d_1 \tag{3.8}$$

式中　ρ_A——空气密度，kg/m³；

C_A——空气比热，kJ/(kg·℃)。

② 在饱水层中，浅层地热能计算公式如下：

$$Q_R = Q_S + Q_W \tag{3.9}$$

式中　Q_R——地热容量，kJ/℃；

Q_S——岩土体中的热容量，kJ/℃；

Q_W——岩土体中所含水的热容，kJ/℃。

其中 Q_S 的计算如式（3.6）所示，Q_W 计算公式如下：

$$Q_W = \rho_W C_W \varphi M d_2 \tag{3.10}$$

式中　d_2——潜水面至计算下限深度，m。

　　由于本书建立的指标体系是以我国 31 个省市自治区为评价对象，但官方的统计数据多以省会城市为主，所以统一查阅省会城市及直辖市的相关水文地质材料，结合《浅层地热能的勘查评价规范》DZ/T 0225—2009 中的地热能热容量计算方法，得出我国部分省级行政区的浅层地热能热容量，结合我国部分省级行政的总面积，估算出我国部分省级行政区的单位面积浅层地热能热容量，结果如表 3.13 所示。

我国部分省级行政区单位浅层地热能热容量统计表 　　　　表 3.13

名称	单位面积热容量 $[10^4 kJ/(℃·m^2)]$	名称	单位面积热容量 $[10^4 kJ/(℃·m^2)]$
北京市	11.82	河南省	6.63
天津市	46.79	湖北省	17.89
河北省	2.90	湖南省	2.83
山西省	5.12	广东省	10.87
内蒙古自治区	1.00	广西壮族自治区	1.19
辽宁省	14.13	海南省	7.81
吉林省	2.88	重庆市	0.18
黑龙江省	0.86	四川省	3.77
上海市	15.68	贵州省	2.07
江苏省	22.62	云南省	1.68
浙江省	4.69	西藏自治区	0.26
安徽省	3.43	陕西省	5.53
福建省	1.36	甘肃省	1.01
江西省	3.38	青海省	0.37
山东省	3.40	宁夏回族自治区	2.59
新疆维吾尔自治区	4.0		

3.2.2　能耗类指标分析

　　公共机构能耗指公共机构在正常运行过程消耗的全部能量，按其能耗种类分为电能、天然气、热能（热水和蒸汽）、燃油（汽油、柴油）等；按能耗用途可以分为建筑能耗和交通运输能耗，其中建筑能耗可以进一步分为供暖能耗、空调能耗、热水供应能耗、照明能耗、办公设备能耗和服务设备能耗等。交通运输能耗指公共机构运行中车辆的交通能耗。本课题从能源需求侧方面考虑，只针对公共机构建筑能耗进行研究，不考虑公共机构人员工作过程中产生的交通能耗。为区分三类公共机构，利用 DeST 能耗模拟软件模拟不同类型公共机构的冷热负荷，在此基础上，考虑用电负荷和生活热水负荷，涵盖了公共机构在正常运行中所产生的全部建筑能耗，选取公共机构负荷需求量作为能耗类指标。

（1）DeST 能耗模拟软件简析

DeST 软件的研发始于 1989 年，开始立足于建筑环境模拟，1992 年以前命名为 BTP（Building Thermal Performance），之后逐步加入空调系统模拟模块，命名为 II SABRE[77]。为了解决实际设计中不同阶段的问题，更好地将模拟技术投入到实际工程应用中，从 1997 年开始在 IISABRE 的基础上开发针对设计的模拟分析工具 DeST，并于 2005 年初步完成 DeST2.0 版本。如今 DeST 已陆续在国内、欧洲、日本、中国香港等地区开始得到应用。它基于"分阶段模拟"的理念，实现了建筑物与系统的连接，使之既可用于详细地分析建筑物的热特性，又可以模拟系统性能，较好地解决了建筑物和系统设计问题。

DeST 致力于辅助建筑环境及系统设计，以期用最小的能源代价来满足人们的热舒适性要求，其应用领域主要包括以下几方面：

1）建筑及空调系统辅助设计，包括围护结构优化设计、空调系统形式及分区方案设计、空气处理设备校核、冷冻站及泵站设计、输配系统设计。

2）建筑节能评估。DeST 可以进行各类建筑冷热量消耗评估计算，其计算模型准确、界面简单、操作方便、后处理功能强大，能自动生成评估所需要的实用数据。DeST 住宅供暖空调能耗评估版（简称"DeST-e"）正是针对住房和城乡建设部发布的住宅节能设计行业标准开发的应用于住宅类建筑节能评估的专用版本。此外根据《中国生态住宅技术评估手册》[78]当中《能源与环境》部分的评分标准及办法，DeST-H 为住宅评估提供了极为全面的模拟数据，是生态住宅评估的重要工具，DeST-C 为公共建筑评估提供了极为全面的模拟数据。

3）科研领域研究。作为一个建筑环境全年模拟计算软件，DeST 可以作为暖通行业内学术研究的重要工具，为分析和深入探讨业内许多问题提供帮助。例如建筑窗墙比对于建筑耗冷量和耗热量的影响、建筑内外保温对于热环境的影响、空调模式、内部热扰模式对建筑能耗的影响等。

（2）公共机构负荷需求量

无论是数量上还是建筑面积上，卫生事业类、政府机关类、教育事业类三类建筑在公共机构中占有较高比例。本课题选用一个原始建筑模型，通过改变围护结构、房间参数、空调启停时间，分别对这三类公共机构进行负荷需求模拟，得到单位面积负荷需求量，再结合调研得到的各省市自治区三类公共机构数量，最终得到公共机构的负荷总需求量。

模拟原始模型为一栋总面积近 1 万 m^2 的建筑，建筑高度为 23.5m，共 6 层，其中一层层高为 4.5m，其余层层高为 3.8m，体形系数为 0.24，窗墙比为 0.35。根据三类公共机构特点，设置每一类机构房间使用功能、建筑围护结构、人员密度、照明、空调设备作息时间段。其中，政府机关类建筑主要房间功能为门诊办公室、病房和手术室，政府机关类建筑主要房间功能为办公室和会议室，教育事业类建筑主要房间功能为教室、办公室和计算机房。卫生事业类建筑因性质特殊，医院内长期有患者，因此空调系统 24h 全开，政府机关类建筑的工作时间一般为周一至周五的 8：00～17：00，周六周日为休息日，不考虑其他节假日，工作日晚间及周末有少量人加班，教育事业类建筑因存在学生需要上早晚自习的需求，因此工作时间为 7：00～21：00，周六周日有部分学生上课，寒假设置在 1、2 月份，暑假设置在 7、8 月份，其余节假日不予考虑。因不同时段的人员密度不同，空调开启强度也各不相同。选用 DeST-C，对 31 个省市自治区的卫生事业类建筑、政府机关类建筑和教育事业类建筑分别进行建筑冷热负荷模拟计算。模拟结果如表 3.14、表 3.15 所示。

公共机构单位面积热负荷需求量   表 3.14

地区	卫生事业类建筑（kgce/m²）	政府机关类建筑（kgce/m²）	教育事业类建筑（kgce/m²）
北京市	10.55	1.29	0.93
天津市	9.58	1.17	0.98
河北省	9.24	1.20	0.84
山西省	10.36	1.26	1.23
内蒙古自治区	15.30	2.42	2.50
辽宁省	16.26	2.57	2.30
吉林省	19.57	3.26	3.50
黑龙江省	22.27	3.94	4.06
江苏省	6.34	0.82	0.38
山东省	7.31	0.83	0.54
河南省	7.11	0.97	0.61
西藏自治区	5.58	0.45	0.61
陕西省	7.57	0.99	0.66
甘肃省	9.74	1.32	1.24
新疆维吾尔自治区	16.30	2.82	2.85
青海省	11.53	1.54	1.53
宁夏回族自治区	11.50	1.46	1.40

公共机构单位面积冷负荷需求   表 3.15

地区	卫生事业类建筑（kgce/m²）	政府机关类建筑（kgce/m²）	教育事业类建筑（kgce/m²）
北京市	7.06	1.56	0.53
天津市	6.73	1.50	0.53
河北省	6.66	1.56	0.53
山西省	3.20	0.87	0.30
内蒙古自治区	2.21	0.53	0.24
辽宁省	4.58	1.08	0.31
吉林省	2.99	0.71	0.22
黑龙江省	2.05	0.66	0.17
上海市	14.70	2.26	0.95

地区	卫生事业类建筑 （kgce/m²）	政府机关类建筑 （kgce/m²）	教育事业类建筑 （kgce/m²）
江苏省	15.45	2.36	0.74
浙江省	14.45	2.33	0.90
安徽省	15.44	2.33	0.97
福建省	17.27	2.94	1.71
江西省	17.32	2.59	0.95
山东省	8.89	1.78	0.72
河南省	10.72	1.86	0.70
湖北省	17.24	2.53	0.95
湖南省	14.48	2.32	0.97
广东省	19.39	3.29	2.20
广西壮族自治区	19.63	3.20	2.26
海南省	22.99	3.60	2.59
重庆市	13.63	2.49	0.98
四川省	8.85	1.62	0.60
贵州省	4.35	1.17	0.46
云南省	2.32	0.46	0.20
西藏自治区	1.05	0.08	0.07
陕西省	6.53	1.49	0.42
甘肃省	2.06	0.52	0.18
青海省	1.20	0.09	0.04
宁夏回族自治区	2.69	0.82	0.27
新疆维吾尔自治区	2.55	0.63	0.25

电力在公共机构能源消耗中占据较大比重，主要用于空调系统、照明系统、电梯、供热和其他方面。参考《建筑电气常用数据》[79]中各类建筑物用电指标数据，综合分析三类公共机构的用能特点，取卫生事业类和政府机关类建筑用电指标为 $30W/m^2$；教育事业类建筑用电指标为 $20W/m^2$。公共机构单位面积电负荷计算结果如表 3.16 所示。

公共机构单位面积电负荷　　　　　　　　　　　　　　　　　　表 3.16

公共机构类型	卫生事业类建筑	政府机关类建筑	教育事业类建筑
电负荷（kgce/m²）	21.52	7.69	6.45

热水供应系统满足建筑日常生活用水需求，根据《城镇供热管网设计规范》CJJ 34—2010[80]，热力管网只对公共建筑供热水时，热指标范围为 2～3W/m²，本课题公共机构热水供应指标取为 2W/m²。公共机构单位面积生活热水需求量计算结果如表 3.17 所示。

公共机构单位面积生活热水需求量　　　　　　　　　　　表 3.17

公共机构类型	卫生事业类建筑	政府机关类建筑	教育事业类建筑
生活热水（kgce/m²）	1.43	0.51	0.65

则公共机构单位面积负荷需求量见表 3.18。

三类公共机构单位面积负荷需求量　　　　　　　　　　　表 3.18

地区	卫生事业类（kgce/m²）	政府机关类（kgce/m²）	教育事业类（kgce/m²）
黑龙江省	47.28	12.81	11.33
吉林省	45.51	12.18	10.82
辽宁省	43.79	11.86	9.71
新疆维吾尔自治区	41.81	11.66	10.21
内蒙古自治区	40.47	11.16	9.83
西藏自治区	29.58	8.74	7.78
青海省	35.69	9.84	8.67
北京市	40.56	11.06	8.56
山西省	36.51	10.34	8.63
宁夏回族自治区	37.14	10.49	8.77
甘肃省	34.75	10.04	8.52
河北省	38.86	10.96	8.47
山东省	39.15	10.81	8.36
天津市	39.26	10.87	8.61
陕西省	37.06	10.69	8.19
河南省	40.79	11.03	8.42
江苏省	44.75	11.38	8.23
安徽省	38.40	10.54	8.07
湖北省	40.19	10.74	8.06
湖南省	37.43	10.53	8.07
江西省	40.28	10.80	8.05
四川省	31.81	9.83	7.70
浙江省	37.41	10.54	8.00
上海市	37.65	10.47	8.05
重庆市	36.58	10.70	8.08
广西壮族自治区	42.58	11.41	9.37
福建省	40.22	11.15	8.82
广东省	42.35	11.50	9.30
海南省	45.94	11.81	9.69
贵州省	27.30	9.38	7.56
云南省	25.28	8.67	7.30

　　根据统计的 31 个省市自治区三类公共机构的数量和面积，计算三类公共机构单位面积能耗，结果如表 3.19 所示。由表 3.19 可知，卫生事业类建筑负荷需求量普遍高于政府机关类建筑和教育事业类建筑，这取决于三类公共机构的使用功能和使用时间，卫生事业类建筑如医院一些房间需要空调常年处于开启状态，而政府机关类建筑和教育事业类建筑由于存在节假日，尤其是教育事业类建筑存在寒暑假，负荷需求量与卫生事业类建筑相比较小。

"十三五"末全国三类公共机构负荷需求量预测值

表 3.19

地区	卫生事业类建筑 （tce）	政府机关类建筑 （tce）	教育事业类建筑 （tce）	公共机构 （tce）
北京市	6.29×10^6	1.58×10^6	6.42×10^5	8.51×10^6
天津市	9.96×10^5	4.51×10^5	4.37×10^5	1.88×10^6
河北省	5.14×10^6	2.44×10^6	5.10×10^5	8.08×10^6
山西省	4.07×10^6	1.91×10^6	3.13×10^5	6.30×10^6
内蒙古自治区	1.30×10^6	1.43×10^6	1.31×10^5	2.86×10^6
辽宁省	5.94×10^6	1.33×10^6	1.12×10^6	8.39×10^6
吉林省	4.59×10^6	1.93×10^5	1.75×10^5	4.96×10^6
黑龙江省	6.91×10^6	1.80×10^6	7.34×10^5	9.45×10^6
上海市	1.22×10^6	1.47×10^5	5.06×10^5	1.87×10^6
江苏省	1.11×10^7	1.94×10^5	1.18×10^6	1.24×10^7
浙江省	4.34×10^6	1.36×10^6	5.48×10^5	6.24×10^6
安徽省	4.17×10^6	1.98×10^5	5.56×10^5	4.92×10^6
福建省	1.04×10^6	8.73×10^5	4.94×10^5	2.41×10^6
江西省	1.67×10^6	6.80×10^5	6.10×10^5	2.96×10^6
山东省	9.31×10^6	4.12×10^5	1.16×10^6	1.09×10^7
河南省	5.17×10^6	1.14×10^6	5.42×10^5	6.85×10^6
湖北省	5.02×10^6	1.86×10^6	1.04×10^6	7.92×10^6
湖南省	6.70×10^6	1.80×10^6	6.70×10^5	9.17×10^6
广东省	8.58×10^6	1.47×10^6	1.19×10^6	1.12×10^7
广西壮族自治区	1.99×10^6	1.02×10^6	4.14×10^5	3.42×10^6
海南省	9.24×10^5	8.36×10^4	4.75×10^4	1.06×10^6
重庆市	4.06×10^6	3.22×10^5	3.76×10^5	4.76×10^6
四川省	5.10×10^6	3.10×10^6	7.71×10^5	8.98×10^6
贵州省	3.05×10^6	1.66×10^6	1.30×10^5	4.84×10^6
云南省	1.79×10^6	2.76×10^6	2.70×10^6	4.82×10^6
西藏自治区	1.02×10^5	1.49×10^5	3.85×10^3	2.55×10^5
陕西省	3.96×10^6	3.02×10^6	4.19×10^5	7.39×10^6
甘肃省	1.14×10^6	1.44×10^6	1.87×10^5	2.77×10^6
青海省	3.57×10^5	2.68×10^5	9.39×10^3	6.34×10^5
宁夏回族自治区	7.13×10^5	1.28×10^5	3.09×10^4	8.72×10^5
新疆维吾尔自治区	1.90×10^6	5.13×10^5	1.67×10^5	2.58×10^6

3.2.3 技术类指标分析

技术类指标主要反映被动式能源、被动式与主动式能源耦合利用技术的发展水平和潜力，不同地区由于地理条件、经济发展水平等因素，太阳能或浅层地热能利用技术的发展程度不同，因此选取光伏发电装机容量作为太阳能利用的技术类指标；浅层地热能供暖及制冷面积作为浅层地热能利用的技术类指标。

（1）光伏发电装机容量

在太阳能的利用形式中，光伏发电占据较大比重，而在太阳能热利用方面，虽然我国太阳能热利用应用规模不断增长，但市场持续下滑，2018年是自2014年市场出现首次下滑以来连续第四年下滑，用户市场逐渐萎缩，发展亟需国家层面政策引导。太阳能热利用的中、低温技术不断发展，应用领域从生活热水扩大到与建筑结合的供热供冷等领域，短期和季节性储热工程、工农业领域的供热应用示范工程数量增多，但市场应用规模还较小。因此在反映各省市自治区太阳能利用情况时，选取光伏发电的装机容量作为技术类指标。

根据国家可再生能源中心发布的《2019年光伏发电并网运行情况》可知，2019年全国新增光伏发电装机3011万kW，同比下降31.6%，其中集中式光伏新增装机1791万kW，同比减少22.9%；分布式光伏新增装机1220万kW，同比增长41.3%。光伏发电累计装机达到20430万kW，同比增长17.3%，其中集中式光伏14167万kW，同比增长14.5%，分布式光伏6263万kW，同比增长24.2%。从新增装机布局看，华北地区新增装机858万kW，同比下降24.0%，占全国的28.5%，东北地区新增装机153万kW，同比下降60.3%，占全国的5.1%，华东地区新增装机531万kW，同比下降50.1%，占全国的17.5%，华中地区新增装机348万kW，同比下降47.6%，占全国的11.6%，西北地区新增装机649万kW，同比下降1.7%，占全国的21.6%，华南地区新增装机472万kW，同比下降5.1%，占全国的15.7%。2019年全国光伏发电量达2243亿kWh，同比增长26.3%，光伏利用小时数1169h，同比增长54h。全国弃光率降至2%，同比下降1个百分点，弃光电量46亿kWh。从重点区域看，光伏消纳问题主要出现在西北地区，其弃光电量占全国的87%，弃光率同比下降2.3%至5.9%。华北、东北、华南地区弃光率分别为0.8%、0.4%、0.2%，华东、华中无弃光。从重点省份自治区来看，西藏、新疆、甘肃弃光率分别为24.1%、7.4%、4.0%，同比下降19.5、8.2和5.6个百分点，青海受新能源装机大幅增加、负荷下降等因素影响，弃光率提高至7.2%，同比提高2.5个百分点。

表3.20是2019年全国光伏建设运行情况，数据来源于国家能源局。由表3.20可知西北地区如内蒙古、新疆、青海、甘肃等地区光伏发电累计装机容量较高，该地区太阳能资源丰富，利用水平较高；而东部沿海省份如江苏、浙江、山东、河北光照资源并不丰富，但社会经济发展水平较高，因而其光伏发电累计装机容量在全国也处于领先位置；内陆地区如重庆、广西、湖南、海南、贵州地势起伏、降水丰沛，资源和地形限制因素较多，利用水平较低。光伏发电的装机容量不一定与该地区的太阳能资源量相关，所以在衡量不同地区太阳能利用技术发展水平时，将光伏发电装机容量作为技术类指标。

2019 年全国光伏建设运行情况 `   表 3. 20

地区	累计装机容量（万 kW）		新增装机容量（万 kW）	
	其他	光伏电站	其他	光伏电站
总计	20430	11794	3454	1740
北京市	51	5	11	0
天津市	143	104	15	7
河北省	1474	962	240	106
山西省	1088	857	224	176
内蒙古自治区	1081	1001	153	88
辽宁省	343	246	41	27
吉林省	274	205	9	2
黑龙江省	274	195	59	54
上海市	109	6	20	0
江苏省	1486	821	153	29
浙江省	1339	414	201	52
安徽省	1254	773	136	96
福建省	169	38	21	1
江西省	630	367	93	73
山东省	1619	677	258	29
河南省	1054	600	63	0
湖北省	621	419	111	84
湖南省	344	155	52	29
广东省	610	302	83	20
广西壮族自治区	135	105	12	11
海南省	140	127	4	4
重庆市	65	58	22	20
四川省	188	169	7	2
贵州省	510	491	340	330
云南省	375	350	33	19
西藏自治区	110	110	12	12
陕西省	939	778	223	165
甘肃省	908	836	79	57
青海省	1101	1086	145	140
宁夏回族自治区	918	844	102	82
新疆维吾尔自治区	1080	1066	0	0

（2）浅层地热能供暖及制冷面积

在国家发展和改革委员会、国家能源局及国土资源部联合发布的《地热能开发利用"十三五"规划》中，对我国浅层地热能的开发利用现状进行了总结。我国浅层地热资源主要分布在东北地区、华北地区、江淮流域、四川盆地和西北地区东部,目前浅层地热能供暖(制冷)技术已基本成熟,浅层地热能的主要利用技术为热泵技术,2004年后年增长率超过30%,应用范围扩展至全国,其中80%集中在华北和东北南部,包括北京、天津、河北、辽宁、河南、山东等地区。2015年底全国浅层地热能供暖(制冷)面积达到3.92亿m^2,全国水热型地热能供暖面积达到1.02亿m^2。地热能年利用量约2000万tce。京津冀鲁豫、长江中下游地区主要城市以及南方对于供暖制冷需求强烈的城市是我国浅层地热能资源开发利用的重点发展地区。

我国各省市自治区浅层地热能供暖及制冷的面积情况如图3.4所示。浅层地热能供

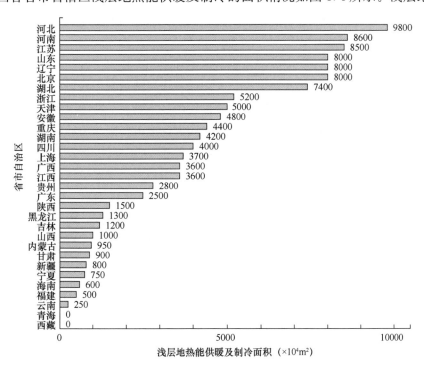

图3.4 浅层地热能供暖/制冷面积

暖及制冷的面积可以反映我国不同省市自治区浅层地热能利用技术的发展水平,但考虑到浅层地热能供暖及制冷的面积可能与单位面积浅层地热能的热容量有关,为验证两项指标之间的关联强度,指标标准化后将其进行双变量散点图绘制,如图3.5所示,浅层地热能供暖及制冷的面积与单位面积浅层地热能的热容量没有明显的线性相关。为进一步确定两变量之间的相关性,采用Spearman等级相关计算相关系数,Spearman适用于连续

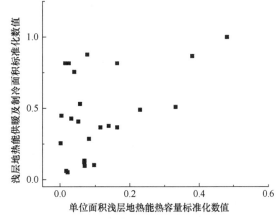

图3.5 浅层地热能热容量与浅层地热能供暖
及制冷面积散点图

等级资料或者不满足正态分布的数据，属于非参数统计方法，使用范围广，单位面积浅层地热能热容量与浅层地热能供暖及制冷面积的相关系数为 0.282，小于 0.5，不具有显著相关性，因此可以选用浅层地热能供暖及制冷面积作为浅层地热能利用的技术类指标。

3.2.4 经济类指标分析

从太阳能和浅层地热能利用相关理论和技术诞生至今，经济一直是太阳能和浅层地热能发展中的主要影响因素。经济的快速发展造成能源需求量的大幅度增加，进而导致以化石燃料为主的主动式能源资源短缺问题和严重的环境问题，必然会促进以太阳能、浅层地热能为代表的可再生能源的发展和利用。而当经济发展减缓时，主动式能源的需求量及价格相应降低，对于太阳能和浅层地热能利用相关技术研发的投入必将减少，造成光伏、热泵产品过剩，价格大幅下降，太阳能和浅层地热利用发展放缓，同时，地区的经济发展水平也影响该地区公共机构建设发展的经济投入。在本次研究中，选取光伏发电政策补贴、地源热泵政策补贴、第三产业固定资产投资额作为经济类指标。

（1）光伏发电政策补贴

在太阳能利用方面，国家对光伏发电项目，按单位光伏发电量进行经济补贴，发电 1kWh，补贴若干元。政策补贴能够促进本课题构建的被动式能源、被动式与主动式能源供应方案的推行实施，由于各省市自治区的政策补贴力度不同，影响着该指标权重的大小。2020 年 4 月 2 日，国家发展改革委印发《关于 2020 年光伏发电上网电价政策有关事项的通知》，光伏电价新政落地，对于集中式光伏发电，综合考虑 2019 年市场化竞价情况、技术进步等多方面因素，将纳入国家财政补贴范围的Ⅰ～Ⅲ类资源区新增集中式光伏电站指导价，分别确定为每千瓦时 0.35 元、0.4 元、0.49 元。其中Ⅰ类资源区所包括的地区有宁夏、青海海西、甘肃嘉峪关、张掖、酒泉、新疆哈密、内蒙古除赤峰、通辽、兴安盟、呼伦贝尔以外的地区；Ⅱ类资源区所包括的地区有北京、天津、黑龙江、吉林、辽宁、四川、云南、内蒙古赤峰、通辽、兴安盟、呼伦贝尔，河北等地区；Ⅲ类资源区是除Ⅰ类、Ⅱ类资源区以外的其他地区。若指导价低于项目所在地燃煤发电基准价（含脱硫、脱硝、除尘电价），则指导价按当地燃煤发电基准价执行。新增集中式光伏电站上网电价原则上通过市场竞争方式确定，不得超过所在资源区指导价。各省市自治区光伏发电政策补贴如表 3.21 所示。

我国各省市自治区光伏发电补贴　　　　表 3.21

地区	太阳能光伏发电补贴（元）	省市	太阳能光伏发电补贴（元）
北京市	0.4	河南省	0.49
天津市	0.4	湖北省	0.49
河北省	0.4	湖南省	0.49
山西省	0.4	广东省	0.49
内蒙古自治区	0.4	广西壮族自治区	0.49

地区	太阳能光伏发电补贴 （元）	省市	太阳能光伏发电补贴 （元）
辽宁省	0.4	海南省	0.49
吉林省	0.4	重庆市	0.49
黑龙江省	0.4	四川省	0.4
上海市	0.49	贵州省	0.49
江苏省	0.49	云南省	0.4
浙江省	0.49	西藏自治区	0.49
安徽省	0.49	陕西省	0.4
福建省	0.49	甘肃省	0.35
江西省	0.49	青海省	0.35
山东省	0.49	宁夏回族自治区	0.35
新疆维吾尔自治区	0.35		

（2）地源热泵政策补贴

在地源热泵推行方面，各地区政府颁布相关政策，对使用地源热泵的示范项目按建筑面积进行每平方米的经济补贴。2020 年 3 月上海为进一步推进建筑节能和绿色建筑的发展，规范建筑节能和绿色建筑专项扶持资金的使用管理，上海市住房和城乡建设管理委员会、发展和改革委员会、财政局会同相关单位修订了《上海市建筑节能和绿色建筑示范项目专项扶持办法》，其中对于符合可再生能源与建筑一体化的示范项目，采用浅层地热能补贴 55 元/m²。2013 年 12 月 18 日北京市政府对外发布的《关于北京市进一步促进地热能开发及热泵系统利用的实施意见》中规定，新建的再生水（污水）、余热和土壤源热泵供暖项目，对热源和一次管网给予 30％的资金补助；新建深层地热供暖项目，对热源和一次管网给予 50％的资金支持；市政府固定资产投资全额建设的项目，新建或改造热泵供暖系统的按照现行政策《关于发展热泵系统的指导意见》执行：地源热泵补贴为 50 元/m²。参考各地政府颁布的可再生能源文件内容，部分地区地源热泵政策补贴如表 3.22 所示。

部分地区地源热泵示范项目政策补贴　　　　　　　　　　表 3.22

地区	地源热泵政策补贴 （元/m²）	省市	地源热泵政策补贴 （元/m²）
吉林省	40	江苏省	50
天津市	50	湖北省	40
山东省	20	湖南省	40
上海市	50	河南省	40

（3）第三产业固定资产投资额

固定资产投资是以货币形式表现的、企业在一定时期内建造和购置固定资产的工作量以及与此有关的费用变化情况，包括房产、建筑物、机器、机械、运输工具、其他固定资产投资等。本课题中的固定资产投资额是指第三产业的固定资产投资额，第三产业涵盖了公共管理组织和建筑业，所以将第三产业固定资产投资额作为经济类的一个二级指标，数据来源于国家统计局。第三产业的投资额越高，代表该省在公共机构的投入就越大，对被动式能源供应技术方案的经济支持就越大。各省市自治区第三产业固定资产投资额如表 3.23 所示。

各省市自治区第三产业固定资产投资额　　　　　表 3.23

地区	第三产业固定资产投资额（亿元）	地区	第三产业固定资产投资额（亿元）
北京市	7958.40	湖北省	17723.86
天津市	7536.67	湖南省	18706.40
河北省	15513.71	广东省	24953.84
山西省	3455.07	广西壮族自治区	9016.56
内蒙古自治区	7895.90	海南省	3788.94
辽宁省	4215.90	重庆市	11060.47
吉林省	5977.24	四川省	15725.74
黑龙江省	5703.50	贵州省	12360.96
上海市	6211.42	云南省	14731.99
江苏省	26244.38	西藏自治区	1559.38
浙江省	21553.17	陕西省	16514.30
安徽省	15393.79	甘肃省	4126.05
福建省	16399.87	青海省	2450.86
江西省	9698.77	宁夏回族自治区	2138.03
山东省	26330.10	新疆维吾尔自治区	5183.82
河南省	22827.68		

3.2.5 环境类指标分析

自工业革命以来，世界能源的供应主要来自于主动式能源，导致二氧化碳及氮氧化物的大量排放，由此引发空气污染、温室效应等一系列环境问题。在资源有限和保护生态环境的大背景下，开发利用被动式能源已经成为减缓温室效应和解决人类能源需求的重要方式。21 世纪以来，由于全球化石能源的枯竭以及严重的环境污染问题，人们对生态环保意识逐渐增强，促进太阳能和浅层地热能等被动式能源产业的发展。在本次研究中，环境类指标为全国各地区公共机构采用被动式能源方案后每年预计减少的二氧化碳排放量。

我国自 2010 年碳排放量跃居全球首位后，便加强了碳排放的治理力度，采用二氧化碳分离回收、提高低碳能源发电比重等措施，目前我国碳排放量并没有随着经济增长继续上升，反而以每年 1%～2% 的速度下降，减排效果显著。公共机构消耗能源主要为化石能源，化石能源燃烧产生的二氧化碳是造成温室效应的主要原因，其他气体如二氧化硫、氮氧化物排放量与二氧化碳排放量相比较少，二氧化碳排放量仅反映使用某种能源方案后的排放量，而二氧化碳减排量则是应用某种新技术、新能源后减少了多少二氧化碳排放量，因此为判断本课题应用被动式能源后对环境的影响，研究中选取二氧化碳减排量作为环境类指标。

国际上公认的减排量计算方法为 CDM 方法学。2005 年的《京都协议书》确定了 CDM（清洁发展机制）：发达国家提供资金与技术，在发展中国家实施具有温室气体减排效果的项目，产生的减排量用于发达国家履行京都协议书的承诺。即发达国家以资金和技术换取温室气体的排放权，是一种双赢的机制。为保证 CDM 能正常有序实施，近年来建立了一套透明有效、可操作的标准，即 CDM 方法学。方法学主要包括基准线确定、额外性评价、项目边界界定、泄漏估算、减排量计算几个方面的内容，成为有效解决温室气体排放的手段之一。CDM 方法存在着不足：每种 CDM 方法只适用于各自的基准线情景，有着各自的限制，需要界定出项目的边界位置，实际计算较为复杂。

本书从宏观角度出发，研究我国 31 个省市自治区的被动式能源利用情况，计算公共机构利用被动式能源替代部分主动式能源后，减少了多少二氧化碳排放量，在计算二氧化碳减排量时选用排放系数法。联合国政府间气候变化专门委员会（IPCC）始建于 1988 年，旨在提供有关气候变化的科学技术、社会经济认知状况、气候变化原因、潜在影响和应对策略的综合评估。排放系数法是 IPCC 提出的第一种碳排放估算方法，也是目前应用最广泛的方法。排放系数法是指在正常技术经济和管理条件下，根据生产单位产品所排放的气体数量的统计平均值来计算碳排放量的一种方法，即把影响碳排放的活动数据与单位活动的排放系数相结合，得到总的碳排放量。其优点在于简单明确、易于理解、有成熟的核算公式和活动数据、排放因子数据库、有大量应用实例参考。碳排放因子一般有建材碳排放因子、单位距离的运输强度的碳排放因子、能源碳排放因子、单位材料再利用的碳排放因子及单位建材再循环的碳排放因子。本课题中研究范围限定在公共机构能源利用中，所采用的碳排放因子主要为能源碳排放因子。在 IPCC 排放因子数据库中常用能源碳排放因子如表 3.24 所示。由于 IPCC 公布数据中未给出太阳能及浅层地热能的碳排放因子数值，本次研究针对不同的被动式能源供应技术方案，需要对太阳能和浅层地热能碳排放因子进行区分。根据调查可知，在使用太阳能及浅层地热能等被动式能源时，此类能源及其电力的消耗仍会产生微量的二氧化碳，太阳能二氧化碳排放量为 50g/kWh，浅层地热能为 100g/kWh，再根据煤发电的二氧化碳排放量，即 975g/kWh，可近似得到太阳能及浅层地热能的二氧化碳排放因子分别为 0.13 及 0.25，以此区分不同方案中二氧化碳的减排量。

不同能源碳排放因子表 表 3.24

能源	单位	碳排放因子
汽油	kg/kg	2.031
煤油	kg/kg	2.093
柴油	kg/kg	2.171
液化石油气	kg/kg	1.848
燃料油	kg/kg	2.27

续表

能源	单位	碳排放因子
煤气	kg/kg	1.302
煤炭	kg/kg	2.662
天然气	kg/m³	1.602
电力	kg/kWh	1.008
石油	kg/kg	2.145

二氧化碳减排量是指各省市自治区公共机构采用被动式能源供应方案后，每年预计减少的二氧化碳排放量，在确定应用排放系数法计算二氧化碳减排量后，为求得评价体系中二氧化碳减排量，本课题利用 MARKAL 模型对被动式能源占比进行计算。MARKAL 模型建立于 20 世纪 70 年代末，是一个以技术为基础的综合能源系统优化模型，在能源需求量和污染物排放量的限制条件下，寻求能源系统成本最小化的一次能源供应结构和用能技术结构。MARKAL 模型的优点是该模型可以同时描述能源系统的供应端和需求端，并可对能源系统中各种能源开采、加工、转化、运输和分配环节以及终端用能环节进行详细地描述，可以充分了解各个环节能源结构变化，在解决一个国家或地区的能源系统规划和结构优化等问题中优势突出，可通过建立该模型计算出各地区公共机构的能源替代率。

根据 MARKAL 模型计算出各地区公共机构使用被动式能源利用方案预计的被动能源替代率 γ，为计算二氧化碳减排量，即计算碳排放差值部分（主动式能源供应碳排放量－被动式能源供应碳排放量），再结合排放系数法计算减排量，计算公式如下所示。

$$SUP_{主i} = \frac{P \cdot S_i}{\mu_i} \cdot \gamma \tag{3.11}$$

$$SUP_{被i} = \frac{P \cdot \gamma}{\mu_i} \tag{3.12}$$

$$EM_i = SUP_i \cdot K_i \tag{3.13}$$

$$ED = \sum EM_主 - \sum EM_被 \tag{3.14}$$

式中　$SUP_{主i}$——主动式能源替代部分供应量，tce；

　　　P——公共机构负荷需求量，tce；

　　　S_i——主动式消费能源占比，%；

　　　γ——消费侧被动式能源替代率，%；

　　　μ_i——能源转换效率，%；

　　　$SUP_{被i}$——被动式能源替代部分供应量，tce；

　　　EM_i——二氧化碳排放量，t；

　　　SUP_i——能源替代部分供应量，tce；

　　　K_i——二氧化碳排放因子，kg/kg、kg/m³；

　　　ED——二氧化碳减排量，t；

　　$\sum EM_主$——被替代的主动式能源二氧化碳排放量，t；

　　$\sum EM_被$——被动式能源二氧化碳排放量，t。

利用上述公式计算出 2020 年末实现各地区碳排放量平均值降低 15％的公共机构太阳能供应技术方案和浅层地热能供应技术方案的二氧化碳减排量，如表 3.25、表 3.26 所示。根据表格数据分析可知，在两种被动式能源供应技术方案中江苏省二氧化碳减排量最大，西藏自治区二氧化碳减排量最小，影响二氧化碳减排量结果的主要因素有公共机构能源需求量、能源消费结构、被动能源占比等。

公共机构太阳能供应技术方案二氧化碳减排量　　　　　　　表 3.25

地区	卫生事业类建筑 (t)	政府机关类建筑 (t)	教育事业类建筑 (t)	公共机构 (t)
北京市	2.67×10^7	6.71×10^6	2.73×10^6	3.61×10^7
天津市	4.25×10^6	1.92×10^6	1.86×10^6	8.03×10^6
河北省	2.34×10^7	1.11×10^7	2.32×10^6	3.68×10^7
山西省	1.56×10^7	7.34×10^6	1.20×10^6	2.42×10^7
内蒙古自治区	5.34×10^6	5.86×10^6	5.40×10^5	1.17×10^7
辽宁省	2.79×10^7	6.26×10^6	5.29×10^6	3.95×10^7
吉林省	2.03×10^7	8.56×10^6	7.74×10^5	2.19×10^7
黑龙江省	3.07×10^7	8.01×10^6	3.26×10^6	4.19×10^7
上海市	5.19×10^6	6.27×10^5	2.16×10^6	7.97×10^6
江苏省	4.71×10^7	8.28×10^5	5.03×10^6	5.30×10^7
浙江省	1.85×10^7	5.79×10^6	2.34×10^6	2.66×10^7
安徽省	1.78×10^7	8.46×10^5	2.37×10^6	2.10×10^7
福建省	4.74×10^6	3.97×10^6	2.25×10^6	1.10×10^7
江西省	7.78×10^6	3.17×10^6	2.84×10^6	1.38×10^7
山东省	3.91×10^7	1.73×10^6	4.85×10^6	4.57×10^7
河南省	2.24×10^7	4.94×10^6	2.35×10^6	2.97×10^7
湖北省	2.14×10^7	7.95×10^6	4.43×10^6	3.38×10^7
湖南省	2.70×10^7	7.27×10^6	2.70×10^6	3.70×10^7
广东省	2.36×10^7	4.04×10^6	3.28×10^6	3.10×10^7
广西壮族自治区	4.74×10^6	2.43×10^6	9.87×10^5	8.15×10^6
海南省	2.92×10^6	2.65×10^5	1.50×10^6	3.34×10^6
重庆市	1.46×10^7	1.16×10^6	1.35×10^6	1.71×10^7
四川省	2.12×10^7	1.29×10^6	3.21×10^6	3.74×10^7
贵州省	7.45×10^6	4.04×10^6	3.17×10^5	1.18×10^7
云南省	4.57×10^6	7.02×10^6	6.88×10^5	1.23×10^7
西藏自治区	4.36×10^5	6.36×10^5	1.64×10^4	1.09×10^6
陕西省	1.77×10^7	1.35×10^7	1.87×10^6	3.30×10^7
甘肃省	3.29×10^6	4.14×10^6	5.37×10^5	7.96×10^6
青海省	1.52×10^6	1.14×10^6	4.00×10^4	2.70×10^6
宁夏回族自治区	2.96×10^6	5.33×10^5	1.29×10^5	3.63×10^6
新疆维吾尔自治区	7.12×10^6	1.92×10^6	6.26×10^5	9.67×10^6

公共机构浅层地热能供应技术方案二氧化碳减排量　　　　　表 3.26

地区	卫生事业类建筑（t）	政府机关类建筑（t）	教育事业类建筑（t）	公共机构（t）
北京市	2.63×10^7	6.61×10^6	2.68×10^6	3.56×10^7
天津市	4.18×10^6	1.89×10^6	1.83×10^6	7.91×10^6
河北省	2.30×10^7	1.09×10^7	2.29×10^6	3.62×10^7
山西省	1.54×10^7	7.22×10^6	1.18×10^6	2.38×10^7
内蒙古自治区	5.25×10^6	5.77×10^6	5.32×10^5	1.16×10^7
辽宁省	2.75×10^7	6.17×10^6	5.22×10^6	3.89×10^7
吉林省	2.00×10^7	8.43×10^5	7.62×10^5	2.16×10^7
黑龙江省	3.02×10^7	7.89×10^6	3.21×10^6	4.13×10^7
上海市	5.11×10^6	6.18×10^5	2.12×10^6	7.85×10^6
江苏省	4.64×10^7	8.15×10^5	4.95×10^6	5.22×10^7
浙江省	1.82×10^7	5.70×10^6	2.30×10^6	2.62×10^7
安徽省	1.75×10^7	8.33×10^5	2.34×10^6	2.07×10^7
福建省	4.67×10^6	3.91×10^6	2.21×10^6	1.08×10^7
江西省	7.67×10^6	3.13×10^6	2.80×10^6	1.36×10^7
山东省	3.85×10^7	1.70×10^6	4.78×10^6	4.50×10^7
河南省	2.21×10^7	4.87×10^6	2.32×10^6	2.93×10^7
湖北省	2.11×10^7	7.83×10^6	4.36×10^6	3.33×10^7
湖南省	2.66×10^7	7.15×10^6	2.66×10^6	3.64×10^7
广东省	2.31×10^7	3.95×10^6	3.20×10^6	3.02×10^7
广西壮族自治区	4.60×10^6	2.36×10^6	9.59×10^5	7.92×10^6
海南省	2.86×10^6	2.59×10^5	1.47×10^5	3.27×10^6
重庆市	1.43×10^7	1.14×10^6	1.33×10^6	1.68×10^7
四川省	2.09×10^7	1.27×10^7	3.16×10^6	3.68×10^7
贵州省	7.25×10^6	3.93×10^6	3.08×10^5	1.15×10^7
云南省	4.45×10^6	6.84×10^6	6.70×10^5	1.20×10^7
西藏自治区	4.30×10^5	6.26×10^5	1.62×10^4	1.07×10^6
陕西省	1.74×10^7	1.33×10^7	1.84×10^6	3.25×10^7
甘肃省	3.21×10^6	4.05×10^6	5.24×10^5	7.78×10^6
青海省	1.50×10^6	1.12×10^6	3.94×10^4	2.66×10^6
宁夏回族自治区	2.92×10^6	5.24×10^5	1.27×10^5	3.57×10^6
新疆维吾尔自治区	6.99×10^6	1.89×10^6	6.15×10^5	9.50×10^6

3.2.6　评价指标体系构建

通过对上述各项评价指标的具体分析，太阳能供应技术评价体系中资源能源类指标为太阳能年辐射量和有效日照天数；能耗类指标为公共机构负荷需求量；技术类指标为光伏发电装机容量；经济类指标为光伏发电政策补贴和第三产业固定资产投资额；环境类指标为二氧化碳减排量。浅层地热能供应技术评价体系中资源能源类指标为单位面积浅层地热能热容量；能耗类指标为公共机构负荷需求量；技术类指标为浅层地热能供暖及制冷面积；经济类指标为地源热泵政策补贴和第三产业固定资产投资额；环境类指标为二氧化碳减排量。其中公共机构负荷需求量为负向指标，因为公共机构负荷需求量越高，各类能源的需求量越大，被动式能源利用方案推行技术要求越高，难度越大，所以将公共机构负荷需求量定为负向指标，其余指标为正向指标。正向指标也被称为极大型指标，指标数值越大越好，负向指标也被称为极小型指标，指标数值越小越好。构建公共机构太阳能供应技术评价指标体系及浅层地热能供应技术评价指标体系，如图 3.6、图 3.7 所示。

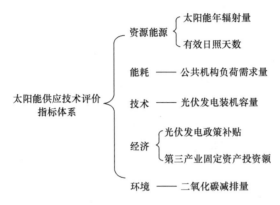

图 3.6　公共机构太阳能供应技术评价指标体系

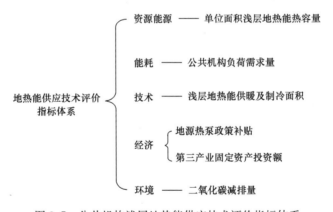

图 3.7　公共机构浅层地热能供应技术评价指标体系

3.3　公共机构被动式与主动式能源供应技术评价指标体系研究

3.3.1　资源能源类指标分析

目前，公共机构能耗研究主要集中在公共建筑运行能耗方面，具体包括建筑内部的供暖、空调、热水供应、照明、办公设备等方面的能源消耗，而公共机构日常运行所产生的交通运输等相关能耗不在研究范围之内。为维持公共建筑室内温湿度、创造良好的工作环境、节约化石能源、减少环境污染，在考虑公共机构能源供应方案时，采用被动式能源与主动式能源耦合供应形式。公共机构的能源利用形式主要为电能和热能，对于严寒地区及寒冷地区，公共机构的热能主要来自城市集中供热，即煤炭、天然气等化石燃料，电能是二次能源，目前我国电力主要来源于火力发电、水力发电、风力发电以及核电等，由于电能在公共建筑中利用范围广泛，利用形式多样，且本课题的研究目的是为各省市自治区提供合理的被动式与主动式能源供应技术方案，因此将煤炭、天然气、电能并列作为主要的主动式能源供给类型。

本课题针对全国各省市自治区煤炭、天然气、电能三类资源的产量、消费量、储量等方面进行数据收集整理分析。结合调研结果及数据收集情况，最终选择煤炭生产量、城市天然气供应总量和电能总产量作为主动式能源资源能源类指标。

（1）煤炭资源指标分析

1）煤炭生产量

煤炭行业是集采矿业、能源业、基础原材料业于一体的行业，占一次能源生产和消费总量的70%左右，是我国国民经济发展的重要支撑。2015年全国煤炭消费量为39.6亿t，预计到2020年，全国煤炭产量41.4亿t，随着煤炭工业经济增长方式的转变、煤炭用途的扩展，在未来相当长的时期内，我国的能源消费结构仍将是以煤炭为主。原煤产量及煤炭消费量是众多煤炭资源指标中两个较为关键的数据，随着煤炭行业供给侧结构改革的深入推进，原煤生产逐步向资源条件好、竞争能力强的地区集中，近十年晋陕蒙新四个省自治区的原煤产量由50%增长至75%以上。表3.27为我国部分省级行政区近3年煤炭生产量情况，数据来源于各省市自治区《2019年能源统计年鉴》。

我国部分省级行政区煤炭资源生产量　　　　　　　　　　　表3.27

地区	煤炭产量（万t）			地区	煤炭产量（万t）		
	2019	2018	2017		2019	2018	2017
北京市	329	1285	1750	湖北省	209	648	1986
天津市	0	0	0	湖南省	8727	10855	11700
河北省	33489	36468	40122	广东省	0	0	0
山西省	607611	551110	539311	广西壮族自治区	2443	2972	2616
内蒙古自治区	642673	576480	573368	海南省	0	0	0
辽宁省	20903	20910	24089	重庆市	7335	7718	7436
吉林省	8119	9863	10479	四川省	21298	26714	34891
黑龙江省	32031	34567	33654	贵州省	78434	89240	107600
上海市	0	0	0	云南省	29070	28507	25935
江苏省	7204	8152	8225	西藏自治区	0	0	0
浙江省	0	0	0	陕西省	367839	380315	345141
安徽省	70482	74197	75541	甘肃省	23269	23220	24091
福建省	5291	5872	7383	青海省	5587	5098	4614
江西省	2817	3607	5304	宁夏回族自治区	46407	47529	46752
山东省	75760	79432	82195	新疆维吾尔自治区	140134	104822	99581
河南省	69228	72710	73812				

2）煤炭消费量

在我国能源消费结构中，虽然煤炭消费量仍占据能源总消费量的主体地位，但呈现逐年下降趋势。根据《中国能源统计年鉴（2019）》，2009～2018 年，原煤生产总量占能源生产总量的比重由 76.8% 下降至 69.3%，近十年间占比下降了 7.5%，原煤消费总量占能源消费总量的比重由 71.6% 下降至 59%，占比下降了 12.6%，虽然目前我国正逐步减少煤炭的使用，但煤炭消费量仍高居不下。根据《中国能源统计年鉴（2019）》，2017 年我国煤炭可供量为 382094 万 t，其中国内生产量为 352356 万 t，进口量为 27093 万 t，出口量为 809 万 t，煤炭消费总量为 385723 万 t，平衡差额为 -3629 万 t，因此我国煤炭资源产量远不能满足国内煤炭需求。表 3.28 为我国部分省级行政区煤炭资源消费量情况，数据来源于各省市自治区《2019 年能源统计年鉴》。

我国部分省级行政区煤炭资源消费量　　　　　　　　表 3.28

地区	煤炭消费量（万 t）	省市	煤炭消费量（万 t）
北京市	847.62	湖北省	11685.88
天津市	4230.16	湖南省	11443.53
河北省	28105.65	广东省	16135.29
山西省	35621.03	广西壮族自治区	6517.77
内蒙古自治区	36675.32	海南省	1015.31
辽宁省	16943.7	重庆市	5674.37
吉林省	9416.84	四川省	8869.49
黑龙江省	14034.39	贵州省	13642.75
上海市	4625.62	云南省	7461.18
江苏省	28048.13	西藏自治区	—
浙江省	13948.49	陕西省	19670.75
安徽省	15728.68	甘肃省	6377.52
福建省	6826.5	青海省	1962.43
江西省	7617.59	宁夏回族自治区	8665.09
山东省	40939.2	新疆维吾尔自治区	18985
河南省	23226.52		

3）煤炭储量

我国煤炭资源储量最多的地区是新疆维吾尔自治区，煤炭储量高达 18037.30 亿 t，煤炭储量最少的是浙江省，仅为 0.40 亿 t。我国煤炭储量大于 10000 亿 t 的地区有新疆、内蒙古两个自治区，其煤炭储量之和为 30287.70 亿 t，占全国煤炭储量的 60.42%，探明保有储量之和为 3362.35 亿 t，占全国探明保有储量的 33.04%。自 2001 年以来，中国煤炭查明资源储量一直保持稳定增长态势，2016 年煤炭查明资源储量为 1.60 万亿 t，比上一年增加 316.90 亿 t，增长率为 2.0%，为中国能源供给奠定了坚实的资源基础。新增查明资源储量超 40 亿 t 的矿区有 3 个，分别位于新疆维吾尔自治区（2 个）和内蒙古自治区（1 个）。表 3.30 为 2016 年我国部分省级行政区煤炭资源储量情况，数据来源于各省市自治区《2019 年能源统计年鉴》，如表 3.29 所示。

我国部分省级行政区煤炭资源储量　　　　　表 3.29

地区	煤炭储量（亿 t）	省市	煤炭储量（亿 t）
北京市	2.66	湖北省	3.2
天津市	2.97	湖南省	6.62
河北省	43.27	广东省	0.23
山西省	916.19	广西壮族自治区	0.9
内蒙古自治区	510.27	海南省	1.19
辽宁省	26.73	重庆市	18.03
吉林省	9.71	四川省	53.21
黑龙江省	62.28	贵州省	110.93
上海市	0	云南省	59.58
江苏省	10.39	西藏自治区	0.12
浙江省	0.43	陕西省	162.93
安徽省	82.37	甘肃省	27.32
福建省	3.98	青海省	12.39
江西省	3.36	宁夏回族自治区	37.45
山东省	75.67	新疆维吾尔自治区	162.31
河南省	85.58		

　　煤炭资源生产量表示该省市煤炭资源生产能力，数值越大，代表当前该省市煤炭资源生产能力越强，该地区利用境内资源越方便，越适宜利用煤炭资源；煤炭资源消费量表示该省市自治区煤炭资源的消费能力，主要消费行业包括：工业、采掘业、制造业、建筑业、电力煤气以及水生产和供应业、交通运输业等，包含该地区所有行业煤炭资源消费量的总和，该值越大，表明该地区对煤炭资源的需求量越大，对煤炭资源的依赖性越强；煤炭资源储量表示该省市自治区煤炭资源的储存量，表明其境内煤炭资源开发潜力，该地区煤炭资源储量越丰富，其煤炭资源的开发潜能越大，尽管当前可能由于技术原因无法大量开采，但从长远角度看，未来该地区利用煤炭资源潜力较大。

　　本书的研究目的是构建公共建筑被动式与主动式能源供应技术评价指标体系，探索各省市自治区能源供应技术方案的适宜性。煤炭消费量仅能体现各省市自治区对煤炭的需求能力，无法准确表现各地区煤炭资源的生产能力，针对煤炭资源消费量小于生产量的地区，煤炭资源可以自给自足，而对于部分煤炭消费量大于煤炭产量的地区，则需要从其他省市自治区输入煤炭资源，煤炭资源运输环节必然会造成大量的能源损耗。煤炭资源储量仅能表示煤炭资源开发利用潜能，因此根据本书的研究内容及目的，选择煤炭生产量作为煤炭资源能源类评价指标，用来代表目前本省市自治区范围内对煤炭资源的供给能力。

　　（2）天然气资源指标分析

　　1）天然气生产量

　　2017 年我国天然气累计消费量 2373 亿 m^3，与 2016 年相比增长了 15.3%。然而，

2017 年 12 月天然气消费量却骤降到 276 亿 m^3，同比下降 6.1%。这是由于在 2017 年底我国遭遇了严重的"气荒"问题，需求侧方面——工业生产天然气需求量持续增长，超额完成的"煤改气"任务挤占了一般用气市场，在冬季平均每日输送量是夏季的 7 倍多；供给侧方面——最大的气源国土库曼斯坦降低了天然气供应量，中亚天然气管道日供应量比预计水平低 4000 万 m^3 左右，天然气进口价格持续攀升，华北地区槽车 LNG 从 9 月的 3500 元/t 涨到 11 月的 9400 元/t（约 6.7 元/m^3）。

天然气进口量进一步攀升，进口压力持续加大，据海关统计，2018 年中国天然气进口总量达 9039 万 t，同比增加 31.9%。其中管道气进口量为 3661 万 t，同比增长 20.3%，占进口总量的 40.5%；LNG 进口量为 5378 万 t，同比增长 40.5%，占进口总量的 59.5%。从国际趋势看，天然气在世界能源消费结构中占比 23%，仍是未来唯一增长的化石能源，国际能源署（IEA）、BP 等机构预测 2035 年左右天然气将超过煤炭成为第二大能源。从国内形势看，我国国民经济和社会稳步发展，将带动能源需求持续增长，天然气在我国能源革命中始终扮演着重要角色，预计 2050 年前我国天然气消费量仍保持增长趋势。随着天然气消费市场的不断成熟，未来工业燃料、城市燃气、发电用气将呈现"三足鼎立"局面。我国部分省级行政区天然气资源生产量如表 3.30 所示，数据来源于各省市自治区《2019 年能源统计年鉴》。

我国部分省级行政区天然气资源生产量 表 3.30

地区	天然气生产量（亿 m^3）			地区	天然气生产量（亿 m^3）		
	2019 年	2018 年	2017 年		2019 年	2018 年	2017 年
北京市	29.7	17.28	15.41	湖北省	4.9	5.13	1.27
天津市	34.9	33.94	21.5	湖南省	0	0	0
河北省	5.8	6.15	7.39	广东省	112.1	102.5	89.23
山西省	64.1	52.42	46.76	广西壮族自治区	0.2	0.19	0.21
内蒙古自治区	0.3	16.07	0.19	海南省	1	1.06	1.1
辽宁省	6.2	5.87	5.11	重庆市	64.5	61.17	60.7
吉林省	10.3	18.43	18.58	四川省	441.4	369.85	356.39
黑龙江省	45.7	43.54	40.54	贵州省	3.2	2.98	4.15
上海市	12.5	14.54	1.71	云南省	0	0	0.04
江苏省	12.2	9.97	2.94	西藏自治区	0	0	0
浙江省	0	0	6.14	陕西省	473.4	444.48	419.4
安徽省	2.1	2.25	2.6	甘肃省	0	1.03	0.6
福建省	0	0	0	青海省	64	64.05	64.01
江西省	0	0.2	0.21	宁夏回族自治区	0	0	0
山东省	4.9	4.8	4.15	新疆维吾尔自治区	339.9	321.85	307.04
河南省	3	2.9	2.98				

2）天然气消费量

2018 年中国天然气消费量达 2803 亿 m^3，同比增长 17.5%，在一次能源消费中占比达 7.8%，同比提高 0.8 个百分点，日最高用气量达 10.37 亿 m^3，同比增长 20%。从消费结构看，工业燃料占比 38.6%，城镇燃气占比 33.9%，发电用气占比 17.3%，化工用气占比 10.2%，其中工业燃料和城镇燃气增幅最大，合计用气增量 351 亿 m^3，占年度总增量的 84%；从区域消费看，各省市自治区天然气消费水平都有明显提升。2018 年京津冀地区天然气消费量为 439 亿 m^3，占全国天然气消费量的 15.6%。浙江、河北、河南、陕西四省的消费规模均首次超百亿 m^3，全国天然气消费规模超过百亿 m^3 的省份增至 10 个。我国部分省级行政区天然气资源消费量如表 3.31 所示，数据来源于各省市自治区《2019 年能源统计年鉴》。

我国部分省级行政区天然气消费量　　　　　表 3.31

地区	天然气消费量 （亿 m^3）	地区	天然气消费量 （亿 m^3）
北京市	164.56	湖北省	49.96
天津市	83.31	湖南省	26.98
河北省	96.70	广东省	182.38
山西省	74.90	广西壮族自治区	14.03
内蒙古自治区	52.04	海南省	43.45
辽宁省	62.05	重庆市	95.24
吉林省	24.74	四川省	198.91
黑龙江省	40.56	贵州省	17.73
上海市	83.23	云南省	9.69
江苏省	237.69	西藏自治区	0
浙江省	104.93	陕西省	103.90
安徽省	44.37	甘肃省	28.91
福建省	50.16	青海省	49.56
江西省	21.73	宁夏回族自治区	22.27
山东省	131.06	新疆维吾尔自治区	124.95
河南省	104.07		

3）天然气储量

2018 年全国油气勘探开发总投入约 2667.6 亿元，同比增长 20.5%。截至 2017 年底，我国已探明的天然气储量为 5.5 万亿 m^3，约占全球总探明储量的 2.80%。天然气储量勘测取得突破，塔里木盆地和准噶尔盆地深层油气、渤海海域天然气相继取得重大发现，渤中 19-6 气田天然气和凝析油储量均达亿吨级（油当量），是京津冀周边最大的海上凝析气田。2018 年全国天然气新增探明地质储量约 8312 亿 m^3，技术可采储量约 3892 亿 m^3；页岩气新增探明地质储量 1247 亿 m^3，技术可采储量约 287 亿 m^3；煤层气新增探明地质储量约为 147 亿 m^3，技术可采储量约 41 亿 m^3。2018 年，国内天然气产量约为 1603 亿 m^3，同比增加 123 亿 m^3，增速 8.3%，其中页岩气约 109 亿 m^3，煤层气为 49 亿 m^3，煤制气为 30 亿 m^3。我国部分地区天然气资源储量如表 3.32 所示。

我国部分省级行政区天然气资源储量　　　　　　表 3.32

地区	天然气储量 （亿 m^3）	地区	天然气储量 （亿 m^3）
北京市	—	湖北省	46.87
天津市	274.91	湖南省	—
河北省	338.03	广东省	0.59
山西省	413.75	广西壮族自治区	1.58
内蒙古自治区	9630.49	海南省	24.35
辽宁省	154.54	重庆市	2726.9
吉林省	731.25	四川省	13191.61
黑龙江省	1302.33	贵州省	6.1
上海市	—	云南省	0.47
江苏省	23.31	西藏自治区	—
浙江省	—	陕西省	7802.5
安徽省	0.25	甘肃省	318.03
福建省	—	青海省	1354.44
江西省	—	宁夏回族自治区	274.44
山东省	334.93	新疆维吾尔自治区	10251.78
河南省	74.77		

注：天然气储量数据为剩余技术可采储量，缺少数据为无统计或统计数据过小。

4）城市天然气供应总量

我国天然气的产量、进口量及需求量在接下来的几年内持续快速增长，但产量增长的速度不及需求量的增长速度，同时存在着各地区天然气生产量和需求量严重不匹配的问题。天然气储量、产量及消费量已无法合理地代表各省、市、自治区天然气资源利用特点。因此，在本次研究中，选择全国各省、市、自治区城市天然气供应量作为天然气资源能源类评价指标，既可以体现各地区天然气能源供应能力，也可以区分各地区对天然气需求量的大小。本指标数据来源于国家统计局 2018 年份省年度数据。我国部分省级行政区城市天然气供应总量具体数据如表 3.33 所示。

我国部分省级行政区城市天然气供应总量　　　　表 3.33

地区	天然气供应量（亿 m^3）			地区	天然气供应量（亿 m^3）		
	2018 年	2017 年	2016 年		2018 年	2017 年	2016 年
北京市	191.6	164.17	162.24	湖北省	48.29	42.4	37.71
天津市	50.1	42.29	34.17	湖南省	25.93	23.63	22.56
河北省	51.12	48.51	36.64	广东省	133.02	124.74	166.26
山西省	38.07	31.63	26.11	广西壮族自治区	7.36	6.97	4.87
内蒙古自治区	20.69	18.12	15.22	海南省	2.98	2.46	2.36
辽宁省	32.09	30.81	20.41	重庆市	49.25	46.65	38.45
吉林省	17.45	14.82	13.03	四川省	84.72	71.9	68.87

地区	天然气供应量（亿 m³）			地区	天然气供应量（亿 m³）		
	2018 年	2017 年	2016 年		2018 年	2017 年	2016 年
黑龙江省	15.86	14.14	12.15	贵州省	8.29	7.09	3.98
上海市	89.29	80.81	77.03	云南省	3.76	2.87	1.68
江苏省	123.87	108.75	96.25	西藏自治区	0.32	0.28	0.13
浙江省	62.56	48.4	38.64	陕西省	47.35	38.56	34.28
安徽省	34.25	31.12	28.54	甘肃省	23.51	20.37	16.86
福建省	24.24	19.72	15.96	青海省	15.73	14.65	13.67
江西省	14.57	11.82	9.06	宁夏回族自治区	22.27	18.25	21.5
山东省	98.13	81.63	67.52	新疆维吾尔自治区	52.9	50.7	48.93
河南省	54.38	45.49	36.61				

（3）电力资源指标分析

1）水力发电量

根据《中国统计年鉴 2019》，2017 年电力资源生产量为 64951 亿 kWh，可供量为 64821 亿 kWh，其中水力发电总量为 11898 亿 kWh，2018 年，我国水电总装机容量达到 35226 万 kW，年发电量约 1.2 万亿 kWh，其中常规水电 32227 万 kW，抽水蓄能电站 2999 万 kW，水电装机容量占全国发电总装机容量的 18.5%；水力发电总量为 11898 亿 kWh。2017—2019 年我国部分省级行政区水力发电量如表 3.34 所示，数据来源于各省市自治区《2019 年能源统计年鉴》。

2017—2019 年我国部分省级行政区水力发电量　　　　表 3.34

地区	水力发电量（亿 kWh）			地区	水力发电量（亿 kWh）		
	2019 年	2018 年	2017 年		2019 年	2018 年	2017 年
北京市	10.1	9.91	11.32	湖北省	1330.3	1484.08	1499.39
天津市	0	0.15	0.07	湖南省	528	537.23	597.37
河北省	5.9	10.54	18.64	广东省	184.9	258.31	307.65
山西省	56.1	43.18	42.22	广西壮族自治区	541.2	701.12	629.34
内蒙古自治区	48.2	36.49	19.99	海南省	5.7	25.51	20.81
辽宁省	27.7	33.57	34.53	重庆市	197.8	246.14	250.99
吉林省	49.8	63.32	67.09	四川省	3075.5	3156.91	3041.2
黑龙江省	21.3	26.2	18.62	贵州省	674.9	711.24	699.91
上海市	0	0	0	云南省	2665.7	2698.48	2493.43
江苏省	30.2	33.22	29.02	西藏自治区	61.4	57.28	48.29
浙江省	161	180.04	198.73	陕西省	137.3	136.11	142.13
安徽省	30	53.84	52.97	甘肃省	377.2	411.92	374.15
福建省	296.9	374.59	454.61	青海省	520	517.9	334.22
江西省	80.5	120.92	144.17	宁夏回族自治区	21.7	19.76	15.45
山东省	4.7	4.64	6.26	新疆维吾尔自治区	249.5	245.9	243.5
河南省	141.0	143.75	102.32				

2）火力发电量

2019 年，我国火力发电总量为 51654.2 亿 kWh，约占全国发电总量的 72.63%，火力发电依然是我国主要电力获取途径。2017—2019 年我国部分省级行政区火力发电量如表 3.35 所示，数据来源于各省市自治区《2019 年能源统计年鉴》。

2017—2019 年我国部分省级行政区火力发电量　　表 3.35

地区	火力发电量（亿 kWh）			地区	火力发电量（亿 kWh）		
	2019 年	2018 年	2017 年		2019 年	2018 年	2017 年
北京市	420.5	422.8	372.3	湖北省	1466.8	1237	1042
天津市	701.8	692.6	603.4	湖南省	903.7	912.5	786
河北省	2755.2	2723.2	2475.5	广东省	3346	3260.1	3327.3
山西省	2930.5	2787.5	2572.6	广西壮族自治区	1005.8	825.7	617.3
内蒙古自治区	4556.1	4138.4	3659.2	海南省	209.8	210.3	194.6
辽宁省	1473.6	1411.1	1407.8	重庆市	552.6	539.1	468.5
吉林省	719.4	671.2	596.9	四川省	502.5	447.9	380.5
黑龙江省	911.6	873.9	805.1	贵州省	1338.8	1217.6	1133.4
上海市	783.2	813.5	822.8	云南省	309.3	287.3	237.1
江苏省	4439	4477.3	4437.9	西藏自治区	3.9	2.2	1.6
浙江省	2494.4	2583.4	2554.1	陕西省	1859.1	1566.6	1585.1
安徽省	2637.2	2491.3	2305.7	甘肃省	785.3	776.8	713.6
福建省	1406.4	1390.4	1118.1	青海省	106.7	123.1	161.2
江西省	1095	1056.3	939.1	宁夏回族自治区	1416.6	1261.9	1073.5
山东省	5169.4	5367.7	4808.2	新疆维吾尔自治区	2822	2517.8	2349.2
河南省	2532.00	2708.30	2564.90				

3）风力发电量

2019 年全国风电新增并网装机 2574 万 kW，其中陆上风电新增装机 2376 万 kW，海上风电新增装机 198 万 kW，截至 2019 年底，全国风电累计装机 2.1 亿 kW，其中陆上风电累计装机 2.04 亿 kW，海上风电累计装机 593 万 kW，风电装机占全部发电装机的 10.4%。2019 年风电发电量 4057 亿 kWh，首次突破 4000 亿 kWh，占全部发电量的 5.5%。2017—2019 年我国部分省级行政区风力发电量如表 3.36 所示，数据来源于各省市自治区《2019 年能源统计年鉴》。

2017—2019 年我国部分省级行政区自治区风力发电量　　表 3.36

地区	风力发电量（亿 kWh）			地区	风力发电量（亿 kWh）		
	2019 年	2018 年	2017 年		2019 年	2018 年	2017 年
北京市	0	3.5	3.5	湖北省	59	54.3	41
天津市	8.4	6	5.9	湖南省	64.6	51	43.5
河北省	277.3	261.8	252.1	广东省	68.9	56.5	52.6
山西省	188.1	176.5	131.7	广西壮族自治区	55.9	38.2	21.1

续表

地区	风力发电量（亿 kWh）			地区	风力发电量（亿 kWh）		
	2019 年	2018 年	2017 年		2019 年	2018 年	2017 年
内蒙古自治区	612.8	570.3	477.7	海南省	4	4.3	5.3
辽宁省	153.1	151.7	134.2	重庆市	8.1	7.2	5.9
吉林省	91.4	84.7	82.3	四川省	73.2	53.8	37.8
黑龙江省	117.4	110	90.4	贵州省	75.5	66.6	60.2
上海市	8.9	10.6	6.9	云南省	245.3	219.6	194.4
江苏省	158.6	135.2	100.7	西藏自治区	0	0	0
浙江省	28.3	26.2	22.2	陕西省	70.5	60.4	48.9
安徽省	42.4	45.2	38.3	甘肃省	226.9	226	183
福建省	78.7	65.6	59.4	青海省	51.6	21.3	10.7
江西省	32.4	43	15.6	宁夏回族自治区	173	170.5	139.9
山东省	162.4	166.8	132.9	新疆维吾尔自治区	391.4	327.7	268.1
河南省	49.6	38.7	29.2				

4）电能总产量

2019 年我国电能总产量达到 71421.80 亿 kWh，相对于 2018 的发电量 7117.74 亿 kWh、2017 年的 64951.43 亿 kWh，同比增长 4.27％和 9.96％，电能总产量首次居世界首位。2017—2019 年我国部分省级行政区电能总产量如表 3.37 所示，数据来源于各省市自治区《2019 年能源统计年鉴》。

2017—2019 年我国部分省级行政区电能总产量 表 3.37

地区	电能总产量（亿 kWh）			地区	电能总产量（亿 kWh）		
	2019 年	2018 年	2017 年		2019 年	2018 年	2017 年
北京市	431.2	450.5	388.4	湖北省	2896.4	2835.8	2615.5
天津市	713	711.5	611	湖南省	1505.5	1532.7	1434.7
河北省	3117.7	3133.2	2817.1	广东省	4726.3	4694.8	4503.4
山西省	3238	3180.5	2823.9	广西壮族自治区	1781.2	1752	1401.1
内蒙古自治区	5327.3	5003	4435.9	海南省	318.8	323.4	299.3
辽宁省	1996	1982.7	1829.3	重庆市	761.6	799.5	728.1
吉林省	871.8	838.2	800.3	四川省	3671	3687	3480.4
黑龙江省	1057.2	1029.2	917.3	贵州省	2106.3	2016	1899.1
上海市	792.6	839.7	859.3	云南省	3251.9	3241	2955.1
江苏省	5015.4	5085.1	4914.7	西藏自治区	71	66.6	55.7
浙江省	3351	3438.4	3312.3	陕西省	2118.6	1855.6	1814
安徽省	2769.4	2734.5	2456.3	甘肃省	1479.6	1531.4	1349.2
福建省	2406.4	2494.2	2200.7	青海省	790.5	811	626.6
江西省	1241.9	1281.3	1128.8	宁夏回族自治区	1697.8	1610	1380.9
山东省	5586.4	5825.6	5162.7	新疆维吾尔自治区	3564.2	3283.3	3010.8
河南省	2765.8	3050.1	2739.6				

5）电力消费量

2018 年全社会用电量为 68449 亿 kWh，同比增长 8.5％，为 2012 年以来最高增速，2019 年全年全社会用电量增长 5.5％左右。各个产业增加率不同，其中第一产业用电量 728 亿 kWh，同比增长 9.8％；第二产业用电量 47235 亿 kWh，同比增长 7.2％，第三产业用电量 10801 亿 kWh，同比增长 12.7％。全国部分省级行政区电力消费量如表 3.38 所示，数据来源于各省市自治区《2019 年能源统计年鉴》。

全国部分省级行政区电力消费量　　　　　　　　　　　　表 3.38

地区	电力消费量（亿 kWh）		地区	电力消费量（亿 kWh）	
	2018 年	2017 年		2018 年	2017 年
北京市	1142.38	1066.89	重庆市	1114.47	996.55
天津市	861.44	805.59	四川省	2459.49	2205.18
河北省	3665.66	3441.74	贵州省	1482.12	1384.89
山西省	2160.53	1990.61	云南省	1679.08	1538.1
内蒙古自治区	3353.44	2891.87	西藏自治区	69.02	58.19
辽宁省	2302.38	2135.5	河南省	3417.68	3166.17
吉林省	750.57	702.98	湖北省	2071.43	1869
黑龙江省	973.88	928.57	湖南省	1745.24	1581.51
广东省	6323.35	5958.97	上海市	1566.66	1526.77
广西壮族自治区	1702.75	1444.95	江苏省	6128.27	5807.89
海南省	326.78	304.95	浙江省	4532.82	4192.63
陕西省	1594.17	1494.75	安徽省	2135.07	1921.48
甘肃省	1289.52	1164.37	福建省	2313.82	2112.72
青海省	738.34	687.01	江西省	1428.77	1293.98
宁夏回族自治区	1064.85	978.3	山东省	5916.77	5430.16
新疆维吾尔自治区	2138.33	2542.85			

从电能总产量及电力消费量两项数据中可以看出，我国电力分布主要呈现着东南部消费量大，北部西部生产量大的特点，各地区发电量及电力消费量不存在较为明显的一致性。东南沿海的经济发展程度较高，对电力需求量、生产量有更高的要求。以广东省为例，2018 年电力消费量达到 6323.4 亿 kWh，虽然电力生产量也位居前列，达到 4694.76 亿 kWh，但每年还是有 1628.64 亿 kWh 的空缺量。我国于 2001 年开始实行西电东送工程，从内蒙古、陕西等地向华北电网输电，四川、重庆、湖北等地等向华东电网输电，云南、贵州、广西等向华南电网输电，一定程度上解决了东部南部地区的电力需求问题，不仅保障了东部南部经济的快速发展，还促进西部地区能源资源优势转变为经济优势，实现了资源优化配置。

由上述基础数据可知，电能总产量包含火力发电量、水力发电量、风力发电量、太阳能发电量、核能发电量及生物质能发电量，是一切化石能源及可再生能源发电量的总和，更能够代表我国 31 个省市自治区的电能生产能力，数值越大，代表该地区电能产量越大，该地区电力供应能力越强，该地区公共机构越适宜采用电能作为主动式能源进行能源利用，而单一的火力发电量、水力发电量、风力发电量不能很好地体现地区的电力供应水平，电力消费量也仅能代表需求侧的电能需求量及消费水平，不能体现该地区电力供应水平。本课题研究对象为公共机构，秉承本地能源进行本地消纳，减少运输环节能源损耗的原则，如若富裕或不足，可以考虑从其他地区调配，因此以供给侧的电能总产量作为电力资源能源类评价指标，既可以体现各地区电能的供应能力，也可以区分各地区电能的可利用能力。

3.3.2 环境类指标分析

公共机构被动式与主动式能源耦合利用方案中的环境类指标与公共机构被动式能源利用方案中的计算方法一致，即计算碳排放差值部分（主动式能源供应碳排放量－被动式能源供应碳排放量），再结合排放系数法计算二氧化碳减排量。公共机构被动式与主动式能源供应技术方案二氧化碳减排量如表 3.39、表 3.40 所示。根据表格数据分析可知，在太阳能与主动式能源供应技术方案和浅层地热能与主动式能源供应技术方案中，广东省二氧化碳减排量最大，西藏自治区二氧化碳减排量最小，影响二氧化碳减排量结果的因素主要有公共机构能源需求量，能源消费结构，被动能源占比等。

公共机构太阳能与主动式能源供应技术方案二氧化碳减排量 表 3.39

地区	卫生事业类建筑 （t）	政府机关类建筑 （t）	教育事业类建筑 （t）	公共机构 （t）
北京市	6.07×10^6	1.40×10^6	5.17×10^5	7.99×10^6
天津市	1.33×10^6	2.60×10^5	4.45×10^5	2.04×10^6
河北省	8.93×10^6	1.30×10^6	5.81×10^5	1.08×10^7
山西省	2.05×10^6	2.10×10^6	4.85×10^5	4.63×10^6
内蒙古自治区	2.11×10^6	9.50×10^5	1.51×10^5	3.21×10^6
辽宁省	8.92×10^6	3.20×10^5	9.80×10^5	1.02×10^7
吉林省	6.31×10^6	1.60×10^5	2.26×10^5	6.70×10^6
黑龙江省	6.34×10^6	5.50×10^5	6.14×10^5	7.51×10^6
上海市	1.22×10^6	2.10×10^4	3.27×10^5	1.57×10^6
江苏省	1.88×10^7	1.80×10^5	1.55×10^6	2.05×10^7
浙江省	7.24×10^6	1.00×10^6	6.50×10^5	8.89×10^6
安徽省	7.41×10^6	1.80×10^5	8.49×10^5	8.43×10^6
福建省	1.55×10^6	8.90×10^5	6.02×10^5	3.05×10^6
江西省	2.40×10^6	4.50×10^5	6.76×10^5	3.52×10^6
山东省	2.10×10^7	5.00×10^5	1.79×10^6	2.33×10^7
河南省	7.92×10^6	1.40×10^6	7.70×10^5	1.01×10^7
湖北省	9.34×10^6	1.70×10^6	1.64×10^6	1.27×10^7
湖南省	1.46×10^7	2.10×10^6	1.07×10^6	1.78×10^7
广东省	2.45×10^7	3.60×10^6	3.26×10^6	3.13×10^7

地区	卫生事业类建筑 (t)	政府机关类建筑 (t)	教育事业类建筑 (t)	公共机构 (t)
广西壮族自治区	5.87×10^6	2.00×10^6	1.20×10^6	9.07×10^6
海南省	2.01×10^6	2.00×10^5	1.13×10^5	2.32×10^6
重庆市	8.68×10^6	2.50×10^5	6.26×10^5	9.56×10^6
四川省	9.85×10^6	2.10×10^6	1.11×10^6	1.31×10^7
贵州省	9.32×10^6	3.90×10^6	3.79×10^5	1.36×10^7
云南省	5.28×10^6	6.60×10^5	7.53×10^5	1.26×10^7
西藏自治区	1.50×10^5	2.40×10^5	6.17×10^3	3.96×10^5
陕西省	5.81×10^6	2.00×10^6	4.82×10^5	8.29×10^6
甘肃省	3.03×10^6	2.80×10^6	4.42×10^5	6.27×10^6
青海省	5.84×10^5	2.10×10^5	3.26×10^3	7.97×10^5
宁夏回族自治区	1.38×10^6	1.20×10^5	4.10×10^4	1.54×10^6
新疆维吾尔自治区	2.66×10^6	7.60×10^5	2.90×10^5	3.71×10^6

公共机构浅层地热能与主动式能源供应技术方案二氧化碳减排量　　　表 3.40

地区	卫生事业类建筑 (t)	政府机关类建筑 (t)	教育事业类建筑 (t)	公共机构 (t)
北京市	5.99×10^6	1.30×10^6	5.10×10^5	7.80×10^6
天津市	1.31×10^6	2.60×10^5	4.39×10^5	2.01×10^6
河北省	8.81×10^6	1.30×10^6	5.73×10^5	1.07×10^7
山西省	2.02×10^6	2.10×10^6	4.79×10^5	4.60×10^6
内蒙古自治区	2.08×10^6	9.30×10^5	1.49×10^5	3.16×10^6
辽宁省	8.80×10^6	3.10×10^5	9.67×10^5	1.01×10^7
吉林省	6.23×10^6	1.60×10^5	2.23×10^5	6.62×10^6
黑龙江省	6.26×10^6	5.50×10^5	6.07×10^5	7.42×10^6
上海市	1.21×10^6	2.10×10^4	3.22×10^5	1.55×10^6
江苏省	1.85×10^7	1.80×10^5	1.53×10^6	2.02×10^7
浙江省	7.15×10^6	1.00×10^6	6.41×10^5	8.79×10^6
安徽省	7.31×10^6	1.80×10^5	8.38×10^5	8.33×10^6
福建省	1.53×10^6	8.70×10^5	5.95×10^5	3.00×10^6
江西省	2.37×10^6	4.50×10^5	6.67×10^5	3.48×10^6
山东省	2.07×10^7	4.90×10^5	1.76×10^6	2.30×10^7
河南省	7.82×10^6	1.40×10^6	7.60×10^5	9.98×10^6
湖北省	9.22×10^6	1.70×10^6	1.62×10^6	1.25×10^7
湖南省	1.44×10^7	2.00×10^6	1.05×10^6	1.75×10^7
广东省	2.42×10^7	3.50×10^6	3.22×10^6	3.09×10^7
广西壮族自治区	5.79×10^6	2.00×10^6	1.19×10^6	8.98×10^6

地区	卫生事业类建筑 （t）	政府机关类建筑 （t）	教育事业类建筑 （t）	公共机构 （t）
海南省	1.99×10^6	1.90×10^5	1.12×10^5	2.29×10^6
重庆市	8.57×10^6	2.50×10^5	6.18×10^5	9.44×10^6
四川省	9.73×10^6	2.10×10^6	1.09×10^6	1.29×10^7
贵州省	9.20×10^6	3.90×10^6	3.74×10^5	1.35×10^7
云南省	5.21×10^6	6.50×10^6	7.43×10^5	1.25×10^7
西藏自治区	1.48×10^5	2.30×10^5	6.09×10^3	3.84×10^5
陕西省	5.74×10^6	1.90×10^6	4.76×10^5	8.11×10^6
甘肃省	2.99×10^6	2.80×10^6	4.37×10^5	6.23×10^6
青海省	5.76×10^5	2.10×10^5	3.22×10^3	7.90×10^5
宁夏回族自治区	1.36×10^6	1.20×10^5	4.05×10^4	1.52×10^6
新疆维吾尔自治区	2.63×10^6	7.50×10^5	2.87×10^5	3.66×10^6

3.3.3 评价指标体系构建

在被动式能源供应技术评价体系研究基础上，通过对上述各项评价指标的具体分析，最终确定太阳能与主动式能源供应技术评价体系中，资源能源类指标分为被动式资源能源指标和主动式资源能源指标，其中被动式资源能源类指标为太阳能年辐射量、有效日照天数；主动式资源能源类指标为煤炭生产总量、发电总量、城市天然气供应总量；能耗类指标为公共机构负荷需求量；技术类指标为光伏发电装机容量；经济类指标为光伏发电政策补贴、第三产业固定资产投资额；环境类指标为二氧化碳减排量。浅层地热能与主动式能源供应技术评价指标体系中资源能源类指标也分为被动式和主动式资源能源指标，其中被动式资源能源类指标为单位面积浅层地热能热容量，主动式资源能源类指标为煤炭生产总量、电能总产量、城市天然气供应总量，能耗类指标为公共机构负荷需求量，技术类指标为浅层地热能供暖及制冷面积，经济类指标为地源热泵政策补贴、第三产业固定资产投资额，环境类指标为二氧化碳减排量。其中主动式资源、公共机构负荷需求量为负向指标，其余指标为正向指标。由于本课题的研究目的是推广被动式能源，提高被动式能源的利用率，若某地区主动式能源越少，在某种程度上会提高被动式资源的利用率，所以将主动式能源定为负向指标。构建公共机构太阳能与主动式能源供应技术评价指标体系和浅层地热能与主动式能源供应技术评价指标体系，如图3.8、图3.9所示。

在实际应用中，结合当地条件、技术、经济、政策等多方面因素，有可能采用多能供应情况（太阳能＋浅层地热能＋主动能源），公共机构多种能源供应技术评价指标体系如图3.10所示，其中的评价指标为太阳能与主动式能源供应技术评价指标和浅层地热能与主动式能源供应技术评价指标综合所得。

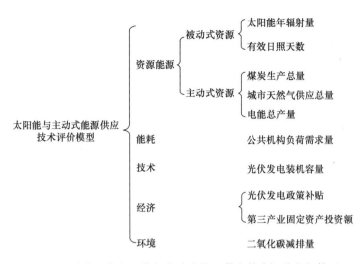

图 3.8 公共机构太阳能与主动式能源供应技术评价指标体系

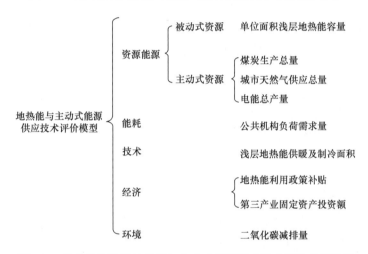

图 3.9 公共机构浅层地热能与主动式能源供应技术评价指标体系

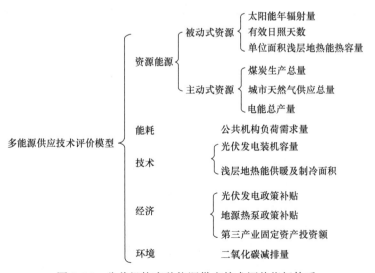

图 3.10 公共机构多种能源供应技术评价指标体系

3.4 公共机构能源供应技术评价体系权重确定方法研究

3.4.1 权重确定方法概述

目前，国内外指标权重的确定方法主要分为两种，第一种是以专家或决策者知识经验为主要依据的主观赋权法，第二种是基于指标统计数据的客观赋权法。主观赋权法是专家根据自身知识和经验对指标的重要程度进行主观判断，主要包括德尔菲法、层次分析法、二项系数法、最小平方法和环比评分法等。主观赋权法的优点在于专家根据实际问题合理地确定指标间的排序，尽管不能准确地确定每个指标的权重，但可以在一定程度上确定各指标重要性的排序，缺点在于主观随意性大，专家不同得出的权重也不同，并且这一点不会因为增加专家数量或仔细挑选专家等措施得到改善，结果有可能与实际情况存在差异。

客观赋权法是根据各评价指标的实际统计数据判断指标之间的内部关系和外部影响，通过一定的数学方法确定评价指标的权重，主要包括主成分分析法、熵权法、变异系数法和多目标规划法等。客观赋权法的优点在于无主观随意性，不增加决策者的负担，结果有较强的理论依据。客观赋权法在解决问题时依赖于足够的样本数据和实际的问题域，其判断结果不依赖于人的主观判断，有较强的数学理论依据，但有时也会出现赋权结果与实际重要程度相悖的现象。

（1）层次分析法

层次分析法（Analytic Hierarchy Process，简称 AHP）是美国运筹学家匹兹堡大学教授萨蒂于 20 世纪 70 年代初，在为美国国防部研究"根据各个工业部门对国家福利的贡献大小而进行电力分配"课题时，应用网络系统理论和多目标综合评价方法，提出的一种层次权重决策分析方法。层次分析法根据问题的性质和要达到的总目标，将问题分解为不同的组成因素，并按照因素间的相互关联影响及隶属关系将因素按照不同层次聚集组合，形成一个多层次的分析结构模型，在此基础上进行定性和定量分析的一种多准则主观决策方法。应用层次分析法时首先要将目标问题层次化，根据问题的性质和目标结果将问题分成若干组不同类型的因素，并按照各因素间的隶属关系按不同层次聚集组合，形成一个多层次的结构化模型。层次分析法不仅适用于存在不确定性和主观信息的情况，还允许以合乎逻辑的方式运用经验、洞察力和直觉，其最大的优点是提出了层次本身，它使得决策者能够认真地考虑和衡量指标的相对重要性。

（2）德尔菲法

德尔菲法也称专家调查法，是集中专家的经验与意识，通过多轮问卷调查的形式，了解不同专业领域内的专家意见，由专家基于自身的经验对研究对象作出判断、评估和预测的一种方法。其本质上是一种反馈匿名函询法，其大致流程是在对所要预测的问题征得专家的意见之后，进行整理、归纳、统计，再匿名反馈给各专家，再次征求意见、再集中、再反馈、有控制地反馈每轮调查信息，使分散的意见逐步趋向一致，因此德尔菲法具有匿名性、反馈性、统计性的基本特点。德尔菲法可以避免群体决策可能出现的缺点如声音最大或地位最高的人，没有机会控制群体意志，德尔菲法每个人的观点都会被收集，可以充分发挥各位专家的作用，集思广益，准确性高。其缺点是缺少思想沟通交流，可能存在一定的主观片面性，易忽视少数人的意见，可能导致预测的结果偏离实际。

（3）熵权法

熵权法（Entropy Method）是根据各指标的观测值所提供信息量的大小来确定权重的方法，是一种客观赋权方法，体现了客观信息中指标评价作用的大小。熵权法的原理是根据各指标的变异程度大小，基于信息熵计算各项指标的熵权，利用指标的重要性和信息量确定指标权重。该方法依赖于样本数据，虽然具有一定的客观性，但各指标的权重受样本质量的影响大。指标的数据分布越分散，其不准确性也越大，所包含的信息量越大，重要程度也越高，其权重也应较大；反之则表明该指标的重要性低，其权重也较小。当各评价对象的某项指标值完全相同时，熵值达到最大，意味着该指标无有用信息，可以从评价指标体系中移除。熵权法的优点在于完全从数据本身的离散程度来定义数据的价值和权重，相对客观。

（4）变异系数法

变异系数又称标准差率，是常用的观测数据差异的统计指标，变异系数法是根据各个指标在所有被评价对象上观测值的差异程度来对其赋权。为避免指标的量纲和数量级不同所带来的影响，该方法直接用变异系数归一化处理后的数值作为各指标的权重。应用该方法首先需要计算各指标的标准差，来反映各指标的绝对变异程度，其次计算各指标的变异系数，即标准差与平均数的比值，反映指标相对变异程度，最后将各指标的变异系数归一化处理，得到各指标的权重。其指导思想在于变异系数数值与指标可行性之间的联系，数值越大则代表该指标对综合评价的影响就越大，变异系数法可以无视指标间量纲、量级的差异性，直接利用具有可比性的变异系数进行计算，但因为各个指标都缺少了一个无量纲化处理步骤，使得这些指标的量纲和量级不尽相同，所以无法进行指标的加权求和，更不能得出评价指数，适用于评价指标独立性较强的项目。

（5）CRITIC法

CRITIC法是由 Diakoulaki 提出的一种客观权重赋权法。其基本思路是确定指标的客观权数，以两个基本概念为基础，一是对比强度，它表示了同一个指标各个评价方案之间取值差距的大小，以标准差的形式表现，即标准化差的大小表明了同一个指标内各方案取值差距的大小，标准差越大各方案之间取值差距越大；二是评价指标之间的冲突性，指标之间的冲突性是以指标之间的相关性为基础，如两个指标之间具有较强的正相关，说明两个指标冲突性较低。CRITIC法是将客观的统计样本进行数学处理，如无量纲化处理以及奇异点的处理，计算每个指标的标准差、计算指标之间的相关性。

（6）因子分析法

因子分析法是从指标相关矩阵内部的依赖关系出发，把一些信息重叠，具有错综复杂关系的变量归结为少数几个不相关的综合因子的一种多元统计分析方法。其基本思想是根据原始变量（指标）组成的每个主因子的方差贡献率作为权重来构造综合评价指标。因子分析法的优点是根据变量之间的相关性获得权重，较为客观，适用于多指标间共线性的综合评价系统。因子分析法的缺点是对样本量有要求，样本量与指标数的比例一般在 5∶1 以上才能得到较好的结果，确定的信息量权重，没有充分考虑指标本身的相对重要程度。

本次研究的最终目的是确定全国各省市自治区公共机构太阳能与主动式能源、地热能与主动式能源供应技术情况，完成各地区适宜性等级划分。结合本次研究中各指标间的关系与特点，收集到的各指标数据以省市自治区为单位，样本数为 31 个，相对偏少，但各指标数据完整准确，客观性较强。因此本书选择熵权法作为评价指标权重确定方法。

3.4.2 熵权法介绍

（1）熵权法基本原理

熵的概念源于热力学，最早是 1864 年由德国物理学家 Boltgman 和 Clausius 在《热之唯动说》中提出的，用以描述系统状态的物理量。后来，美国数学家、控制论及信息论的创始人 Shannon 在此基础上提出了更广阔的信息熵，以作为不确定性的量度。

$$H(X) = H(p_1, p_2, \cdots, p_n) = -k \sum_{i=1}^{n} p_i \log p_i \tag{3.15}$$

H 为信息熵，也叫 Shannon 熵，将此函数作为随机试验 X 的不确定表达，表示的是一种不确定性的量度。

熵权法是对于开展预测和决策工作来说是一个很好用的工具。鉴于信息熵的本质特征和信息传递特征，熵权法是管理科学中经常使用的技术手段。它是利用数据本身的激烈和不均匀程度来体现指标的重要程度。其特点为：

1）熵值赋权法基于"差异驱动"原理，突出局部差异，由各个指标的实际数据求得最优权重，反映了指标信息熵值的效用价值，避免了人为的影响因素，因此得到的权重更具有客观性，从而有较高的再现性和可信度；

2）赋权过程具有透明性、可再现性；

3）采用归一化方法对数据进行无量纲化处理，具有单调性、缩放无关性和总量恒定性等优异品质。

（2）熵权法计算步骤

评价指标体系建立前，首先要确定评价的对象和要评价的主要指标。设有 m 个指标和 n 个对象构成的评价体系，构成 m 个指标和 n 个对象的初始矩阵。熵权法步骤如下。

1）构建决策矩阵

选取 n 个对象 m 个评价指标构建矩阵

$$X = \begin{bmatrix} x_{11} & \cdots & x_{1m} \\ \vdots & \ddots & \vdots \\ x_{n1} & \cdots & x_{nm} \end{bmatrix} \tag{3.16}$$

其中 x_{ij} 表示第 i 个对象的第 j 个指标的数值（$i=1, 2, \cdots, n; j=1, 2, \cdots, m$）。

2）数据标准化

由于各评价指标之间具有不同的量纲和数量级，需要将各指标进行无量纲化后才可以进行计算比较。根据评价指标的导向特点，可以将评价指标分为三类，分别是数值越大越优型、越小越优型以及越接近某个数值越优型，三种类型指标数据标准化形式如下：

对于正向指标，数值越大越优型，其处理方式为：

$$x_{ij}^* = \frac{x_{ij} - \min(x_j)}{\max(x_j) - \min(x_j)} \tag{3.17}$$

对于负向指标，数值越小越优型，其处理方式为：

$$x_{ij}^* = \frac{\max(x_j) - x_{ij}}{\max(x_j) - \min(x_j)} \tag{3.18}$$

对于越接近某个数值越优的指标，其处理方式为：

$$x_{ij}^* = \frac{\max|x_j - x| - |x_{ij} - x|}{\max|x_j - x| - \min|x_j - x|} \tag{3.19}$$

式中，$\max(x_j)$、$\min(x_j)$ 分别表示第 j 个指标的最大值和最小值，x 为第 j 个指标的最优数值。经过数据标准化处理后，x_{ij}^* 的数值在 0~1 之间。

3）计算第 j 项指标下第 i 个样本值占该指标的比重：

$$P_{ij} = \frac{x_{ij}^*}{\sum_1^m x_{ij}^*} \tag{3.20}$$

4）计算第 j 项指标的熵值：

$$e_j = -\frac{1}{\ln m} \sum_1^m p_{ij} \ln p_{ij} \tag{3.21}$$

5）计算信息熵冗余度（差异），根据熵的概念，评价对象第 j 个指标数值差异越大，表明该指标反映的信息量越大，即离散程度越大，在整个指标体系中赋予该指标的权重就越大。因此，定义差异系数 d_j：

$$d_j = 1 - e_j \tag{3.22}$$

6）计算各项指标的权重：

$$w_j = \frac{d_j}{\sum_1^m d_j} \tag{3.23}$$

3.4.3 各种供应方案权重赋值

采用熵权法对各评价体系指标权重展开赋值，赋值结果见表 3.41~表 3.45。

太阳能利用适宜性评价指标权重表　　　　　　　　　　　　　　　　表 3.41

指标要素	权重			
	公共机构	政府机关类	教育事业类	卫生事业类
太阳能年辐射量	0.0931	0.0876	0.0889	0.0928
有效日照天数	0.1454	0.1368	0.1388	0.1449
公共机构负荷需求量	0.0828	0.0749	0.0996	0.0551
光伏发电装机容量	0.2118	0.1993	0.2022	0.2111

续表

指标要素	权重			
	公共机构	政府机关类	教育事业类	卫生事业类
光伏发电政策补贴	0.1401	0.1318	0.1337	0.1396
第三产业固定资产投资额	0.1690	0.1591	0.1613	0.1685
二氧化碳减排量	0.1577	0.2104	0.1755	0.1879

浅层地热能利用适宜性评价指标权重表　　表 3.42

指标要素	权重			
	公共机构	政府机关类	教育事业类	卫生事业类
单位面积浅层地热能热容量	0.3418	0.3240	0.3280	0.3408
公共机构负荷需求量	0.0730	0.0665	0.0883	0.0486
浅层地热能供暖及制冷面积	0.1912	0.1812	0.1835	0.1906
地源热泵政策补贴	0.1056	0.1001	0.1013	0.1053
第三产业固定资产投资额	0.1490	0.1412	0.1430	0.1486
二氧化碳减排量	0.1394	0.1870	0.1560	0.1661

太阳能与主动能源耦合利用适宜性评价指标权重表　　表 3.43

指标要素	权重			
	公共机构	政府机关类	教育事业类	卫生事业类
太阳能年辐射量	0.0786	0.0721	0.0763	0.0790
有效日照天数	0.1227	0.1125	0.1191	0.1233
煤炭生产量	0.0332	0.0305	0.0323	0.0334
城市天然气供应总量	0.0307	0.0282	0.0298	0.0309
电能总产量	0.0670	0.0614	0.0650	0.0673
公共机构负荷需求量	0.0699	0.0616	0.0855	0.0469
光伏发电装机容量	0.1788	0.1639	0.1736	0.1796
光伏发电政策补贴	0.1182	0.1084	0.1148	0.1188
第三产业固定资产投资额	0.1426	0.1308	0.1385	0.1434
二氧化碳减排量	0.1583	0.2308	0.1650	0.1775

浅层地热能与主动能源耦合利用适宜性评价指标权重表　　表 3.44

指标要素	权重			
	公共机构	政府机关类	教育事业类	卫生事业类
单位面积浅层地热能热容量	0.2941	0.2718	0.2863	0.2953
煤炭生产量	0.0299	0.0276	0.0291	0.0300
城市天然气供应总量	0.0276	0.0255	0.0269	0.0277
电能总产量	0.0602	0.0556	0.0586	0.0604
公共机构负荷需求量	0.0628	0.0558	0.0771	0.0421

指标要素	权重			
	公共机构	政府机关类	教育事业类	卫生事业类
浅层地热能供暖及制冷面积	0.1645	0.1520	0.1601	0.1652
地源热泵政策补贴	0.0908	0.0839	0.0884	0.0912
第三产业固定资产投资额	0.1282	0.1185	0.1248	0.1287
二氧化碳减排量	0.1419	0.2093	0.1487	0.1594

多能源耦合利用适宜性评价指标权重表 表 3.45

指标要素	权重			
	公共机构	政府机关类	教育事业类	卫生事业类
单位面积浅层地热能热容量	0.2044	0.1926	0.1996	0.2039
太阳能年辐射量	0.0491	0.0463	0.0480	0.0490
有效日照天数	0.0767	0.0722	0.0749	0.0765
煤炭生产量	0.0208	0.0196	0.0203	0.0207
城市天然气供应总量	0.0192	0.0181	0.0187	0.0191
电能总产量	0.0418	0.0394	0.0409	0.0417
公共机构负荷需求量	0.0437	0.0395	0.0537	0.0291
浅层地热能供暖及制冷面积	0.1144	0.1077	0.1117	0.1141
光伏发电装机容量	0.1117	0.1052	0.1091	0.1114

3.5 公共机构能源供应技术评价体系适宜性评价方法研究

3.5.1 适宜性综合评价方法概述

（1）灰色综合评价法

客观世界中有已知信息，也有不少未知信息和非确知信息。已知信息为白色，未知或非确知信息为黑色，介于两者之间的就是灰色。灰色概念是"数据少"与"信息不确定"两种概念的整合，灰色系统理论是针对这种既无经验，信息又少的不确定问题提出的，从本质上说，它是用数学方法解决信息缺乏的不确定性理论。由于灰色系统数据少、信息不完全，使得决策者难以确定因子间的数量关系，难以分清系统的主要因子与次要因子，从而引入灰色关联分析法。灰色关联分析法是在某一参考系中作整体比较，例如，有两个人在摩天大楼下照相，则选景就是取参考系；若取整个大楼作为背景，则相片上的两个人化为两个黑点，无法分辨出两个人的身份，但是若改变参考系，取大楼的一小部分作为背景，则照片上的两个人就清晰可辨了。

灰色综合评估法是一种以灰色关联分析理论为指导的综合性评估方法。通过对具有信息缺失或模糊等特点的现实问题进行评价，转换为对灰色关联度的分析，根据各因素间发展趋势的不同程度来评判各指标之间的关联度。简单来说，灰色关联分析过程是先获取序列间的差异信息，建立差异信息空间，再计算差异信息的关联度，从而建立因素间的序关系。该方法适用于信息不完备、不全面、不充分的情况，尤其是在对复杂大系统进行效能评估时采用，被广泛应用于环境质量综合评价、经济效益综合评价、社会发展评价等众多领域。

（2）模糊综合评价法

模糊评价的基本思想为许多事情的边界并不是十分明显，评价时很难将其归于某一类别，于是先对单个因素进行评价，然后对所有因素进行综合模糊评价，防止遗漏任何统计信息，有助于解决用"是"或"否"这样的确定性评价带来的对客观真实的偏离问题。模糊综合评价法是一种基于模糊数学的综合评价方法。该综合评价法根据模糊数学的隶属度理论将定性评价转化为定量评价，即用模糊数学对受到多种因素制约的事物或对象做出一个总体的评价。具有结果清晰、系统性强的特点，适用于多因素、多层次的非确定性问题的解决。模糊综合评价最显著的特点是可以相互比较，以最优的评价因素值为基准，其评价值为1，其余欠优的评级因素依据欠优程度得到相应的评价值，还可以依据各类评价因素的特征，确定评价值与评价因素值之间的函数关系即隶属度函数。

（3）综合指数评价法

综合指数评价方法也被称为直接综合法，综合指数评价法的原理是将各项影响指标转化为同度量的个体指数，便于将各项指标综合起来，以综合影响指数为评价对象适宜性排序的依据。该方法可以有效避免评价方法的单一性和局限性。通过综合指数法的评价，每个被评价对象将得到一个综合得分，通过对得分的排序，可以判断出被评价对象的相对优劣，综合评价得分值越高说明被评价对象的表现越好，综合评价得分越低说明被评价对象的表现越差。

综合指数评价法主要有三种形式，分别为加法评价模型、乘法评价模型、加乘混合评价模型。加法评价模型就是对各指标评估值进行加权算术平均，该方法适用于各评估指标间相互独立的情况，若指标间不独立，则加权求和的结果必然导致各指标所提供的评估信息重复，难以反映客观实际。乘法评价模型是指对各指标评估值进行加权几何平均，乘法评价模型与加法评价模型正好相反，适用于各指标间具有较强关联的场合，这是由乘积运算的性质决定的，乘法评价模型更突出了评估指标中评估值小的指标的作用，只要有一个评估指标值趋近于0，无论其他指标评估值多大，被评估对象的评估值也将迅速趋于0，该模型更能体现被评估对象整体均衡发展的状况。加乘混合评价模型兼有加法评价模型和乘法评价模型的特点，在评价指标体系中，当有些指标联系密切而另一些指标联系不密切时，可以采用加乘混合评价模型，在指标评价体系中，同一类的指标间关系比较密切，不同类的指标间的关系不是很密切，因此可以对同一类指标采用乘法评价模型，而对不同类指标采用加法评价模型的混合形式。

（4）数据包络分析法

数据包络分析法（DEA）是运筹学、管理科学与数理经济学交叉研究的一个新领域。数据包络分析以"相对效率"概念为基础，根据多指标投入和多指标产出，对具有可比性的相同类型单位进行相对有效性或效益评价的一种数量分析方法。该方法及其模型 1978 年由美国运筹学家 A. Chames 和 W. W. Cooper 提出以来，已广泛应用于不同行业和部门，在处理多指标投入与产出方面，体现了得天独厚的价值。该方法无需进行权重假设，权重输出为决策单元的实际数据得到的最优权重，具有较强的客观性。

（5）Topsis 法

Topsis 法又称排序比较法，是 C. L. Hwang 和 K. Yoon 于 1981 年首次提出。Topsis 法是根据有限个评价对象与理想化目标的接近程度进行排序的方法，是在现有的对象中进行相对优劣的评价。Topsis 是一种理想目标相似性的顺序优选技术，在多目标决策分析中是一种非常有效的方法。通过归一化后的数据规范化矩阵，找出多个目标中的最优目标（理想解）和最劣目标（反理想解），分别计算各评价目标与理想解和反理想解的距离，获得各目标与理想解的贴近度，按理想解贴进度的大小排序，以此作为评价目标优劣的依据。贴进度取值在 0～1 之间，该值越接近 1，表示相应的评价目标越接近最优水平，反之，该值越接近 0，表明评价目标越接近最劣水平。该方法已在土地利用规划、物料选择评估、项目投资、医疗卫生等众多领域得到成功的应用。Topsis 法的优点是不需要人工确定权重，主要是对所有对象进行排序比较，缺点是无法得到综合得分。

本课题研究的最终目的是构建能源供应技术评价指标体系之后，通过数据处理，比较各地区公共机构太阳能、浅层地热能、太阳能与主动式能源、浅层地热能与主动式能源供应技术方案的综合适宜性程度。在综合比较以上多种评价方法的特点及适用范围，选择综合指数法为本课题研究的适宜性综合评价方法。

3.5.2 综合指数法介绍

（1）综合指数法基本原理

综合指数评价方法也被称为直接综合法，指的是将实际值进行同度量处理后，与阈值进行对比，再用平均法或者加权平均法进行综合，得到一个总的数值，依据总得分值的大小对各评价对象继续逆行排序，并以此进行综合比较和评价。由于本课题部分评价指标之间具有较强相关性，例如公共机构负荷需求量和二氧化碳减排量两项指标，综合考虑，在利用综合指数法进行适宜性评价时，采用乘法评价模型，即对各指标评估值进行加权几何平均。

（2）综合指数法计算步骤

将各项适宜性评价指标数据的权重和标准化之后取得的数值进行累乘，然后相加，最后计算出各评价指标的综合评价指数。

综合指数法的具体计算如式（3.24）所示：

$$R_k = \sum_{i=1}^{n} w_j y_{kj} \tag{3.24}$$

式中　R_k——评价对象 k 的综合适宜性得分；

　　　W_j——第 j 个影响因素的权重值；

　　　y_{kj}——第 k 个评价对象的第 j 个影响因素标准化之后的数据。

3.5.3 各种供应评价体系综合指数得分

采用综合指数法计算出各地区综合指数如表 3.46～表 3.50 所示。

公共机构太阳能利用适宜性评价综合指数   表 3.46

地区	适宜性评价综合指数			
	公共机构	卫生事业类建筑	教育事业类建筑	政府机关类建筑
北京市	0.3943	0.3900	0.3855	0.3860
天津市	0.3593	0.3315	0.3790	0.3428
河北省	0.6430	0.6254	0.6158	0.6640
山西省	0.4981	0.4813	0.4818	0.5055
内蒙古自治区	0.5327	0.5026	0.5218	0.5401
辽宁省	0.3813	0.3728	0.4074	0.3625
吉林省	0.3631	0.3606	0.3480	0.3158
黑龙江省	0.3829	0.3802	0.3738	0.3798
上海市	0.3495	0.3245	0.3738	0.3207
江苏省	0.7393	0.7677	0.7228	0.6284
浙江省	0.6236	0.6088	0.6121	0.6053
安徽省	0.5652	0.5566	0.5646	0.5082
福建省	0.3967	0.3653	0.4176	0.3952
江西省	0.4048	0.3776	0.4308	0.3903
山东省	0.7752	0.7915	0.7644	0.6821
河南省	0.6209	0.6124	0.6056	0.5898
湖北省	0.4763	0.4599	0.4901	0.4787
湖南省	0.4433	0.4399	0.4308	0.4372
广东省	0.5466	0.5521	0.5359	0.5219
广西壮族自治区	0.3616	0.3409	0.3636	0.3485
海南省	0.3604	0.3362	0.3641	0.3348
重庆市	0.3294	0.3200	0.3310	0.2983
四川省	0.4604	0.4393	0.4532	0.5083
贵州省	0.3745	0.3579	0.3761	0.3691
云南省	0.4417	0.4180	0.4393	0.4509
西藏自治区	0.4694	0.4404	0.4686	0.4430
陕西省	0.5693	0.5416	0.5445	0.6247
甘肃省	0.4218	0.3955	0.4215	0.4183
青海省	0.4536	0.4254	0.4517	0.4310
宁夏回族自治区	0.4081	0.3828	0.4082	0.3808
新疆维吾尔自治区	0.4668	0.4455	0.4629	0.4423

公共机构浅层地热能利用适宜性评价综合指数 表 3.47

地区	适宜性评价综合指数			
	公共机构	卫生事业类建筑	教育事业类建筑	政府机关类建筑
北京市	0.5031	0.4990	0.4907	0.4900
天津市	0.6628	0.6374	0.6679	0.6324
河北省	0.5207	0.5055	0.5014	0.5452
山西省	0.2079	0.1939	0.2051	0.2296
内蒙古自治区	0.1909	0.1652	0.1949	0.2153
辽宁省	0.5066	0.4987	0.5246	0.4832
吉林省	0.2548	0.2529	0.2456	0.2184
黑龙江省	0.2251	0.2232	0.2233	0.2304
上海市	0.4012	0.3790	0.4206	0.3730
江苏省	0.7239	0.7489	0.7096	0.6260
浙江省	0.4661	0.4534	0.4621	0.4580
安徽省	0.4047	0.3976	0.4106	0.3625
福建省	0.2154	0.1881	0.2413	0.2235
江西省	0.2969	0.2731	0.3244	0.2898
山东省	0.4999	0.5151	0.5013	0.4315
河南省	0.5378	0.5305	0.5274	0.5145
湖北省	0.5708	0.5560	0.5792	0.5680
湖南省	0.4048	0.4019	0.3952	0.4013
广东省	0.3968	0.4020	0.3931	0.3829
广西壮族自治区	0.2536	0.2356	0.2596	0.2474
海南省	0.1764	0.1556	0.1871	0.1634
重庆市	0.3163	0.3080	0.3182	0.2895
四川省	0.4055	0.3870	0.4012	0.4508
贵州省	0.2341	0.2198	0.2414	0.2363
云南省	0.1915	0.1714	0.1996	0.2121
西藏自治区	0.0736	0.0492	0.0889	0.0709
陕西省	0.3149	0.2911	0.3030	0.3773
甘肃省	0.1364	0.1140	0.1476	0.1480
青海省	0.0818	0.0580	0.0951	0.0812
宁夏回族自治区	0.1330	0.1116	0.1442	0.1233
新疆维吾尔自治区	0.1855	0.1675	0.1934	0.1785

公共机构太阳能与主动能源耦合利用适宜性评价综合指数　　表 3.48

地区	适宜性评价综合指数			
	公共机构	卫生事业类建筑	教育事业类建筑	政府机关类建筑
北京市	0.3775	0.3814	0.3726	0.3693
天津市	0.4163	0.3931	0.4068	0.3822
河北省	0.6291	0.6022	0.5738	0.6485
山西省	0.4670	0.4266	0.4576	0.5048
内蒙古自治区	0.4820	0.4557	0.4702	0.4816
辽宁省	0.3917	0.3890	0.3475	0.3795
吉林省	0.4040	0.4023	0.4030	0.3554
黑龙江省	0.3985	0.3806	0.3707	0.4170
上海市	0.3930	0.3758	0.3808	0.3483
江苏省	0.6486	0.6803	0.6049	0.5691
浙江省	0.6123	0.5897	0.5712	0.5968
安徽省	0.5608	0.5567	0.5469	0.4996
福建省	0.4301	0.4050	0.4208	0.4133
江西省	0.4498	0.4272	0.4342	0.4209
山东省	0.7044	0.7380	0.6514	0.6164
河南省	0.6105	0.5889	0.5754	0.5920
湖北省	0.4931	0.4758	0.4638	0.4992
湖南省	0.5004	0.4983	0.4530	0.4947
广东省	0.5999	0.6219	0.5840	0.5584
广西壮族自治区	0.4489	0.4263	0.4509	0.4311
海南省	0.4360	0.4190	0.4380	0.3839
重庆市	0.3956	0.4011	0.3888	0.3408
四川省	0.4817	0.4465	0.4248	0.5307
贵州省	0.4659	0.4487	0.4313	0.4807
云南省	0.5321	0.4693	0.4834	0.6136
西藏自治区	0.5339	0.5060	0.5295	0.4841
陕西省	0.5600	0.5229	0.5159	0.6152
甘肃省	0.4907	0.4570	0.4750	0.5026
青海省	0.5075	0.4812	0.5029	0.4620
宁夏回族自治区	0.4485	0.4316	0.4512	0.3986
新疆维吾尔自治区	0.4691	0.4475	0.4652	0.4365

公共机构浅层地热能与主动能源耦合利用适宜性评价综合指数　　表 3.49

省市	公共机构	卫生事业类建筑	教育事业类建筑	政府机关类建筑
北京市	0.4725	0.4766	0.4657	0.4555
天津市	0.6653	0.6521	0.6563	0.6142

地区	公共机构	卫生事业类建筑	教育事业类建筑	政府机关类建筑
河北省	0.4890	0.5006	0.4781	0.4405
山西省	0.1947	0.1833	0.2186	0.2217
内蒙古自治区	0.1800	0.1685	0.1902	0.1691
辽宁省	0.4833	0.4961	0.4550	0.4277
吉林省	0.3061	0.3047	0.3083	0.2787
黑龙江省	0.2352	0.2443	0.2396	0.2139
上海市	0.4317	0.4181	0.4211	0.3981
江苏省	0.6408	0.6726	0.6052	0.5656
浙江省	0.4540	0.4568	0.4440	0.4177
安徽省	0.4192	0.4189	0.4142	0.3762
福建省	0.2632	0.2478	0.2666	0.2528
江西省	0.3432	0.3318	0.3408	0.3173
山东省	0.4720	0.5036	0.4330	0.3966
河南省	0.5185	0.5204	0.5103	0.4921
湖北省	0.5520	0.5576	0.5440	0.5135
湖南省	0.4428	0.4594	0.4196	0.4081
广东省	0.4626	0.4847	0.4549	0.4332
广西壮族自治区	0.3400	0.3268	0.3518	0.3366
海南省	0.2700	0.2544	0.2764	0.2484
重庆市	0.3801	0.3824	0.3718	0.3345
四川省	0.3887	0.4002	0.3818	0.3559
贵州省	0.3285	0.3202	0.3084	0.3632
云南省	0.2765	0.2510	0.2702	0.3830
西藏自治区	0.1810	0.1607	0.1923	0.1705
陕西省	0.3045	0.3079	0.3081	0.2864
甘肃省	0.2267	0.2072	0.2309	0.2588
青海省	0.1759	0.1575	0.1869	0.1630
宁夏回族自治区	0.2085	0.1919	0.2168	0.1908
新疆维吾尔自治区	0.2205	0.2067	0.2300	0.2141

公共机构多能源耦合利用适宜性评价综合指数　　表 3.50

地区	适宜性评价综合指数			
	公共机构	卫生事业类机构	教育事业类机构	政府机关类机构
北京市	0.4527	0.4446	0.4413	0.4490
天津市	0.5807	0.5496	0.5734	0.5686
河北省	0.5545	0.5266	0.5451	0.5546
山西省	0.3409	0.3460	0.3444	0.3337

地区	适宜性评价综合指数			
	公共机构	卫生事业类机构	教育事业类机构	政府机关类机构
内蒙古自治区	0.3324	0.3269	0.3342	0.3217
辽宁省	0.4541	0.4177	0.4286	0.4558
吉林省	0.3252	0.3039	0.3275	0.3201
黑龙江省	0.2739	0.2731	0.2747	0.2740
上海市	0.4200	0.3943	0.4131	0.4092
江苏省	0.6912	0.6088	0.6350	0.7065
浙江省	0.5068	0.4814	0.4983	0.5025
安徽省	0.4722	0.4426	0.4730	0.4654
福建省	0.2847	0.2738	0.2869	0.2738
江西省	0.3651	0.3443	0.3640	0.3555
山东省	0.5592	0.5046	0.5376	0.5669
河南省	0.5451	0.5246	0.5360	0.5411
湖北省	0.5079	0.4857	0.4985	0.5046
湖南省	0.4028	0.3819	0.3912	0.4017
广东省	0.4530	0.4434	0.4642	0.4475
广西壮族自治区	0.3434	0.3524	0.3531	0.3287
海南省	0.3228	0.3029	0.3269	0.3105
重庆市	0.3548	0.3225	0.3432	0.3521
四川省	0.3722	0.3763	0.3643	0.3665
贵州省	0.3514	0.3776	0.3352	0.3365
云南省	0.3270	0.4016	0.3248	0.3066
西藏自治区	0.3539	0.3105	0.3330	0.3143
陕西省	0.3864	0.3828	0.3883	0.3824
甘肃省	0.3232	0.3465	0.3242	0.3069
青海省	0.3120	0.2943	0.3169	0.2992
宁夏回族自治区	0.3105	0.2908	0.3147	0.2987
新疆维吾尔自治区	0.3297	0.3201	0.3299	0.3186

4 被动式与主动式能源供应技术协调耦合技术研究

4.1 被动式与主动式能源供应技术协调耦合分析数学模型基础研究

4.1.1 能源模型分类及筛选

（1）能源模型的定义

能源模型能够将复杂的能源系统活动简单地表示为数学方程，并求出对应的优化结果，它能够准确地表达能源系统内部和外部的联系，以及能源系统的能源活动情况，能够分析能源需求以及能源供应平衡。它能够通过汇集能源价格、能源需求量等相关数据，分析计算出所需要的能源供应量或者能源平衡。

本课题是从宏观角度对公共机构供给侧主被动能源供应进行优化协调耦合研究，故须对各种能源耦合模型以及区域规划进行分析，因为模型的正确选择，对模型的建立、不同气候区典型公共机构能源类型的选择、主被动能源宏观配比，以及解决被动式能源利用率低、协调耦合利用效率不高等关键问题至关重要。通过对各类能源耦合模型分析，研究其耦合机理，比较其优缺点，探讨不同能源耦合模型在公共机构主被动能源规划中的适用性，构建公共机构主被动能源耦合模型，并依据构建的模型，结合公共机构用能特点、主被动能源利用信息，最终得出主被动能源利用优化技术方案，为我国公共机构主被动能源宏观配置提供技术方案指导。

（2）模型分类

通常来说，能源规划过程分为几个不同的阶段，分别为问题的识别、模型的设计、模型的求解、求解结果的解译及最后应用五个阶段。而能源规划方法基本上可以分为三类：基于模型的规划、基于类比推理的规划以及基于调查的规划。用于能源政策的能源模型从建模机理上可以分为情景仿真模型和能源优化模型两大类。

1）能源优化模型

能源优化模型把能源技术、相应的资源条件以及污染物的排放系数作为模型的输入条件，模型的约束条件是经济发展状况、社会现状以及环境的限制等，它是把决策目标作为优化函数，能够在满足所需能源需求的情况下，计算出最优的能源消费结构，包括能源安全、能源经济、能源环境、能源规划政策等，涵盖了能源系统的各个领域。针对能源优化模型，国内外有两种典型的建模角度，即自上而下的宏观经济角度和自下而上的工程角度，最具代表性的能源优化模型为 MARKEL 模型和 AIM 能源排放模型。

2）能源仿真模型

情景仿真模型，是通过回顾和分析历史发展现状，假设一系列合理的未来的发展趋势，并有目的性地对经济发展状况、技术水平的发展进步状况、政策措施的改进进行假设，对未来某些希望达到的目标进行确立，借助一些模型工具，来达到这一目标的可行性。它是通过把对未来能源的技术情景进行主观设定，作为模型的输入条件，核算该主观设定情景下的被动式能源的经济成本、环境收益以及能源效应等指标。情景仿真模型虽不具备多重约束条件下的能源优化选择、不适合作为被动式能源的规划工具，但是它操作简单方便，不需复杂的输入参数，其主要代表模型有 LEAP、MESSAGE 等。

3）能源需求模型

因仅针对公共机构主被动能源供应侧进行研究，供应侧的相关数据可由需求侧能耗情况获得，故亦对能源需求模型、能源供应模型、能源经济模型等进行了分析。能源需求模型用于研究社会经济各部门能源需求及其增长情况。可在终端能源、有用能、能源服务三方面进行研究。终端能源指供给消费者的能源形式，如电力、天然气等，有用能是指用户希望得到的用于服务的能源形式，如热能、动力等，而能源服务是指用户使用有用能加上其他服务和物品所要得到的服务需求，如改变房间温度等。

4）能源供应模型

该模型是从能源开采到转换、运输、分配、直到最终使用全过程的能源流量及有关技术进行研究。需求变量可以是终端能源需求或有用能需求，也可以是能源服务需求。如果以终端能源需求作为驱动变量，则将无法研究诸如燃料替代、节能和提高终端使用效率等重要的能源问题。能源供应模型通常使用模拟方法或优化方法，代表模型有MARKAL 模型和 LEAP 模型等。

5）可再生能源模型

在能源系统分析中，定性方法具有主观局限性且不可重复，完全客观抽象的定量方法则与真实结果出入较大，而能源模型的研究则能客观真实地模拟能源系统。可再生能源规划模型可在给定资源分布、能源需求和政策情景下，给出每一阶段的可再生能源发展目标和结构。可再生能源模型通常采用基于能源复杂系统的仿真模型，输入规划目标和政策，输出不同目标和政策下的经济、环境和社会效益的变化情况。

6）混合能源模型

就资源能源及自然环境系统本身而言，都具有动态性、不确定性、多层次、多要素、多过程、多目标等复杂性质，同时它们与社会、经济系统之间，又存在千丝万缕的联系，因此资源配置、环境减排优化与管理所考虑的并不是一个孤立的系统，而是一个包括其他诸多子系统在内的，以及在诸多子系统之间存在的交互耦合、协同等复杂紧密联系的系统。代表模型有：IIASAWEC 能源经济环境模型、中国能源环境政策综合评价模型等。

表 4.1 为按照来源、研究内容、研究方法、模型功能、研究范围、建模方法对能源规划模型进行的分类。

能源模型的分类及典型代表　　　　表 4.1

分类方法	典型代表	主要研究问题	时间跨度
来源分类	NEMS	能源经济、环境、政策	中期
	POLES	能源经济	长期
	MACRO	能源经济	长期
	MARKAL	能源经济、环境	长期
	LEAP	能源经济、环境	长期

续表

分类方法	典型代表	主要研究问题	时间跨度
研究内容	MACRO	能源经济	长期
	AIM	能源消费、能源环境	长期
	3Es-model	能源经济、环境、政策	长期
	IIASA-WEC E3	能源技术、经济、环境	长期
研究方法	POLES	能源经济	长期
	MESSAGE	能源技术、经济、政策	长期
	CGE	能源经济、环境	中期
	HERMES	能源经济	中期
模型功能	PRIMES	能源经济、环境、技术	长期
	MEDEE	能源技术、经济	长期
	ERIS	能源技术、能源发电	—
研究范围	IIASA-WEC E3	能源技术、经济、环境	长期
	GEM-E3	经济、环境	长期
	NEMS	能源经济、环境、政策	中期
	LEAP	能源经济、环境	长期
建模方法	CGE	能源经济、环境	中期
	MARKAL	能源技术、环境	长期
	NEMS	能源经济、环境、政策	中期

（3）模型筛选

以上对各类能源耦合模型的耦合机理和适用性进行了比较，由于本课题主要研究公共机构的能源耦合优化，故选定优化模型进行公共机构耦合研究，通过优化模型设置目标函数，在保证终端用能需求前提下，寻求能源系统的最优结构。

MARKAL 模型是由能源需求约束的多周期能源供需线性规划模型，在用来帮助一个国家或地区的能源系统规划和结构优化等问题中优势突出，具有很强的多目标分析功能。还可结合能源系统模型相关的环境、经济和政策等条件以及不同能源载体之间转换关系进行情景模拟。MARKAL 模型能够在给定建筑物的能耗需求时，确定出最优的能源供应结构，并且是自下而上角度的线性规划模型。而公共机构主被动能源耦合模型的构建，也应从公共机构需求侧考虑，结合能源消费结构及能源转换率，反推公共机构供应侧的能源供应情况，与 MARKAL 模型的耦合机理相同，故决定以 MARKAL 模型作为本课题的数学分析模型，根据其算法和耦合机理，构建公共机构主被动能源耦合模型。

4.1.2 耦合模型目标函数和约束条件的设定

（1）MARKAL 模型的功能及原理

图 4.1 为 MARKAL 模型结构图，能源流动方向为公共机构的能源供应侧到公共机构的能源需求侧，模型优化过程与能源流动方向相反，即公共机构的能源需求侧到公共

机构的能源供应侧。MARKAL 模型具有动态规划特性，在满足要求的污染物排放量限制和给定的能源需求量下，确定出最佳的能源供应结构，并使能源供应结构具有最小的使用成本，即在给定建筑的用能需求时，确定出最佳的能源供应配置，满足建筑的用能需求。

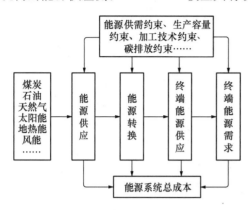

图 4.1 MARKAL 模型结构图

MARKAL 模型主要包括斜率函数、核能函数、费用函数、安全函数、被动式能源函数、环境函数以及非再生能源函数等共 21 类，例如系统总投资增长约束、各种能源载体的平衡约束以及电量平衡约束等方程。MARKAL 模型的研究方法主要是运筹学的多目标规划理论和混合整数规划方法，主要由能源载体、能源转换技术、终端能源载体、终端利用技术、需求设备五大模块组成。用户可对技术成本、技术特征（如转换效率等）及能源服务需求进行自定义。

（2）MARKAL 模型的应用现状

1）国内应用现状

MARKAL 模型是国际能源署（IEM）开发的综合型能源系统优化模型。MARKAL 模型在能源系统规划和能源供应结构优化等问题上优势突出，在各个国家被广泛应用，并已存在很多成功案例。通过给定终端能源需求的预测数据，MARKAL 模型可以分别侧重研究经济安全、环境安全、能源安全的能源供应数量、结构、转化、分配规划，也可以进行政策场景分析。MARKAL 模型能够描述从初级能源到终端能源使用之间的各个环节，用它来比较选择各种能源和各种能源工艺在供应、加工、转换与分配方面为满足未来能源需求的最佳方案。

21 世纪初，清华大学吴宗鑫等人借助 MARKAL 模型，首次提出以煤为主多元化的清洁高效能源系统作为中国中长期能源发展战略的方案，以系统总成本最低为目标，对未来我国能源供应系统进行技术优化的选择分析[81]。针对我国未来能源系统，建立和分析了包括基准构想方案、SO$_2$ 排放控制、CO$_2$ 减排以及在能源安全保障下限制石油进口等多种不同的构想方案，为能源政策研究提供了重要的定量分析依据。

2002 年，MARKAL 模型被应用到上海的能源系统中。上海环境科学研究院陈长虹、杜晶等采用 MARKAL 模型研究上海能源系统对未来环境政策的适应，政策情景中包括了提高能源效率、能源结构调整、实施 SO$_2$ 排放总量控制等[82]。2004 年清华大学佟庆、白泉等将 MARKAL 模型应用于北京市中远期能源系统建设研究。根据北京市未来能源、经济、环境协调发展的要求，进行了几种可能的未来能源系统发展情景分析[83]。2013 年，何旭波利用 MARKAL 模型进行情景分析，对陕西省不同的补贴政策和排放政策下的能源发展情况进行预测，论证政府的补贴和限制排放政策均可促进被动式能源的发展[84]。可以说 MARKAL 模型在国内已开始为能源、环境等相关政策的制定提供依据。

2）国外应用现状

波兰 Joanna Krzemień 以 MARKAL 模型作为优化能源系统的工具，模拟西里西亚市的能源结构规划，并结合欧洲能源政策的主要目标，提出了基于煤炭的可实施技术方案，以确保整个能源系统的最低成本[85]。Marcin Jaskólski 利用 MARKAL 模型研究了欧盟各类污染物排放交易机制对波兰电力技术选择的影响，将低碳技术与碳捕捉技术相结合，同时结合被动式能源的电力发展，得到主要因素取决于电力消耗，与污染物排放交易方案无关[86]。

拉脱维亚 Shipkovs 等人结合拉脱维亚能源部门发展的相关分析，利用 MARKAL 模型分析了拉脱维亚 2020—2030 年被动式能源发展的可能后果，认为被动式能源在拉脱维亚能源平衡中的作用越来越大，能够有效地降低温室气体排放[87]。

日本田崎敬浩等人用 MARKAL 模型分析了从 2010 年到 2050 年综合二氧化碳排放的既定目标与长期引进技术的最低成本组合，结果显示二氧化碳的排放限制会带来综合成本的增加。同时，随着二氧化碳减排目标的提高，煤电厂逐渐被天然气联合循环取代，之后被风能和太阳能取代[88]。

美国 Nadeida Victor 等人为探究实现 2050 年美国温室气体减排目标的途径，建立 MARKAL 模型分析成本以及减排量之间的关系，认为只有在脱碳政策比清洁能源计划更严格的情况下，二氧化碳减排政策才能加速可再生能源和碳捕获与储存的部署。同时在情景分析中发现天然气的价格对电力供应方案的影响很大[89]。

英国 Stanislav E 等人利用 MAKRKAL 模型应用于英国的具体案例，通过添加社会、环境和经济等相关因素实现更好地平衡。对被动式能源技术的替代组合进行多目标分析，以满足可持续的能源供应，为英国的能源结构和政策提出基于最低成本和降低污染物排放量的方案和建议[90]。

通过对国内外应用现状以及应用方法调查分析，发现 MARKAL 模型属于比较成熟的多重约束条件的用于能源规划的模型，符合本课题研究内容，适用于我国公共机构主被动能源耦合方案的研究。

（3）MARKAL 模型的目标函数

MARKAL 模型的一个显著特点是它具有多目标分析的功能。模型可拟定多种目标函数，以便研究不同问题时使用，如费用函数、安全函数、斜率函数、各种环境函数以及各种资源消耗函数等。目标函数是基于设计变量对优化目标的数学描述，从而可直观判断优化方案的优劣。以能源方案优化设计为例，常使用能源、经济、环境等方面作为优化目标，设计变量与这些优化目标的数学关系式即为目标函数，针对多个相互矛盾的优化目标分别描述，即可得到多目标优化模型，有时也可通过加权、目标转换等方法整合为单目标优化模型，将上述三个基本要素组合，得到多目标优化的数学模型，针对该模型的求解过程即为多目标优化，其结果是一组设计变量集，可根据实际情况在解集当中筛选一个最合适的解，作为最终的优化方案。在公共机构能源配置方案中，对各类公共机构的能源流动过程进行机理分析，可以在本质上解决各类被动式能源在公共机构能源优化配置中的用能协调问题，从而实现模型最优解。

优化配置是在有限的被动式资源条件下，通过调整各地区公共机构的能源供应结构，实现各地区公共机构多目标综合优化配置方案。根据《公共机构节约能源资源"十三五"规划》[4]及课题任务书中提出要求，设置资源及环境的效益目标。资源类目标主要为优化公共机构主被动能源供应结构，提高被动式能源的资源利用率。环境类目标主要为降低公共机构二氧化碳排放量，实现公共机构可持续发展。同时应从经济角度考虑，构建投资效益的目标函数，以达到整个系统成本最小化。公共机构主被动能源耦合利用技术方案的建立，除了应与各地区主被动能源的实际资源量相符外，也应充分调研各地区公共机构被动式能源应用情况，并根据构建的耦合模型计算公共机构主被动能源资源配比，在此基础上对各地区公共机构主被动能源供应进行宏观配置。

综上所述，本课题主要设置了费用函数、资源函数、环境函数以及社会效益函数，以上述四类目标函数作为公共机构能源供应方案的优化目标。

$$f_1 = \min \sum_i C_i X_i \tag{4.1}$$

式（4.1）为费用规划目标方程，即为使整个能源流动系统成本最小化，公式中 C_i 为已知的从能源供应侧到终端需求侧的能源流动成本系数矩阵；X_i 表示从能源供应侧到终端能源需求侧之间各环节的能源流动向量，公式中 $i=2，3，4，5$ 表示能源的流动方向，参见图 4.1，2 为公共机构终端用能需求侧，3 为公共机构终端能源供应侧，4 为各类供应能源转换侧，5 为各类供应能源供应侧。

$$f_2 = \min |SUP - X_5| \tag{4.2}$$

式（4.2）为资源规划目标方程，即为使整个能源流动系统资源利用效益最大化，由于各类能源种类之间的生产量、利用效率、可利用资源量等诸多条件不同，因此此处以各类能源的生产资源与可利用资源的差值最小化作为资源规划目标。公式中 SUP 表示资源向量，即规划期内基准年的能源总产量；X_5 为能源流动过程中各类能源供应侧能源流动向量。

$$f_3 = \min \sum_i EM_i X_i \tag{4.3}$$

式（4.3）为环境规划目标方程，即为使整个能源流动系统污染物排放量最小化，本课题以二氧化碳作为系统中的目标污染物，式中 EM_i 为各环节碳排放量。

$$f_4 = \min |X_1 - W| \tag{4.4}$$

式（4.4）为社会效益规划目标方程，即根据目前公共机构的应用情况实现利用条件最大化，使能源供应优化配比结果与当前应用条件情况相符程度最高，式中 X_1 为各地区公共机构能源优化配比结果，W 为各地区被动式能源应用条件。

$$F = \text{opt}\{f_1, f_2, f_3, f_4\} \tag{4.5}$$

根据上述分析，建立公共机构主被动能源供应多目标优化模型如式（4.5）所示，F 即为本课题建立模型的目标函数集，针对该模型的求解过程即为多目标优化，所建模型的最优解即为公共机构主被动能源供应优化方案。

（4）MARKAL 模型的约束条件

根据多位学者关于 MARKAL 模型的研究成果，结合公共机构能源供需特点及本课题的研究目标，得到简化后的约束方程，以下五类约束方程与上文中的四类目标函数共同组成本课题的基础 MARKAL 模型。

$$X_5 \leqslant SUP \tag{4.6}$$

式（4.6）为能源供应总量约束方程，即能源的供应量不能大于资源存储量，式中 SUP 为资源向量，即规划期内基准年的能源总产量。

$$X_{i-1} \leqslant E_i X_i \tag{4.7}$$

式（4.7）为各环节能源载体约束方程，即从供应侧到需求侧的各环节中，每环节的能源消耗量不得大于上一环节的能源转化量，式中 E_i 为能源转换效率矩阵。

$$E_2 X_2 \geqslant DEM \tag{4.8}$$

式（4.8）为终端能源供求约束方程，即终端能耗需求量应小于终端能源的供给量，式中 DEM 为公共机构终端能源需求向量。

$$E_i X_i \leqslant CAP_i \tag{4.9}$$

式（4.9）为转换技术条件约束方程，即能源的转换量应小于现阶段技术条件下的最大能力极限，式中 CAP 为转换技术能力限制向量。

$$\sum_i EM_i X_i \leqslant EM \tag{4.10}$$

式（4.10）为碳排放约束方程，即各环节的碳排放量之和应小于整个规划期内政策排放量限制，式中 EM_i 为各环节碳排放量，EM 是整个规划期内的碳排放限制。

4.1.3 耦合数学分析模型算法的构建

（1）公共机构能耗需求量计算方法

针对公共机构能耗特点，结合 MARKAL 模型耦合机理，从公共机构能耗需求侧反推公共机构能源供应侧相关数据。通过对能源耦合案例的分析与相关资料的研究，发现能源需求预测方法主要有负荷密度法、人均指标法、弹性系数法、单耗法、数学模型预测等方法。负荷密度法是用不同功能的用地面积乘以相应的单位面积能耗值，人均指标法是根据人均煤耗指标、人均热指标、人均用电指标、人均汽柴油用量指标、人均用气量指标等，与规划区内相应的人口预测乘积，弹性系数法反映的是国家经济增长率和能源消费增长率之间的关系，用能源弹性系数等于年平均能源消费量增长率除以年平均国民经济增长率来表达，单耗法是用生产单位产品的产量需要的能耗，以及在规定的期限内生产的产品产量来预测总能源需求量的方法，一般分为产量单耗法和产值单耗法两种预测方法，数学模型预测是近些年国内外开发研制的一种能源需求预测方法。目前城市的能源需求预测仍以传统预测方法为主，在部分领域和时段内采用先进的预测模型作为校验，以得出较为准确的能源需求预测结果。

现阶段没有针对公共机构的能耗进行需求预测的数学模型。考虑到人均指标法无法准确描述公共机构的用能特点，弹性系数法主要反映能源消费与国民经济发展的统计规律，即在国家经济和能源发展稳定的时候才适合用弹性系数法，单耗法主要针对工业部门能源需求进行预测，且需要相对稳定的产品用能单耗，而负荷密度法可针对公共机构用地，依据规划区内各类用地能耗历史统计资料，结合各类用地今后的发展程度，预测出规划期内各类用地相应的能耗负荷密度，利用 DeST 模拟软件，对规划区内的典型公共机构进行能耗模拟，预测出公共机构的能耗负荷密度，将其与历史统计资料进行对比检验，相互校核，再用公共机构的负荷密度值乘以规划区内各类公共机构的总面积，可以得到整个规划区域内公共机构的总能耗需求量预测值。

本书采用负荷密度法与 MARKAL 模型相结合的方法，构建公共机构主被动能源耦合模型，具体构建的模型算法如式（4.11）。

$$P = \sum_{j=1} N_j p_j A_j \tag{4.11}$$

其中，P 为公共机构建筑总能耗（tce），N 为各公共机构数量（座），p 为各类公共机构单位面积能耗（tce/m²），A 为各类公共机构平均面积（m²）。j 为公共机构种类，包括卫生事业类建筑、政府机关类建筑、教育事业类建筑。

（2）公共机构能源供应量计算方法

求得可行解的最基本条件是满足需求约束方程，即地区能源供应量应大于该地区公共机构能耗需求量。此约束条件确保能源系统的供应侧可具有足够的能源以满足用能需求，保证能源系统每种能载体的消费量小于系统可用量。在本书模型中，能源系统供应即为各地区一次能源供应，即煤炭、石油、天然气、被动式能源等，在能源流动和转换过程中满足能源系统的约束条件即可，即满足如式（4.12）要求

$$SUP_i \cdot \mu_i \geqslant DEM_i \tag{4.12}$$

其中，SUP 为能源供应量，μ 为能源转换效率，DEM 为能源需求量，i 为能源种类，主要包括煤炭、天然气、石油、太阳能、地热能等。

（3）公共机构碳排放量计算方法

目前在国际上的碳排放计算方法主要有实测法、物料衡算法、排放系数法、投入产出法等。这几种方法是获得气体排放量数据的主要方法，它们中各有优缺点，但可相互补充，应根据不同的计量需要选择不同的计算方法。实测碳排放量方法是指通过监测手段或相关部门认定的连续计量设施，测量排放气体的流速、流量和浓度，用环保部门认可的测量数据来计算碳排放总量的一种统计方法，物料衡算法遵守质量守恒定律，是一种定量分析生产过程中物料使用情况的科学计量方法，投入产出法是一种自上而下的计算方法，它首先把一定时期内部投入和产出的来源去向建立一张表格，然后根据这张投入产出表格建立数学模型，计算消耗基数，据此基数对经济行为进行预测与分析。实测法需来源于现场实地的检测，物料衡算法需要整个生产过程中的原材料使用等数据资料进行全面跟踪。由于本课题样本巨大，且各地区公共机构用能方式不同，因此若使用实测法和物料衡算法，工作量较大，工序也较复杂，且不能长期地维持使用。投入产出法进行碳排放计算时仅使用部门或者组织的平均排放强度数据，对于生产过程中的大量数据搜集十分困难，计算结果存在较大的不确定性。因此以上几种方法均不适用于公共机构的碳排放计算。

排放系数法是指在正常技术经济和管理条件下，根据生产单位产品所排放的气体数量的统计平均值来计算碳排放量的一种方法，排放系数也称为排放因子。1996 年，政府间气候变化专门委员会（IPCC）给出了碳排放的估算方法，即把影响碳排放的活动数据与单位活动的排放系数相结合，得到总的碳排放量。就本课题而言，供应侧能源种类不同，更适合采用此种方法。应用排放系数法最关键问题是确定碳排放的活动数据和

碳排放系数，IPCC给出一些常用能源的碳排放系数，可以作为参考，见表4.2。

IPCC公布能源碳排放系数　　　　　　　　　表4.2

能源	单位	碳排放系数
煤炭	kg/kg	2.662
煤气	kg/kg	1.302
汽油	kg/kg	2.301
石油	kg/kg	2.145
天然气	kg/m³	1.602
电力	kg/kWh	1.008

结合公共机构能耗需求量可得到各类能源的碳排放量计算公式：

$$EM = \sum_{i=1} SUP_i \cdot K_i \tag{4.13}$$

式中，EM 为二氧化碳排放量（kg），SUP 为公共机构能源供应量（kgce），K 为能源碳排放系数（kg/单位），i 为能源种类，主要包括煤炭、天然气、石油、太阳能、地热能等。

为构建 MARKAL 模型的碳排放约束条件，根据《公共机构节约能源资源"十三五"规划》提出的目标，结合我国各地区不同的情况设置不同的碳减排目标，以此作为本模型的碳排放约束条件，建立的约束方程如下

$$\sum EM_i \leqslant (1-G)EM_b \tag{4.14}$$

式中，G 为二氧化碳减排目标（%），EM_b 为在基准情景下公共机构二氧化碳排放量（kg）。在本课题中基准情景设置为"十二五"末期碳排放量，即 2015 年作为碳排放约束的基准年，以此进行模型的构建和计算。

（4）公共机构能源供应比例计算方法

$$\eta_i = \frac{SUP_i}{\sum_i SUP_i} \tag{4.15}$$

$$SUP_被 = SUP_区 + SUP_优 \tag{4.16}$$

式（4.15）为每一类主动式能源供应比例计算公式，式（4.16）为被动式能源供应比例计算公式，公式中 η 为该地区公共机构各类能源供应比例（%）；SUP_i 为该地区公共机构各类能源的供应量（tce）；$SUP_被$ 为各地区优化后公共机构被动式能源供应量（tce）；$SUP_区$ 为各地区公共机构区域被动式能源供应量（tce）；$SUP_优$ 为各地区公共机构优化被动式能源供应量（tce），即公共机构建筑方面被动式能源供应量；i 为能源种类。

4.1.4 公共机构负荷需求模拟

（1）建筑模型的建立

从调查数据来看，公共机构无论数量、规模上在公共建筑中占有相当大的比例。而在公共机构中本课题所研究的卫生事业类建筑、政府机关类建筑、教育事业类建筑数量

占总量的 3/4。三类机构常以建筑群体形式出现，大多数单体建筑体量较大。但本课题采用负荷密度法计算公共机构负荷需求量，计算结果主要受不同热工区域气象参数及选取的热工参数影响，为简化计算，三类建筑采用同一建筑模型。建筑模型为一栋总面积近 1 万 m² 的建筑，建筑高度为 23.5m，共六层，其中一层层高为 4.5m，其余层层高为 3.8m，体形系数为 0.24，窗墙比为 0.35。为使负荷需求模拟的结果具有差异性和代表性，根据三类公共机构使用功能的不同，进行房间功能的设置，表 4.3 所示为房间主要功能设置情况。

三类公共机构主要功能房间　　　　　　　　　　　　表 4.3

政府机关类建筑	卫生事业类建筑	教育事业类建筑
办公室、会议室、资料室	候诊室、门诊、办公室、药品储存室、病房、手术室、化验室、检查室、婴儿室	教室、办公室、会议室、计算机房、实验室、图书阅览室、教师休息室

（2）设计参数的设定

1）气象参数

气象参数可表明某个地点和特定时刻的天气状况，如温度、湿度、降水、风速等，全国各地气象参数的不同，在进行模拟建筑空调冷热负荷时需要输入与城市相对应的气象参数，参考《民用建筑供暖通风与空气调节设计规范》GB 50736—2012 附录 A 室外空气计算参数，选取夏季、冬季室外设计参数，包括供暖室外计算干球温度、空气调节室外计算干球温度、湿球温度、通风室外计算相对湿度等[91]。根据建筑热工分区，选取五个典型城市气象数据进行说明，如表 4.4 所示，各省自治区设计参数，以省会城市设计参数表示。

不同建筑热工区域典型城市气象参数　　　　　　　　　　　表 4.4

设计参数		城市				
		沈阳	北京	武汉	广州	昆明
夏季室外设计参数	空气调节室外计算干球温度（℃）	31.5	33.5	35.2	34.2	26.2
	空气调节室外计算湿球温度（℃）	25.3	26.4	28.4	27.8	20.0
	通风室外计算温度（℃）	28.2	29.7	32.0	31.8	23.0
	通风室外计算相对湿度（%）	65.0	61.0	67.0	68.0	68.0
冬季室外设计参数	供暖室外计算干球温度（℃）	−16.9	−7.6	−0.3	8.0	3.6
	通风室外计算温度（℃）	−11.0	−3.6	3.7	13.6	8.1
	空气调节室外计算温度（℃）	−20.7	−9.9	−2.6	5.2	0.9
	空气调节室外计算相对湿度（%）	60.0	44.0	77.0	72.0	68.0

2）室内计算温度

由于公共机构建筑类别不同，根据不同的房间功能，参考《公共建筑节能设计标准》GB 50189—2015[92]，设定不同的室内供暖和空调温度。经调研发现，三类机构能源需求特点不同，办公建筑主要是白天办公，夜间可采用值班供暖，高校建筑类型较多，用能特点不一致，因为有寒暑假，全年用能具有明显周期性，寒暑假期间可以采用值班温度，以保证在建筑在非工作时间保持最低室温，节约建筑能耗；医院建筑主要包括门诊楼、住院楼等，对室内温度要求较高，且应保证 24h 供暖稳定，建筑设备全年运行。具体各类公共机构的室内计算温度设计如表 4.5 所示。

公共机构室内计算温度 表 4.5

时间	卫生事业类建筑		政府机关类建筑		教育事业类建筑	
	供暖（℃）	空调（℃）	供暖（℃）	空调（℃）	供暖（℃）	空调（℃）
0：00～6：00	22	25	5	37	5	37
6：00～7：00	22	25	12	37	12	37
7：00～8：00	22	25	18	28	18	28
8：00～18：00	22	25	20	26	20	26
18：00～19：00	22	25	18	26	18	26
19：00～20：00	22	25	12	37	12	37
20：00～24：00	22	25	5	37	5	37

3）建筑围护结构

建筑围护结构是指建筑物及房间各面的围挡物，包括墙体、屋顶、地面、地板和门窗等。应具有保温、隔热、隔声、防水防潮等功能。参考《公共建筑节能设计标准》GB 50189—2015，根据建筑热工设计气候分区，将全国分为五大气候区，分别为严寒地区、寒冷地区、夏热冬冷地区、夏热冬暖地区、温和地区，热工分区围护结构取值范围如表 4.6 所示[92]。

公共机构围护结构热工性能限值 表 4.6

热工分区	围护结构传热系数 $[W/(m^2 \cdot K)]$		
	外墙	外窗	屋顶
严寒	≤0.38	≤2.2	≤0.28
寒冷	≤0.50	≤2.4	≤0.45
夏热冬冷	≤0.80	≤2.6	≤0.50
夏热冬暖	≤1.50	≤3.0	≤0.80
温和	≤1.50	≤3.0	≤0.80

在进行围护结构热工设计时，不同的气候分区对应着不同的围护结构传热系数，在 DeST-C 中通过改变围护结构的材料和厚度，为不同地区的建筑围护结构设置不同的传热系数，如表 4.7～表 4.11 所示。

严寒地区围护结构热工参数 表 4.7

围护结构	结构	传热系数 $[W/(m^2 \cdot K)]$
外墙	20mm 水泥砂浆＋490mm 重砂浆黏土（砖）＋100mm 挤塑苯乙烯板＋20mm 水泥砂浆	0.24
外窗	标准外窗 2.40～0.55	2.4
屋顶	20mm 水泥砂浆＋200mm 聚苯乙烯板＋100mm 钢筋混凝土＋20mm 水泥砂浆	0.23

寒冷地区围护结构热工参数　　　　　　　　表 4.8

围护结构	结构	传热系数［W/(m² · K)］
外墙	20mm 水泥砂浆＋370mm 重砂浆黏土（砖）＋60mm 挤塑苯乙烯板＋20mm 水泥砂浆	0.41
外窗	标准外窗 2.30～0.70	2.3
屋顶	20mm 水泥砂浆＋100mm 聚苯乙烯板＋100mm 钢筋混凝土＋20mm 水泥砂浆	0.44

夏热冬冷地区围护结构热工参数　　　　　　　表 4.9

围护结构	结构	传热系数［W/(m² · K)］
外墙	20mm 水泥砂浆＋240mm 重砂浆黏土（砖）＋80mm 膨胀珍珠岩＋20mm 水泥砂浆	0.533
外窗	标准外窗 2.50～0.75	2.5
屋顶	20mm 水泥砂浆＋ 150mm 膨胀蛭石＋100mm 钢筋混凝土＋20mm 水泥砂浆	0.48

夏热冬暖地区围护结构热工参数　　　　　　　表 4.10

围护结构	结构	传热系数［W/(m² · K)］
外墙	20mm 水泥砂浆＋240mm 重砂浆黏土（砖）＋110mm 膨胀珍珠岩＋20mm 水泥砂浆	0.418
外窗	标准外窗 2.80～0.8	2.8
屋顶	20mm 水泥砂浆＋100mm 膨胀蛭石＋100mm 钢筋混凝土＋20mm 水泥砂浆	0.566

温和地区围护结构热工参数　　　　　　　　表 4.11

围护结构	结构	传热系数［W/(m² · K)］
外墙	20mm 水泥砂浆＋240mm 重砂浆黏土（砖）＋190mm 多孔混凝土＋20mm 水泥砂浆	0.712
外窗	标准外窗 2.80～0.8	2.8
屋顶	20mm 水泥砂浆＋100mm 膨胀蛭石＋100mm 钢筋混凝土＋20mm 水泥砂浆	0.566

4）室内热扰

影响建筑室内环境的主要原因是各种外扰和内扰，外扰主要包括室外气象参数（如室外空气温湿度、太阳辐射、风速风向变化），它们均可以通过围护结构的传热传湿及空气渗透使热量和湿量进入到室内。

内扰主要包括室内照明、电器等工艺设备、人体等散发的热量或水蒸气，它们以不同的散热散湿的形式影响室内环境，从而造成冷热负荷的增加。考虑到政府机关类建筑的房间功能以办公室、会议室、资料室为主，卫生事业类建筑的房间功能以病房、手术室、医生办公室和药品储存室为主，教育事业类建筑的房间功能以教室、阅览室和教师办公室为主，因为房间使用功能的不同，所以对于室内人员密度、人均发热量、人均产湿量、照明功率和设备功率的要求也都各不相同，进而导致了不同的室内人员热扰、灯光和设备热扰，根据 DeST 模拟软件内置设定参数，将上述热扰设定如表 4.12～表 4.14 所示。

卫生事业类建筑室内热扰　　　　　　　表 4.12

房间功能	人员热扰			灯光热扰 （W/m²）	设备热扰 （W/m²）
	人员密度 （人/m²）	人均发热量 （W）	人均产湿量 （kg/h）		
门诊办公室	0.15	62	0.068	5	0
候诊室	0.5	62	0.068	5	0
病房	0.1	62	0.068	5	0
手术室	0.1	61	0.109	20	0
大堂门厅	0.2	58	0.184	18	10
走廊	0.05	58	0.184	5	0
婴儿室	0.3	47	0.051	5	0
药品储存室	0	0	0	5	0

政府机关类建筑室内热扰　　　　　　　表 4.13

房间功能	人员热扰			灯光热扰 （W/m²）	设备热扰 （W/m²）
	人员密度 （人/m²）	人均发热量 （W）	人均产湿量 （kg/h）		
办公室	0.25	66	0.102	18	13
资料室	0.1	0	0	5	0
大堂门厅	0.2	58	0.184	18	10
走廊	0.05	58	0.184	5	0
会议室	0.4	61	0.109	11	5

教育事业类建筑室内热扰　　　　　　　表 4.14

房间功能	人员热扰			灯光热扰 （W/m²）	设备热扰 （W/m²）
	人员密度 （人/m²）	人均发热量 （W）	人均产湿量 （kg/h）		
办公室	0.25	66	0.102	18	13
教室	0.89	31	0.109	11	10
阅览室	0.4	62	0.068	11	10
大堂门厅	0.2	58	0.184	18	10
走廊	0.05	58	0.184	5	0
计算机房	0.25	61	0.109	11	40
会议室	0.4	61	0.109	11	5

5）空调系统启停作息

不同类型公共机构人员的工作时间和休息时间各不相同。卫生事业类建筑因性质特殊，医院内长期有患者，因此空调系统24h全开；政府机关类建筑的工作时间为周一至周五的8：00～17：00，周六周日和节假日一般休息，工作日晚间及周末偶尔有少量人加班；教育事业类建筑因存在学生需要上早晚自习的需求，因此工作时间为7：00～21：00，周六周日有部分学生上课，寒假设置在1月和2月，暑假设置在7月和8月，节假日休息。因不同时段的工作人员密度不同，空调开启强度也各不相同，依据《公共建筑节能设计标准》GB 50189—2015，空调系统的启停作息如表4.15所示，其中空调完全开启用"1"表示，空调停止工作用"0"表示，根据不同的房间使用特点，空调系统启停作息数值在0～1之间变化[92]。

空调系统启停作息时段 表4.15

时间	政府机关类		卫生事业类		教育事业类	
	工作日	休息日	工作日	休息日	工作日	休息日
0：00～7：00	0	0	1	1	0	0
7：00～12：00	1	0	1	1	1	0.2
12：00～13：00	0.7	0	1	1	0.5	0.1
13：00～17：00	1	0	1	1	1	0.2
17：00～18：00	0	0	1	1	0.5	0.1
18：00～22：00	0	0	1	1	0	0.1
22：00～24：00	0	0	1	1	0	0

（3）公共机构热负荷模拟分析

1）热负荷需求

以秦岭—淮河为界区分北方地区和南方地区，在模拟建筑热负荷时，只考虑北方公共机构集中供暖情况。集中供暖地区有黑龙江、吉林、辽宁、新疆、内蒙古、西藏、青海、北京、山西、宁夏、甘肃、河北、山东、天津、陕西、河南、江苏。三类公共机构的热负荷需求模拟结果如表4.16、表4.17、表4.18所示，从表中数据可知，严寒地区与寒冷地区的热负荷需求量普遍偏高，其中黑龙江省的全年最大热负荷、全年累计热负荷、全年最大热负荷指标、全年累计热负荷指标以及供暖季热负荷指标均是全部地区中最高的，而西藏的各项热负荷需求均较低。夏热冬冷地区如江苏热负荷需求量与严寒寒冷地区相比较小。

卫生事业类建筑热负荷需求 表4.16

地区	全年最大热负荷（kW）	全年累计热负荷（kWh）	全年最大热负荷指标（W/m²）	全年累计热负荷指标（kWh/m²）	供暖季热负荷指标（W/m²）
辽宁	310.88	758297.58	105.59	257.57	54.43
天津	246.73	530324.88	83.81	180.13	40.96
北京	241.93	529154.31	82.17	179.74	42.93

续表

地区	全年最大 热负荷 （kW）	全年累计 热负荷 （kWh）	全年最大热 负荷指标 （W/m²）	全年累计 热负荷指标 （kWh/m²）	供暖季 热负荷指标 （W/m²）
吉林	327.94	889038.12	111.39	301.97	58.56
陕西	189.69	460803.57	64.43	156.52	38.54
河北	230.93	494380.13	78.44	167.92	41.99
黑龙江	345.20	1015384.96	117.25	344.89	64.39
山东	228.36	425594.37	77.57	144.56	36.82
甘肃	227.81	558595.21	77.38	189.74	37.55
山西	245.03	570145.47	83.23	193.66	39.04
江苏	195.82	375867.72	66.51	127.67	34.34
河南	210.31	425342.10	71.43	144.47	36.93
新疆	292.81	783144.14	99.46	266.01	51.20
西藏	146.32	417975.77	49.70	141.97	19.98
内蒙古	279.28	759672.81	94.86	258.03	46.91
宁夏	222.82	583727.74	75.68	198.27	40.35
青海	218.91	672784.81	74.36	228.52	36.22

政府机关类建筑热负荷需求　　　　　　　　　　表 4.17

地区	全年最大 热负荷 （kW）	全年累计 热负荷 （kWh）	全年最大热 负荷指标 （W/m²）	全年累计 热负荷指标 （kWh/m²）	供暖季 热负荷指标 （W/m²）
辽宁	564.76	194192.7	191.83	65.96	17.21
天津	516.67	108690.4	175.5	36.92	9.97
北京	583.56	100049.3	198.22	33.98	10.48
吉林	646.97	246802.5	219.75	83.83	19.51
陕西	454.47	93198.91	154.37	31.66	10.09
河北	496.24	102756.3	168.56	34.9	10.9
黑龙江	783.59	310178.9	266.16	105.36	22.81
山东	493.18	76391.03	167.52	25.95	8.32
甘肃	529.26	119557.8	179.77	40.61	10.18
山西	486.45	111687.8	165.23	37.94	9.53
江苏	336.1	76112.49	114.16	25.85	8.84
河南	394	92243.45	133.83	31.33	10.03
新疆	629.16	238150	213.7	80.89	17.71
西藏	184.63	54243.81	62.71	18.42	3.23
内蒙古	545.02	201829.9	185.12	68.55	14.83
宁夏	440.83	119979.2	149.73	40.75	10.27
青海	377.76	151095.9	128.31	51.32	9.68

教育事业类建筑热负荷需求   表 4.18

地区	全年最大热负荷（kW）	全年累计热负荷（kWh）	全年最大热负荷指标（W/m²）	全年累计热负荷指标（kWh/m²）	供暖季热负荷指标（W/m²）
辽宁	593.89	199991.5	201.72	67.93	15.17
天津	548.01	111699.7	173.15	37.94	9.45
北京	561.26	105504.1	190.64	35.84	8.31
吉林	735.46	280356.1	249.81	95.23	19.56
陕西	488.41	103613.6	165.89	35.19	8.8
河北	542.42	107418.2	184.24	36.49	9.02
黑龙江	853.5	327392	289.9	111.2	21.71
山东	509.41	80784.94	173.03	27.44	7.03
甘肃	543.84	142967.1	184.72	48.56	10.13
山西	555.79	132578.1	188.78	45.03	9.71
江苏	349.27	64165.3	118.63	21.79	5.76
河南	394.8	91617.17	134.1	31.12	8.5
新疆	756.05	253142.5	256.8	85.89	17.13
西藏	248.37	97411.32	84.36	33.09	4.46
内蒙古	617.61	218469.5	209.78	74.21	14.47
宁夏	572.9	146888.6	194.59	49.89	9.89
青海	486.26	195419.2	165.16	66.38	9.18

由于卫生事业类建筑如医院的烧伤科、病房等具有特殊使用功能的房间对温度与湿度有特定要求，政府机关类建筑和教育事业类建筑在夜间或者假期可采用值班供暖，因此卫生事业类建筑供暖季热负荷指标明显大于政府机关类建筑和教育事业类建筑，而教育事业类建筑相比于政府机关类建筑，因为有寒假的存在，所以供暖季热负荷指标略小。而实际设计和运行中，往往较少考虑办公和教育两类建筑的值班温度设置问题，以常规形式供暖，造成巨大的能源浪费。从另一个角度看，这两类建筑节能都有较大潜力。

2）热负荷需求总量

利用 DeST-C 模拟三类公共机构供暖季热负荷指标，根据式（4.17），计算公共机构全年单位面积热负荷需求量。

$$r = 3600q_r \cdot h \cdot d \qquad (4.17)$$

式中，r——单位面积热负荷需求量，J/m²；

q_r——供暖季热负荷指标，W/m²；

h——供暖时数，h；

d——供暖天数，d。

卫生事业类建筑冬季需全天供暖，而政府机关类建筑和教育事业类建筑在无人员活动期间可设置值班供暖，导致不同类型的公共机构每日供暖时数不同，卫生事业类建筑供暖时数为 24h；政府机关类建筑供暖时数为 8h；教育事业类建筑供暖时数为 12h。教育事业类建筑寒假期间校内采用值班温度，因此不同地区按设计室内温度运行的供暖天数也不同，本课题以省会城市供暖天数代表该省的供暖天数，将北方寒假期定为 49d，南方寒假期定为 30d，不同地区不同类型公共机构供暖天数如表 4.19 所示。

公共机构供暖天数   表 4.19

地区	卫生事业类建筑（d）	政府机关类建筑（d）	教育事业类建筑（d）
黑龙江	176	176	127
吉林	170	170	121
辽宁	152	152	103
新疆	162	162	113
内蒙古	166	166	117
西藏	142	142	93
青海	162	162	113
北京	125	125	76
山西	135	135	86
宁夏	145	145	96
甘肃	132	132	83
河北	112	112	63
山东	101	101	52
天津	119	119	70
陕西	100	102	51
河南	98	98	49
江苏	94	94	45

根据《综合能耗计算通则》GB/T 2589—2020[93]，将上述单位面积热负荷需求量单位由焦耳转换为标准煤，折算标准煤系数为 0.03412，结果如表 4.20 所示。

公共机构单位面积热负荷需求量   表 4.20

地区	卫生事业类建筑（kgce/m²）	政府机关类建筑（kgce/m²）	教育事业类建筑（kgce/m²）
黑龙江	22.27	3.94	4.06
吉林	19.57	3.26	3.50
辽宁	16.26	2.57	2.30
新疆	16.30	2.82	2.85
内蒙古	15.30	2.42	2.50
西藏	5.58	0.45	0.61
青海	11.53	1.54	1.53
北京	10.55	1.29	0.93
山西	10.36	1.26	1.23
宁夏	11.50	1.46	1.40
甘肃	9.74	1.32	1.24
河北	9.24	1.20	0.84
山东	7.31	0.83	0.54

地区	卫生事业类建筑 （kgce/m²）	政府机关类建筑 （kgce/m²）	教育事业类建筑 （kgce/m²）
天津	9.58	1.17	0.98
陕西	7.57	0.99	0.66
河南	7.11	0.97	0.61
江苏	6.34	0.82	0.38

图 4.2 为不同地区三类公共机构供暖季热负荷指标对比。整体来讲，热负荷指标由大到小的顺序是东北、西北、华北、华东和西南地区，而且东北地区热指标明显高出其他地区，其主要原因是供暖季热负荷指标主要受冬季供暖室外计算温度的影响，因此东北地区节能潜力较大，同时节能任务更加艰巨，节能意义也更加重要。

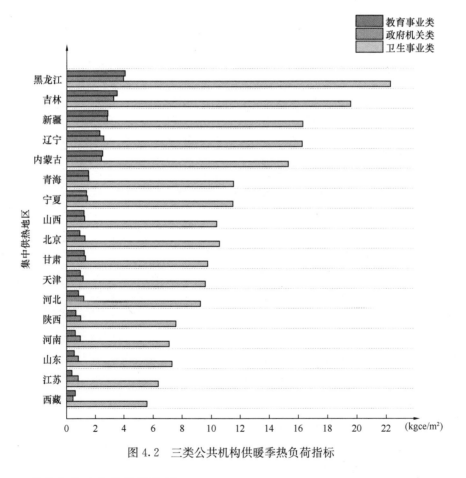

图 4.2 三类公共机构供暖季热负荷指标

（4）公共机构冷负荷模拟分析

1）冷负荷需求

利用 DeST-C 分别模拟三类公共机构全年最大冷负荷、累计冷负荷、最大冷负荷指标、累计冷负荷指标及空调季冷负荷指标。如表 4.21、表 4.22、表 4.23 所示。

卫生事业类建筑单位面积冷负荷需求 表 4.21

地区	全年最大冷负荷（kW）	全年累计冷负荷（kWh）	全年最大冷负荷指标（W/m²）	全年累计冷负荷指标（kWh/m²）	空调季冷负荷指标（W/m²）
辽宁	279.37	164249.6	94.89	55.79	16.87
天津	391.12	234835.5	132.85	79.77	24.8
北京	519.28	235138	176.38	79.87	26.02
上海	443.66	411848.4	150.7	139.89	46.59
重庆	339.84	423560.6	115.43	143.87	43.21
福建	319.58	548934	108.55	186.45	48.01
广东	467.51	688109.7	158.8	233.73	53.92
湖北	401.38	494452.8	136.33	167.95	54.64
吉林	158.03	113871.6	53.68	38.68	11.02
陕西	306.65	227413.3	104.16	77.24	24.08
黑龙江	193.55	113432.8	65.74	38.53	11.33
浙江	358.99	415946.2	121.94	141.28	45.82
河北	337.99	234920	114.8	79.79	24.56
山东	332.34	293965.2	112.88	99.85	32.77
四川	310.15	280966.5	105.35	95.43	28.06
云南	78.64	138195.6	26.71	46.94	7.36
甘肃	86.04	98222.05	29.23	33.36	7.59
广西	358.76	700931.9	121.86	238.08	54.57
山西	162.62	130286.8	55.24	44.25	11.8
江苏	367.94	418394.2	124.98	142.11	48.98
安徽	463.15	430686.8	157.31	146.29	48.95
江西	409.36	503552	139.04	171.04	54.92
河南	353.22	306528.6	119.98	104.12	33.98
湖南	336.34	440575.7	114.24	149.65	45.9
海南	343.91	945841.5	116.81	321.27	63.91
新疆	131.42	109369.6	44.64	37.15	9.41
西藏	37.83	73765.4	12.85	25.06	3.88
内蒙古	101.2	95524.86	34.37	32.45	8.15
宁夏	142.5	115043.4	48.4	39.08	9.9
青海	47.28	63267.27	16.06	21.49	4.43
贵州	143.71	184216.9	48.81	62.57	13.78

政府机关类建筑单位面积冷负荷需求 表 4.22

地区	全年最大冷负荷（kW）	全年累计冷负荷（kWh）	全年最大冷负荷指标（W/m²）	全年累计冷负荷指标（kWh/m²）	空调季冷负荷指标（W/m²）
辽宁	341.96	91625.85	116.15	31.12	11.98
天津	321.28	154976	109.13	52.64	16.56
北京	376.62	153889.7	127.92	52.27	17.27
上海	436.03	203986.8	148.1	69.29	21.52
重庆	346.49	217106	117.69	73.74	23.69
福建	372.67	348520.6	126.58	118.38	24.52
广东	472.83	467470.4	160.6	158.78	27.47
湖北	499.96	232231.9	169.82	78.88	24.05
吉林	217.56	59859.79	73.9	20.33	7.88
陕西	314.72	144069.7	106.9	48.94	16.53
河北	313.37	159559.6	106.44	54.2	17.22
黑龙江	250.19	52237.7	84.98	17.74	7.31
浙江	342.05	209708.5	116.18	71.23	22.16
山东	423.18	187400.4	143.74	63.65	19.71
四川	316.08	147670.9	107.36	50.16	15.39
云南	163.9	105990.8	55.67	36	4.41
甘肃	171.32	59207.34	58.19	20.11	5.72
广西	420.49	460569.6	142.83	156.44	26.71
山西	254.63	97958.9	86.49	33.27	9.66
江苏	411.57	194271.4	139.8	65.99	22.44
安徽	532.81	206723.3	180.98	70.22	22.2
江西	430.3	249729.7	146.16	84.82	24.63
河南	356.3	149115.3	121.02	50.65	17.66
湖南	377.29	222804.7	128.15	75.68	22.06
海南	490.11	635355.8	166.47	215.81	30.03
新疆	188.56	61760.64	64.05	20.98	7
西藏	85.16	29000	28.93	9.85	0.86
内蒙古	166.54	48635.04	56.57	16.52	5.88
宁夏	234.98	98233.61	79.81	33.37	9.07
青海	85.08	10232.18	28.9	3.48	1.01
贵州	208.15	121868.9	70.7	41.39	11.13

教育事业类建筑单位面积冷负荷需求 表 4.23

地区	全年最大冷负荷（kW）	全年累计冷负荷（kWh）	全年最大冷负荷指标（W/m²）	全年累计冷负荷指标（kWh/m²）	空调季冷负荷指标（W/m²）
辽宁	456.77	50832.92	155.15	17.27	4.45
天津	509.75	105170.7	173.15	35.72	7.7
北京	435.63	94933.66	147.97	32.25	7.67
上海	580.92	181292.2	197.32	61.58	12.43
重庆	611.1	208285.7	207.57	70.75	12.73
福建	581.46	310969.6	197.5	105.63	17.35
广东	544.89	484329.1	185.08	164.51	22.24
湖北	647.19	206913.1	219.83	70.28	12.44
吉林	278.83	34805.18	94.67	11.82	3.14
陕西	425.09	86887.29	144.39	29.51	6.12
河北	359.81	105795.6	122.22	35.94	7.66
黑龙江	230.64	26467.4	78.34	8.99	2.42
浙江	613.18	183400.3	208.28	62.29	11.76
山东	492.15	137263.9	167.17	46.62	10.35
四川	479.27	136079.8	162.79	46.22	7.86
云南	172.59	88281.05	58.62	29.99	2.55
甘肃	164.96	45652.65	56.03	15.51	2.63
广西	562.42	482925.2	191.03	164.03	22.93
山西	284.72	66731.01	96.71	22.67	4.31
江苏	639.97	144637.9	217.37	49.13	9.69
安徽	639.28	186908.2	217.14	63.49	12.62
江西	636.66	220828.6	216.25	75.01	12.43
河南	510.97	120645.1	17356	40.98	9.14
湖南	628.7	212189.6	213.55	72.07	12.64
海南	656.76	695206.6	223.08	236.14	26.24
新疆	246.68	49051.95	83.79	16.66	3.65
西藏	72.58	39024.32	24.65	13.26	0.96
内蒙古	258.23	40929.9	87.71	13.9	3.42
宁夏	298.02	65994.39	101.23	22.42	3.83
青海	53.12	16434.5	18.04	5.58	0.63
贵州	304.81	97974.07	103.38	33.28	5.95

从表 4.23 可知，严寒地区、寒冷地区和温和地区的参数在各地区中普遍偏低，青海、西藏、甘肃的各项冷负荷模拟结果均为各地区中最低的。夏热冬暖地区的参数普遍偏高，海南省的各项冷负荷模拟结果皆是各地区中最高的，夏热冬冷地区的参数位于各

地区的中上游。

由于卫生事业类建筑如医院的烧伤科、病房等具有特殊使用功能的房间对温度与湿度有特定要求，政府机关类建筑和教育事业类建筑在夜间、节假日较少人员活动或无人员，因此卫生事业类建筑空调季冷负荷指标明显大于政府机关类建筑和教育事业类建筑，而教育事业类建筑相比于政府机关类建筑，因为有暑假的存在，空调季冷负荷指标略小。

2）冷负荷需求总量

利用 DeST-C 模拟三类公共机构空调季冷负荷指标，根据式（4.18）计算公共机构全年单位面积冷负荷需求量。

$$c = 3600q_c \cdot h \cdot d \tag{4.18}$$

式中　c——单位面积冷负荷需求量，J/m^2；

　　　q_c——供暖季冷负荷指标，W/m^2；

　　　h——空调运行时数，h；

　　　d——空调全年运行天数，d。

卫生事业类建筑需夏季全天供冷，政府机关类建筑和教育事业类建筑在无人员活动期间可关闭空调，导致不同类型的公共机构空调运行时数不同，卫生事业类建筑空调运行时数为 24h；政府机关类建筑空调运行时数为 8h；教育事业类建筑空调运行时数为12h。不同热工分区空调全年运行天数不同，严寒和寒冷地区空调全年运行天数为 92d，夏热冬冷和温和地区空调全年运行天数为 107d，夏热冬暖地区空调全年运行天数为122d。教育事业类建筑暑假期间不进行空调制冷，在统计教育事业类建筑空调全年运行天数时应去除暑假天数，本课题将北方暑假定为 45d，南方暑假定为 55d，不同地区不同类型公共机构空调运行天数如表 4.24 所示。

公共机构全年空调运行天数　　　　　　　　　　　　表 4.24

热工分区	卫生事业类建筑（d）	政府机关类建筑（d）	教育事业类建筑（d）
严寒	92	92	47
寒冷	92	92	47
夏热冬冷	107	107	52
夏热冬暖	122	122	67
温和	107	107	52

根据《综合能耗计算通则》GB/T 2589—2020[93]，将上述单位面积冷负荷需求量单位由焦耳转换为标准煤，折算标准煤系数为 0.03412，结果如表 4.25 所示。

公共机构单位面积冷负荷需求　　　　　　　　　　表 4.25

地区	卫生事业类建筑（kgce/m²）	政府机关类建筑（kgce/m²）	教育事业类建筑（kgce/m²）
黑龙江	2.05	0.66	0.17
吉林	2.99	0.71	0.22

地区	卫生事业类建筑 （kgce/m²）	政府机关类建筑 （kgce/m²）	教育事业类建筑 （kgce/m²）
辽宁	4.58	1.08	0.31
山东	8.89	1.78	0.72
新疆	2.55	0.63	0.25
内蒙古	2.21	0.53	0.24
西藏	1.05	0.08	0.07
青海	1.20	0.09	0.04
北京	7.06	1.56	0.53
山西	3.20	0.87	0.30
宁夏	2.69	0.82	0.27
甘肃	2.06	0.52	0.18
河北	6.66	1.56	0.53
天津	6.73	1.50	0.53
陕西	6.53	1.49	0.42
河南	10.72	1.86	0.70
江苏	15.45	2.36	0.74
安徽	15.44	2.33	0.97
湖北	17.24	2.53	0.95
湖南	14.48	2.32	0.97
江西	17.32	2.59	0.95
四川	8.85	1.62	0.60
江苏	15.45	2.36	0.74
浙江	14.45	2.33	0.90
上海	14.70	2.26	0.95
重庆	13.63	2.49	0.98
广西	19.63	3.20	2.26
福建	17.27	2.94	1.71
广东	19.39	3.29	2.20
海南	22.99	3.60	2.59
贵州	4.35	1.17	0.46
云南	2.32	0.46	0.20

　　图4.3所示为各地区三类公共机构空调季冷负荷指标对比图，可知海南、广西、广东等南方地区冷负荷指标明显大于黑龙江、内蒙古等北方地区冷负荷指标，同时诸如云南、贵州等温和气候地区冷负荷指标也在全国水平中处于下游水平。

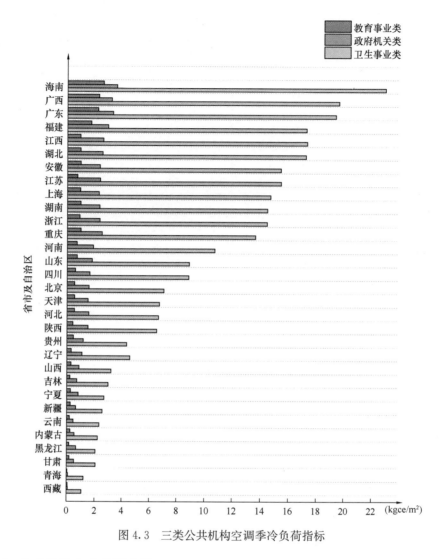

图 4.3　三类公共机构空调季冷负荷指标

（5）公共机构电负荷需求量

电力在公共机构能源消耗中占据较大比重，主要用于空调系统、照明系统、电梯、供热和其他能耗。根据《建筑电气常用数据》中各类建筑物用电指标[79]，政府机关类建筑和卫生事业类建筑用电指标为 $30\sim70\mathrm{W/m^2}$；教育事业类建筑用电指标为 $20\sim40\mathrm{W/m^2}$。本课题政府机关类建筑和卫生事业类建筑用电指标取 $30\mathrm{W/m^2}$；教育事业类建筑用电指标为 $20\mathrm{W/m^2}$。

三类公共机构用电特点不同，卫生事业类建筑如医院由于其独特的使用功能，导致设备常年处于开启状态，但门诊、办公室晚间人员活动较少或无人员，为避免计算电负荷偏大，将卫生事业类建筑日供电时数拟定为 16h，运行天数为 365d；政府机关类建筑如办公建筑有明确的工作日、休息日和节假日，同时对照明环境要求较高，政府机关类建筑日供电时数拟定为 8h，运行天数为 261d；教育事业类建筑如高等学校教室及宿舍的使用时间不同，寒暑假设没有人员时各类设备处于关闭状态，建筑日供电时数拟定为 12h，运行天数为 219d。单位面积电负荷需求量计算公式如式（4.19）所示。

$$e = 3600q_e \cdot h \cdot d \qquad (4.19)$$

式中 e ——单位面积电负荷需求量，J/m^2；

$\quad\quad q_e$ ——建筑用电指标，W/m^2；

$\quad\quad h$ ——日运行时数，h；

$\quad\quad d$ ——运行天数，d。

根据《综合能耗计算通则》GB/T 2589—2020[93]，将上述单位面积电负荷单位由焦耳转换为标准煤，折算标准煤系数为 0.03412，结果如表 4.26 所示。

公共机构单位面积电负荷 表 4.26

公共机构类型	卫生事业类建筑	政府机关类建筑	教育事业类建筑
电负荷（kgce/m²）	21.52	7.69	6.45

（6）公共机构热水供应热负荷需求量

热水供应系统满足建筑日常用热水需求，根据《城镇供热管网设计规范》CJJ 34—2010[80]，热力管网只对公共建筑供热水时，热指标范围为 2～3W/m²，本课题公共机构热水供应指标拟定为 2W/m²。根据式（4.20）计算单位面积生活热水需求量

$$w = 3600q_w \cdot h \cdot d \qquad (4.20)$$

式中 w ——单位面积生活热水需求量，J/m^2；

$\quad\quad q_w$ ——热水供应指标，W/m^2；

$\quad\quad h$ ——日供应时数，h；

$\quad\quad d$ ——供应天数，d。

日供应时数与供应天数与式（4.17）和式（4.18）保持一致。根据《综合能耗计算通则》GB/T 2589—2020[93]，将上述单位面积生活热水需求量单位由焦耳转换为标准煤，折算标准煤系数为 0.03412，结果如表 4.27 所示。

公共机构单位面积生活热水需求量 表 4.27

公共机构类型	卫生事业类建筑	政府机关类建筑	教育事业类建筑
生活热水（kgce/m²）	1.43	0.51	0.65

4.2 公共机构能源耦合数学模型体系构建

本节依据 MARKAL 模型的数学框架，构建公共机构能源耦合数学模型体系，如图 4.4 所示，包括能源系统模块、碳排放模块以及社会发展模块三个部分。能源系统模块主要为能源的流动过程，并在能源流动过程中加入相应的约束条件；碳排放模块主要为碳排放约束条件的建立，进行碳排放减排目标的设置，并利用排放系数法计算碳排放量；社会发展模块主要为模型预测过程中的影响因素，本节将介绍模型中约束条件建立所需要的主要数据，阐述模型中各项基础数据的选取、收集和分析，包括公共机构需求侧的能耗数据、供应侧的能源资源条件、能源消费结构的影响分析、转换技术约束的能源转换效率、碳排放约束的减排目标等。

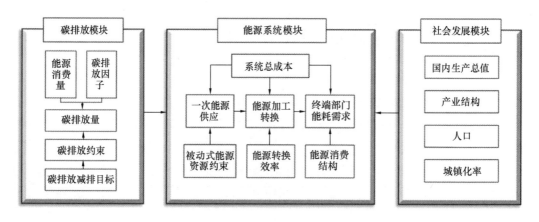

图 4.4　公共机构能源耦合数学模型体系

4.2.1　公共机构能源耦合模型能耗需求量计算结果分析

（1）公共机构单位面积能耗计算结果分析

全国各地区公共机构单位面积能耗为 4.1.4 节公共机构负荷模拟计算得到。针对不同地区的典型公共机构，根据《公共建筑节能设计标准》GB 50189—2015[92]，设定相应的建筑围护结构参数，针对卫生事业类建筑、教育事业类建筑、政府机关类建筑三类公共机构的能耗特点，分别设定室内人员以及建筑设备的能耗作息规律，对各地区三类公共机构进行 DeST 能耗模拟，并在 DeST 模拟的单位面积能耗基础上加入热水负荷和电负荷，得到全国各地区三类公共机构的单位面积总能耗如表 4.28 所示。

全国各地区三类公共机构单位面积能耗情况　　　　　　　　表 4.28

地区	卫生事业类（kgce/m²）	政府机关类（kgce/m²）	教育事业类（kgce/m²）
黑龙江	47.28	12.81	11.33
吉林	45.51	12.18	10.82
辽宁	43.79	11.86	9.71
新疆	41.81	11.66	10.21
内蒙古	40.47	11.16	9.83
西藏	29.58	8.74	7.78
青海	35.69	9.84	8.67
北京	40.56	11.06	8.56
山西	36.51	10.34	8.63
宁夏	37.14	10.49	8.77
甘肃	34.75	10.04	8.52
河北	38.86	10.96	8.47
山东	39.15	10.81	8.36
天津	39.26	10.87	8.61
陕西	37.06	10.69	8.19

地区	卫生事业类（kgce/m²）	政府机关类（kgce/m²）	教育事业类（kgce/m²）
河南	40.79	11.03	8.42
江苏	44.75	11.38	8.23
安徽	38.40	10.54	8.07
湖北	40.19	10.74	8.06
湖南	37.43	10.53	8.07
江西	40.28	10.80	8.05
四川	31.81	9.83	7.70
浙江	37.41	10.54	8.00
上海	37.65	10.47	8.05
重庆	36.58	10.70	8.08
广西	42.58	11.41	9.37
福建	40.22	11.15	8.82
广东	42.35	11.50	9.30
海南	45.94	11.81	9.69
贵州	27.30	9.38	7.56
云南	25.28	8.67	7.30

三类公共机构平均单位面积能耗　　　　　　　　表 4.29

公共机构类型	卫生事业类（kgce/m²）	政府机关类（kgce/m²）	教育事业类（kgce/m²）
平均单位面积能耗	38.59	10.83	8.74

根据表 4.29 可知，卫生事业类建筑、政府机关类建筑和教育事业类建筑平均单位面积能耗分别为 38.59kgce/m²、10.83kgce/m² 和 8.74kgce/m²，可见全国各地区卫生事业类建筑单位面积能耗最大，教育事业类建筑最小，这主要是由于各类型公共机构的运行时长不同、建筑功能不同导致的。且在各地区三类公共机构单位面积能耗中，黑龙江地区的各类公共机构单位面积的平均能耗最高，主要是由于该地区为严寒地区，冬季供暖时间长、气温低，因此冬季供暖能耗较大。云南地区的各类能耗最低，主要是由于该地区为温和地区，过渡季节时间长，因此建筑能耗相对较低。通过热力学模拟软件 DeST-C 对各地区三类公共机构进行单位面积能耗的计算和分析，可使全国公共机构总能耗的计算更加科学合理，为全国公共机构主被动能源耦合利用模型研究提供数据基础。

（2）公共机构数量预测结果分析

本书各类公共机构数量利用回归分析法作为主要预测方法，该方法是确定两种或两种以上变量间相互依赖的定量关系的一种统计分析方法，其基本原理在于利用最小二乘法来分析变量历史数据的变化规律和特征，寻找自变量和因变量之间的回归函数，确定参数并给出预测。以下以辽宁省卫生事业类公共机构数量预测为例，介绍回归分析法。根据国家统计局统计得到辽宁省 2008—2018 年卫生事业类公共机构数量、生产总值、人口数量以及城镇化率数据如表 4.30 所示[94]。

辽宁省社会信息调查表　　　　　　　　　　表 4.30

年份 (年)	卫生事业类公共机构数量 (个)	生产总值 (亿元)	人口 (万人)	城镇化率 (%)
2008	854	13745.3	4246.1	60.98
2009	829	15288.7	4256.0	61.91
2010	821	18528.6	4251.7	62.94
2011	831	22301.5	4255.0	63.93
2012	860	24882.6	4244.8	64.94
2013	905	27246.2	4238.0	65.97
2014	962	28612.3	4244.2	67.01
2015	1020	28555.6	4229.7	69.14
2016	1190	21896.2	4232.0	70.23
2017	1268	23409.2	4196.5	71.06
2018	1369	25315.4	4191.9	71.75

运用 MATLAB 软件进行回归模型方程组的建立，设置生产总值为 x_1，人口为 x_2，城镇化率为 x_3，输入代码如图 4.5 所示。并利用该程序进行计算，得到辽宁省卫生事业类公共机构数量的模型回归系数估计值以及回归系数置信区间如表 4.31 所示。

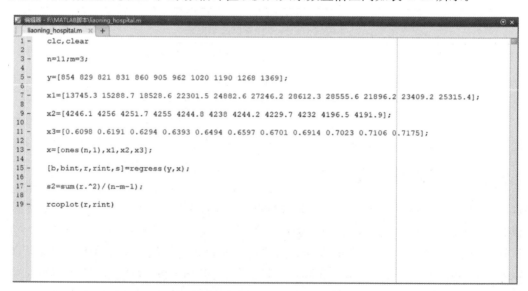

```
clc,clear

n=11;m=3;

y=[854 829 821 831 860 905 962 1020 1190 1268 1369];

x1=[13745.3 15288.7 18528.6 22301.5 24882.6 27246.2 28612.3 28555.6 21896.2 23409.2 25315.4];

x2=[4246.1 4256 4251.7 4255 4244.8 4238 4244.2 4229.7 4232 4196.5 4191.9];

x3=[0.6098 0.6191 0.6294 0.6393 0.6494 0.6597 0.6701 0.6914 0.7023 0.7106 0.7175];

x=[ones(n,1),x1,x2,x3];

[b,bint,r,rint,s]=regress(y,x);

s2=sum(r.^2)/(n-m-1);

rcoplot(r,rint)
```

图 4.5　辽宁省卫生事业类公共机构数量回归分析算法

回归系数估计值以及置信区间　　　　　　　　　表 4.31

回归系数	回归系数估计值	回归系数置信区间
β_0	−10808.70	(−45397.20，23779.86)
β_1	−0.0098	(−0.0188，−0.0007)
β_2	1.9000	(−5.869，9.669)
β_3	5927.43	(3253.34，8601.51)

回归模型的检验值 $R^2=0.9846$、$F=63.8669$，证明模型计算精确、回归效果显著。由此得到辽宁省卫生事业类公共机构数量回归分析方程如式（4.21）所示。

$$\hat{y}=-10808.7-0.0098x_1+1.9x_2+5927.43x_3 \tag{4.21}$$

依据生产总值、人口数量以及城镇化率的发展趋势可预测出 2020 年辽宁省卫生事业类公共机构数量为 1418 个。全国其他各地区三类公共机构数量预测方法亦是如此，建立多元回归分析方程预测出 2020 年全国各地区公共机构总数量如表 4.32 所示，在三类公共机构总数量中，四川、湖南、山东、河北等地区的公共机构数量较多，宁夏、上海、海南、天津等地区的公共机构数量较少。卫生事业类建筑数量中，四川、山东等地区数量最多，西藏、海南等地区最少，教育事业类建筑数量中，江苏、山东等地区数量最多，西藏、青海等地区数量最少，政府机关类建筑数量中，四川、河南等地区数量最多，宁夏、上海等地区数量最少。数量的不同主要与当地的人口数量、经济发展水平、城镇化率、土地面积有关。而公共机构的数量，一定程度上影响各地区公共机构的总建筑面积，从而对公共机构总能耗产生影响。

全国各地区三类公共机构总数量 表 4.32

地区	公共机构总数量（家）	地区	公共机构总数量（家）	地区	公共机构总数量（家）
北京	2978	安徽	10124	重庆	4786
天津	2753	福建	10795	四川	21593
河北	14424	江西	10851	贵州	8980
山西	10253	山东	15623	云南	13177
内蒙古	8535	河南	18342	西藏	7226
辽宁	11110	湖北	10773	陕西	10984
吉林	6828	湖南	14318	甘肃	7772
黑龙江	10564	广东	14037	青海	3388
上海	1990	广西	9297	宁夏	1734
江苏	13122	海南	2184	新疆	10550
浙江	10024				

（3）公共机构建筑面积计算结果分析

在计算各地区公共机构建筑总面积时，首先分别对全国 31 个地区的三类公共机构进行随机抽查，统计计算出每一类公共机构的平均建筑面积，再结合全国各地区公共机构数量的预测结果，将其与各类公共机构的平均建筑面积相乘，得到各地区公共机构的总建筑面积如表 4.33 所示。

全国各地区三类公共机构总建筑面积 表 4.33

地区	教育事业类（m²）	政府机关类（m²）	卫生事业类（m²）	合计（m²）
北京	7.49×10^7	1.43×10^8	1.55×10^8	3.73×10^8
天津	5.07×10^7	4.15×10^7	2.54×10^7	1.18×10^8
河北	6.02×10^7	2.22×10^8	1.32×10^8	4.15×10^8
山西	3.63×10^7	1.85×10^8	1.12×10^8	3.33×10^8

地区	教育事业类（m²）	政府机关类（m²）	卫生事业类（m²）	合计（m²）
内蒙古	$1.34×10^7$	$1.28×10^8$	$3.21×10^7$	$1.73×10^8$
辽宁	$1.16×10^8$	$1.12×10^8$	$1.36×10^8$	$3.64×10^8$
吉林	$1.62×10^7$	$1.59×10^7$	$1.01×10^8$	$1.33×10^8$
黑龙江	$6.48×10^7$	$1.41×10^8$	$1.46×10^8$	$3.52×10^8$
上海	$6.28×10^7$	$1.41×10^7$	$3.23×10^7$	$1.09×10^8$
江苏	$1.43×10^8$	$1.71×10^7$	$2.47×10^8$	$4.07×10^8$
浙江	$6.84×10^7$	$1.29×10^8$	$1.16×10^8$	$3.13×10^8$
安徽	$6.89×10^7$	$1.88×10^8$	$1.09×10^8$	$1.96×10^8$
福建	$5.60×10^7$	$7.83×10^7$	$2.59×10^7$	$1.60×10^8$
江西	$7.57×10^7$	$6.30×10^7$	$4.15×10^7$	$1.80×10^8$
山东	$1.38×10^8$	$3.81×10^7$	$2.38×10^8$	$4.14×10^8$
河南	$6.45×10^7$	$1.03×10^8$	$1.27×10^8$	$2.95×10^8$
湖北	$1.29×10^8$	$1.74×10^8$	$1.25×10^8$	$4.28×10^8$
湖南	$8.30×10^7$	$1.71×10^8$	$1.79×10^8$	$4.33×10^8$
广东	$1.28×10^8$	$1.28×10^8$	$2.03×10^8$	$4.58×10^8$
广西	$4.42×10^7$	$8.94×10^7$	$4.67×10^7$	$1.80×10^8$
海南	$4.90×10^6$	$7.08×10^6$	$2.01×10^7$	$3.21×10^7$
重庆	$4.66×10^7$	$3.01×10^7$	$1.11×10^8$	$1.88×10^8$
四川	$1.00×10^8$	$3.16×10^8$	$1.60×10^8$	$5.76×10^8$
贵州	$1.72×10^7$	$1.76×10^8$	$1.12×10^8$	$3.06×10^8$
云南	$3.70×10^7$	$3.18×10^8$	$7.09×10^7$	$4.26×10^8$
西藏	$4.95×10^5$	$1.71×10^7$	$3.46×10^6$	$2.10×10^7$
陕西	$5.12×10^7$	$2.82×10^8$	$1.07×10^8$	$4.40×10^8$
甘肃	$2.19×10^7$	$1.43×10^8$	$3.29×10^7$	$1.98×10^8$
青海	$1.08×10^6$	$2.72×10^7$	$1.00×10^7$	$3.83×10^7$
宁夏	$3.53×10^6$	$1.22×10^7$	$1.92×10^7$	$3.49×10^7$
新疆	$1.63×10^7$	$4.40×10^7$	$4.54×10^7$	$1.06×10^8$

　　由表 4.33 可知，大部分地区教育事业类建筑在各地区的总面积占比中较少，政府机关及卫生事业类建筑在各地区的总面积占比中较多。从全国来看，四川、广东、陕西等地区的公共机构建筑面积较大，青海、西藏、海南、宁夏等地的公共机构建筑面积较少，这主要与当地的经济发展水平、人口密度有关，人口密度大、经济发展水平较高的地区公共机构数量较多。

　　（4）公共机构总能耗计算结果分析

　　公共机构总能耗中包括热负荷、冷负荷、用电负荷和生活热水负荷。根据负荷密度法可得式（4.22）以计算公共机构总能耗，总能耗计算结果如表 4.34 所示。

$$Q=(r+c+e+w)·A \tag{4.22}$$

式中　Q——公共机构总能耗，kgce；

　　　r——单位面积热负荷需求量，kgce/m²；

　　　c——单位面积冷负荷需求量，kgce/m²；

e——单位面积电负荷需求量，kgce/m²；

w——单位面积热水负荷需求量，kgce/m²；

A——各类公共机构建筑总面积，m²。

全国各地区公共机构总能耗需求量（tce） 表 4.34

地区	公共机构总能耗	地区	公共机构总能耗	地区	公共机构总能耗
北京	8.51×10^6	安徽	4.92×10^6	重庆	4.76×10^6
天津	1.88×10^6	福建	2.41×10^6	四川	8.98×10^6
河北	8.08×10^6	江西	2.96×10^6	贵州	4.84×10^6
山西	6.30×10^6	山东	1.09×10^7	云南	4.82×10^6
内蒙古	2.86×10^6	河南	6.85×10^6	西藏	2.55×10^5
辽宁	8.39×10^6	湖北	7.92×10^6	陕西	7.39×10^6
吉林	4.96×10^6	湖南	9.17×10^6	甘肃	2.77×10^6
黑龙江	9.45×10^6	广东	1.12×10^7	青海	6.34×10^5
上海	1.87×10^6	广西	3.42×10^6	宁夏	8.72×10^5
江苏	1.24×10^7	海南	1.06×10^6	新疆	2.58×10^6
浙江	6.24×10^6				

可以看出江苏、广东地区的公共机构总能耗需求量最大，分别为 1.24×10^7 tce、1.12×10^7 tce，西藏、青海地区公共机构总能耗需求量最小，分别为 2.55×10^5 tce、6.34×10^5 tce。全国范围内公共机构总能耗最大的地区与总能耗最小的地区相差近 49 倍，究其原因，发现江苏地区经济发展良好、人口众多，因而公共机构数量、总面积及单位面积能耗均处于全国上游水平，导致该地区的公共机构总能耗较高。而西藏地区由于人口相对较少，公共机构数量少、能耗低，因此西藏地区的公共机构总能耗为我国各地区中能耗最低的地区。

根据 2019 年全国第四次经济普查得到的各地区 GDP 排名，发现 GDP 总量的排名与本研究中公共机构能耗排名大致相符，由此可论证本课题的预测方法和影响因素选择的科学性，也验证了公共机构能耗计算结果的准确性。同时说明，各地公共机构总能耗大小与各地区陆地面积无关，而与各地公共机构建筑面积、公共机构数量、单位面积能耗及经济发展状况等因素有关。

在对公共机构总能耗、数量、总建筑面积分析的基础上，亦对全国各地区教育事业类、政府机关类和卫生事业类三类公共机构的各分项能耗做了比对分析，在全国各地区卫生事业类公共机构总能耗比较中，江苏、山东、广东的能耗最大，西藏、青海、宁夏、等地能耗较少；各地区教育事业类公共机构的总能耗中，广东、江苏、辽宁等地能耗较大，西藏、青海、海南等地能耗较少；各地区政府机关类公共机构总能耗中，四川、陕西、云南等地能耗较大，海南、宁夏、西藏等地较少。各地区医院和学校总能耗需求存在差别的主要原因除气候区域影响的建筑单位面积能耗不一样之外，主要是各地区人口因素影响带来的医院和学校的数量上的差别，政府机关的能耗不同与各地所处的政治位置、经济中心以及政府机关数量等因素有关。

4.2.2 公共机构能源耦合模型资源供应量调研结果分析

在构建的公共机构能源耦合数学模型中，能源供应量是重要的约束条件之一。本课题主要目标是在当前以主动能源为主的用能情况下，求得公共机构被动式能源的优化配比，因此着重考虑被动式能源的资源情况，而不具体考虑主动式能源的供应量。通过对全国各地区太阳能、地热能等被动式能源的对比分析，可得出地热能、太阳能最丰富以及最匮乏的地区，在对公共机构进行主被动能源宏观配置时，将地热能、太阳能的资源量作为能源供应量的主要约束条件。通过对全国各地区被动式能源的分析，可计算出各建筑气候区的主被动能源配比情况，结合其他约束条件，对各地区能源供应进行宏观配置规划。

（1）地热能资源量分析

地热能是一种高效清洁的被动式能源，主要类型有潜热、水热和干热三种，其特点是分布广、储量大、低碳环保、供暖季和空调季供应稳定。我国浅层地热能储量丰富，其储存的资源储量相当于 9.5×10^9 tce，每年能够开采的浅层地热能资源量近 7.0×10^8 tce；我国水热型地热能资源量也相当丰富，全国可开采量近 1.9×10^9 tce；在 $3000 \sim 10000$m 埋深处的干热岩有近 8.56×10^{14} tce 的资源量[95]。根据统计得到各地区地热能可利用资源量如图 4.6 所示。

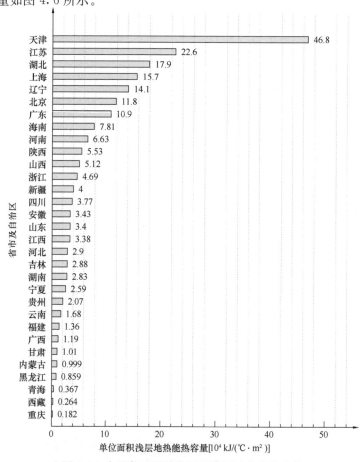

图 4.6 全国各地区单位面积浅层地热能热容量

由图 4.6 可知我国地热能资源排名前 3 位的地区分别是天津、江苏及湖北，地热能资源量分别为 $46.8 \times 10^4 kJ/(℃ \cdot m^2)$、$22.6 \times 10^4 kJ/(℃ \cdot m^2)$、$17.9 \times 10^4 kJ/(℃ \cdot m^2)$，地热能资源量最少的地区为重庆，地热能资源量仅为 $1.82 \times 10^3 kJ/(℃ \cdot m^2)$。

地热能的过量开采将会导致地热水位持续下降、水量减少等问题出现，个别地区甚至会出现较为严重的地面沉降、地面塌陷等地质环境问题。天津市塘沽和大港的检测资料显示，地热开采造成地面沉降约为 $2 \sim 8mm/a$。西藏的羊八井地热田的最大累计沉降量已经达到 360mm。同时地热能资源的日益枯竭也会导致开发难度加大，从而提高开采成本。因此在探查地热能资源量的基础上，应避免地热能的过度开采。为便于计算，地热能的资源量在模型中设置为实际储量的 5%。

（2）太阳能资源量分析

太阳能是继风电、水电之后的第三大可再生能源，我国太阳能资源储量丰富，年辐射总量约 5×10^{16} MJ，相当于 2.4×10^4 亿 tce，且太阳能取之不尽，用之不竭，能够循环再生。全国总面积 2/3 以上地区年日照时数大于 2000h，是非常丰富的可再生能源。而太阳能资源无须进行挖掘、运输，且可直接开发和利用，相对于其他能源而言，太阳能不会污染自然环境和社会生态平衡，是最清洁高效的能源。太阳能资源的合理利用，对改善我国能源消费结构、促进我国经济发展、保护生态环境等方面将起到重要作用。

根据调查可知我国太阳能资源最丰富的地区位于西藏、青海等地区，太阳能资源量最高达到了 6.88×10^3 MJ/m^2，年均日照天数达 320d 以上。太阳能资源最匮乏的区域位于重庆、湖南等地区，太阳能资源量不足 4.0×10^3 MJ/m^2，年均日照天数也少于 200d，如图 4.7、图 4.8 所示。

4.2.3 公共机构能源消费结构分析

在全国公共机构总能源消耗量已知的情况下，为求得公共机构总能源供应量，需求得公共机构各分项能源消耗量，因此公共机构各分项能源消耗量的构成比例也是模型参数中重要的一部分。根据美国经济史学家金德尔伯格《世界经济霸权》及我国学者胡鞍钢在《中国大战略》阐释的国家生命周期理论，结合中国当前发展情况可以判断 2015 年至 2020 年我国处于国家发展的迅速崛起期。在该阶段国家发展情况及经济增长速度保持平稳，因此本课题中被动式能源供应占比预测在"十三五"期间可以为线性拟合计算。能源是经济增长必需的生产要素。一方面，能源与经济增长的关系表现为后者对前者的依赖和需求，另一方面，经济增长也为能源的发展提供了经济基础。因此在预测中引入 GDP 作为影响因素，使得预测结果更加准确有效。公共机构能源消耗量的构成比例来源为各地区公共机构相关规划以及文件公布数据，由于部分地区暂无相关数据，故以中国能源消耗量的构成比例来近似等于该地区公共机构的能源消耗构成比例进行相关计算。我国近年各类能源的消费构成比例[96]如表 4.35。

通过对我国能源消费构成比例的研究，结合 GDP、人口以及城镇化率等社会经济发展指标，将 2011 年至 2017 年中国能源消费构成比例通过曲线拟合，预测出中国 2020 年公共机构的能源消费构成比例，其结果如表 4.36 所示。

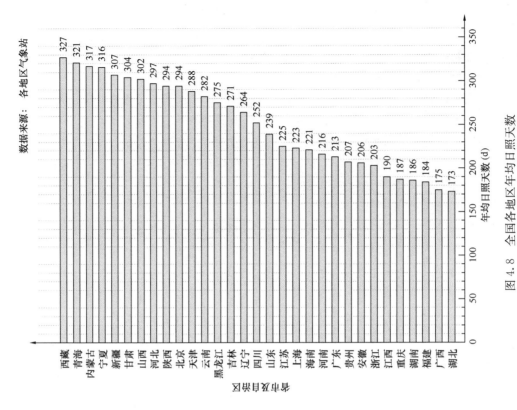

图 4.8 全国各地区年均日照天数

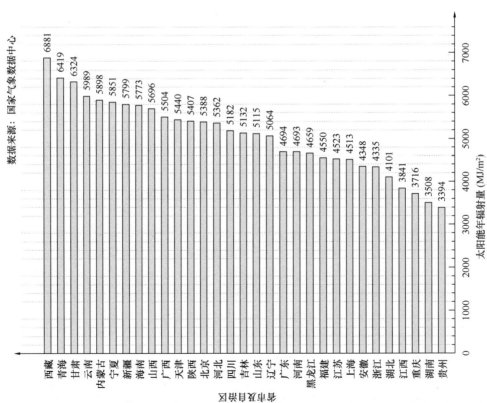

图 4.7 全国各地区太阳能资源量

中国能源消费构成比例　　　　　　　　　　　表 4.35

年份	煤炭比重	石油比重	天然气比重	被动式能源比重
2011 年	70.2%	16.8%	4.6%	
2012 年	68.5%	17.0%	4.8%	14.5%
2013 年	67.4%	17.1%	5.3%	15.5%
2014 年	65.6%	17.4%	5.7%	17.0%
2015 年	64.0%	18.1%	5.9%	18.0%
2016 年	62.0%	18.3%	6.4%	19.7%
2017 年	60.4%			20.8%

中国公共机构能源消费构成比例预测　　　　　表 4.36

年份	煤炭比重	石油比重	天然气比重	被动式能源比重
2020 年	55.6%	19.1%	8%	23.9%

　　由表 4.36 我国 2020 年公共机构能源消费构成比例预测结果可知，2020 年我国公共机构被动式能源消费比重将达 23.9%，煤在公共机构能源消费中的比重降低，石油和天然气的消费比重虽有所增加，但增长幅度较小。

　　表 4.37 为 2020 年全国公共机构区域被动式能源供应占比预测结果，其中贵州、云南、广东、广西等地区被动式能源供应占比相对较高，可达 30% 以上，而江西、辽宁等地区被动式能源供应占比较低，不足 10%。

2020 年全国公共机构区域被动式能源供应占比预测结果　　表 4.37

地区	被动式能源供应占比	地区	被动式能源供应占比	地区	被动式能源供应占比
湖南	16.95%	宁夏	15.38%	河北	9.90%
江西	8.21%	甘肃	29.42%	山东	14.81%
四川	15.32%	新疆	20.41%	陕西	11.15%
吉林	11.71%	福建	9.90%	广西	33.68%
河南	12.95%	重庆	22.23%	海南	26.70%
山西	19.41%	贵州	33.20%	北京	14.19%
黑龙江	11.51%	云南	32.31%	广东	30.51%
辽宁	7.16%	内蒙古	15.99%	全国	13.94%

4.2.4 主被动能源转换效率分析

　　在 MARKAL 模型中，能源转换技术是指能够将一种能源形式转化成另一种能源形式的技术。本模型的能源供应流程图 4.9 所示，在本书的模型中，考虑的能源载体有煤炭、石油、天然气、太阳能、地热能、风能、水能等；转换技术有火力发电、被动式能源发电如太阳能发电、风力发电、水力发电等以及各种供热技术；能源载体形式包括热能、电能、液体燃料、合成气等；用能方式包括供电（包括供冷）、供热以及供应生

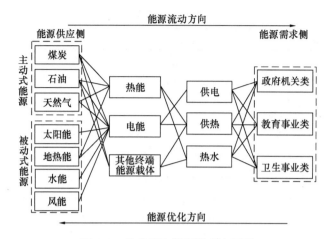

图4.9 公共机构能源模型流程图

活热水；终端用能部门为各类公共机构。

能源转换效率是能源转型的一个重要特征。2018年《能源转型展望》表明，能源系统的快速变化与能源转化效率的大幅度变化有关。提高公共机构主被动能源耦合中被动式能源利用率的方法主要有两种，一种是减少公共机构能源消费，即从建筑节能的角度出发，改变建筑围护结构性能，提高能源利用率，从而减少公共机构总能源供应量；另一种是改变公共机构主被动能源供应中各能源的能源转化效率，因为在对影响能源供应的影响因素调查中发现，能源消费结构最显著的变化来自能源转换效率的提高。故通过改变能源转换效率可提高公共机构能源供应中被动式能源的利用率，因此需要对其进行大量的调研和统计。

以辽宁省煤炭为例探究各类能源加工转换效率的变化趋势，如图4.10为辽宁省1985—2017年能源加工转换效率统计图，由图4.10可知，辽宁省近年来能源加工转换效率波动较

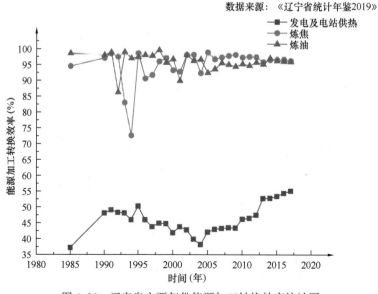

图4.10 辽宁省主要年份能源加工转换效率统计图

小、变化稳定，因此本模型中预测 2020 年能源转换效率可以通过线性计算获得。

根据调查结果得到的各类能源的能源加工及转换效率如表 4.38 及表 4.39 所示。

一次能源转换效率统计 表 4.38

转换方式	煤	石油	天然气	太阳能	地热能
制液体燃料	40%～45%	80%	—	—	—
制合成气	52%～56%	78%	—	—	—
制热	65%	75%	50%	—	50%
发电	55%	36%	41%	38%	30%

注：液体燃料主要为乙醇及石油，合成气主要为煤气。

二次能源转换效率统计 表 4.39

用能方式	液体燃料	合成气	热能	电能
供电	—	—	—	100%
供热	24%	89%	100%	90%
热水	24%	89%	100%	90%

表 4.38 与表 4.39 为从供应侧到需求侧的一次能源及二次能源的转换效率，由于部分加工转换效率数据与能源本身无关，与具体的加工方式和用能方式有关，因此表中展示的为该能源的综合转换效率。在本课题建立的 MARKAL 模型中，全国各地区相同能源转换效率的约束设置相同。煤发电最终能源转化效率在 55% 左右，而煤制燃气的最终能源转化效率为 52%～56% 之间；石油生产汽/柴油的能源转化效率约为 80%，开采天然气作燃料的最终能源转化效率在 50% 左右，比煤制气要高。太阳能、地热能等非主动式能源的转换效率根据目前技术发展情况进行预估，2020 年太阳能光伏发电效率可达 38%，热泵提取浅层地热能效率 50%，地热能发电技术 30%。

4.2.5 公共机构碳排放约束条件的建立

为在"十三五"末期，实现公共机构二氧化碳排放量较"十二五"期间降低 15% 的总体目标，本课题结合各地区公共机构的能耗需求量增长情况、各地区被动式能源供应量、能源消费结构变化情况，各类能源转换效率提升情况等诸多因素，针对不同地区设置不同的碳排放减排目标，表 4.40 为各地区碳排放减排目标分区表。为建立明确的碳排放减排目标，选取 2015 年及 2020 年作为"十二五"与"十三五"两个期间的代表年份进行目标设置，即 2020 年碳排放量相较 2015 年碳排放量平均降低 15% 以上。

2020 年各地区碳排放减排目标分区表 表 4.40

碳排放减排目标	地区
10%	青海、黑龙江、内蒙古、浙江、重庆、天津、河北、山东、江苏
15%	西藏、江西、四川、吉林、北京、辽宁、陕西、宁夏、新疆、福建
20%	安徽、河南、甘肃、湖北、湖南、上海
25%	贵州、云南、海南、山西
30%	广东、广西

碳排放减排目标的设置与能耗需求量的增长和被动式能源的供应量关系密切，以碳排放减排目标为10%的分区为例，青海、黑龙江、重庆、内蒙古等地区由于被动式能源匮乏，在建筑被动式能源直接利用技术方面推广缓慢，因此不宜将此类地区的碳排放减排目标设置过高；山东、浙江、天津、江苏等地区由于城市发展迅速，公共机构能耗增长巨大，同时该地区的被动式能源资源量或被动式能源的发展情况不能完全满足公共机构能耗需求，因此此类地区的碳排放减排目标相对较低。而广东、广西等地区由于其具有丰富的被动式能源资源，同时公共机构的能耗增长幅度相对较小，因此可设置大于15%的碳排放减排目标。

根据表4.40设置的各地区碳排放减排目标，结合全国各地区公共机构能耗需求量等相关数据，采用碳排放系数法进行计算，得到2020年预测全国二氧化碳减排量可达$8.9×10^3$万t，平均二氧化碳减排比例可达15.36%，满足公共机构节约能源资源"十三五"规划总体目标。

4.3　辽宁省公共机构能源耦合模型应用

在公共机构主被动能源耦合模型构建及算法的基础上，对构建的耦合模型进行初步的应用，以辽宁省为例进行具体的计算和分析，探究辽宁省公共机构主被动能源耦合优化配置方案，验证耦合模型的合理性及适用性。由于在未来发展中存在诸多不确定因素，例如公共机构能耗水平和能源供应市场会不断变化，政府规制与激励力度也可能不同，国家对公共机构能耗控制目标也有不确定性，因此本研究选用情景分析法，研究辽宁省公共机构能源耦合应用方案。

4.3.1　辽宁省公共机构能源耦合模型框架

辽宁省公共机构能源供应方案设计路线图如图4.11所示，首先调研辽宁省主被动能源资源情况，结合辽宁省公共机构能耗模拟计算结果，利用情景分析法设计辽宁省公共机构能源供应方案；再利用公共机构主被动能源耦合模型进行计算，得到各情景下各类能源供应量、二氧化碳排放量、投资成本等计算结果；根据计算结果进行反馈，将各类能源供应方案进行对比，选择公共机构主被动能源耦合供应方案及其优化配比；最后结合辽宁省相关政策进行合理的修正，最终得到辽宁省公共机构主被动能源耦合优化配置方案。

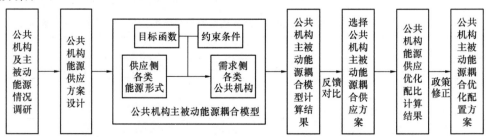

图4.11　辽宁省公共机构能源供应方案设计路线图

优化求解的过程是逆着能源系统的能源流动方向进行的，即以能源需求预测数据为出发点，动态地优化规划期内的一次能源供应结构和用能技术结构。辽宁省公共机构能源耦合模型以 2020 年为基年，以 10 年为时间跨度，模拟 2020 年至 2050 年辽宁省公共机构不同主被动能源耦合方案下的发展趋势，最终得到辽宁省公共机构主被动能源优化供应配比及宏观配置方案。

4.3.2 辽宁省公共机构能源耦合模型数据处理

（1）辽宁省公共机构总能耗需求量

表 4.41 为运用 MATLAB 软件，采用回归分析法，以"十三五"末期公共机构数据为基准数预测的未来 2030 年、2040 年和 2050 年能耗需求情况。由表可知，辽宁省卫生事业类建筑总能耗需求较大，政府机关类能耗需求居中，教育事业类能耗需求最小。从能耗增幅上看，卫生事业类公共机构能耗增幅最快，2050 年相比于 2020 年增幅 188%，政府机关类增幅最小，能耗仅增长 1.5%。

2020—2050 年辽宁省各类公共机构能耗需求预测结果统计表（tce） 表 4.41

年份	2020 年	2030 年	2040 年	2050 年
教育事业类总能耗	1.12×10^6	1.22×10^6	1.37×10^6	1.51×10^6
政府机关类总能耗	1.33×10^6	1.34×10^6	1.34×10^6	1.35×10^6
卫生事业类总能耗	5.94×10^6	8.27×10^6	1.06×10^7	1.29×10^7
公共机构总能耗	8.39×10^6	1.08×10^7	1.33×10^7	1.58×10^7

（2）辽宁省被动式能源资源量分析

表 4.42 为辽宁省 2018 年地热能、太阳能资源量统计表，根据国家统计局公布的辽宁省地热能资源量为 50.76 kJ/(℃·km²)，勘探网点数量 37 个，可开采水量 65.78 m³/d，所含热能达 10.34 MW，储量相当于 100 亿 tce 以上。太阳能资源量为 1.59 MWh/m²，年平均太阳辐射量可达 5000 MJ/m² 以上，年均日照天数达 264d，历年变化相对平稳。辽宁省每平方千米地热能资源量在全国各地区地热能资源量中排行第 4 位，每平方米太阳能资源量在全国各省太阳能资源量中排行第 7 位，地热能及太阳能可利用资源量丰富[98]。

辽宁省 2018 年地热能、太阳能资源量统计 表 4.42

地热能 [10^4 kJ/(℃·m²)]	太阳能 （MWh/m²）	地热能资源总量 （kWh）	太阳能资源总量 （kWh）
14.1	1.59	3.76×10^7	2.35×10^{11}

（3）辽宁省区域被动式能源占比预测

被动式能源的利用可以通过对建筑物单体本身设计和场地规划设计来实现，对于不同地区的气候条件，设置最佳窗墙比、改变建筑的体形系数、设置建筑保温，以及设置建筑遮阳、改变建筑的朝向，使建筑物被动地接受室外的阳光；亦可以采用相关技术对太阳能、地热能加以主动利用，达到所需维持室内温湿度的要求，减少用于建筑照明、供暖、热水供应及空调的主动式能源。在本研究中，还将被动式能源分为区域被动式能

源及建筑被动式能源，区域被动式能源包括风力发电、水力发电、地热能发电等区域型
电站类利用的被动式能源；建筑被动式能源包括地源热泵、太阳能光电光热等在建筑中
可直接利用的被动式能源。相比于建筑中的被动式能源利用形式，区域被动式能源的占
比更高、范围更广，是公共机构被动式能源利用中不可或缺的能源部分。由于区域被动
式能源涉及方面较多、影响因素复杂，因此针对此部分能源配比仅进行预测和分析，优
化部分主要针对建筑中的被动式能源利用形式。在辽宁省公共机构总能源消耗量已知的
情况下，为求得辽宁省公共机构总能源供应量，必须知道公共机构各分项能源消耗量的
构成比例，因全国公共机构能源消耗量的构成比例暂无相关数据，故以辽宁省能源消耗
量的构成比例来近似等于辽宁省公共机构的能源消耗构成比例进行相关计算，表 4.43
为辽宁省能源消费构成比例，相关数据取自辽宁省统计年鉴[97]。

2000—2017 年辽宁省能源消费构成比例　　　　　　表 4.43

年份（年）	煤炭（%）	石油（%）	天然气（%）	被动式能源（%）
2000	77.5	19.8	2.5	0.2
2001	73.8	23.7	2.2	0.3
2002	77.8	19.8	2.2	0.2
2003	78.6	18.8	2.3	0.3
2004	79.2	19.0	1.5	0.3
2005	71.3	24.1	1.5	0.6
2006	71.4	24.3	1.2	0.4
2007	73.2	22.6	1.2	0.4
2008	73.1	22.7	1.3	0.4
2009	73.0	22.5	1.2	0.4
2010	67.9	27.3	1.3	0.6
2011	65.3	29.0	2.4	0.6
2012	61.3	31.6	3.8	0.8
2013	62.5	28.2	5.0	1.5
2014	62.1	28.2	5.4	1.6
2015	61.2	31.0	3.6	1.7
2016	59.9	32.1	3.4	2.3
2017	58.6	32.4	4.1	2.6

由表 4.43 可知，辽宁省被动式能源利用率较低，2000 年利用率才 0.2%，截至
2017 年被动式能源利用率才达到 2.6%，增长幅度较小。天然气利用比例也相对较低，
增长幅度缓慢，从 2000 年至 2015 年，15 年内仅增长了 1.1%。

利用辽宁省统计年鉴历年能源消费构成统计，通过 MATLAB 软件线性拟合，对辽
宁省未来能源消费构成进行预测，见表 4.44。通过对辽宁省能源消费结构的变化趋势
预测，以及考虑现阶段国家对被动式能源的重视程度，参考世界能源理事会（WEC）
的相关预测，预计至 2020 年*辽宁省被动式能源利用率将达到 7.16%[98]，节能空间显

＊ 为建立预测模型，使用 2020 年的预测数据，2020 年实际数据尚未公布，暂用预测数据替代。

著。在调查辽宁省被动式能源储量和利用率的前提下，可对辽宁省公共机构主被动能源供应进行耦合优化，提高被动式能源的利用率，减少对一次能源的过度依赖。

2020—2050 年辽宁省公共机构能源消费构成预测 表 4.44

年份（年）	2020* 年	2030 年	2040 年	2050 年
主动式能源	92.84%	87.58%	81.30%	73.55%
被动式能源	7.16%	12.42%	18.70%	26.45%

（4）辽宁省公共机构碳减排目标设置

为探究辽宁省公共机构被动式能源的具体配比，应针对辽宁省公共机构二氧化碳减排目标进行合理的设置。《辽宁省"十三五"控制温室气体排放工作方案》中明确提出了全省二氧化碳排放相比 2015 年下降 18% 的目标[99]；《"十三五"控制温室气体排放工作方案》中，提出 2020 年我国二氧化碳排放量相较于 2015 年降低 15% 的减排目标[100]；世界能源理事会（WEC）也针对未来世界可再生能源发展及二氧化碳减排目标进行了研究，并提出 2050 年可再生能源将减少 90% 以上二氧化碳排放量的任务目标，结合《公共机构节约能源资源"十三五"规划》以及辽宁省公共机构能耗的实际情况，确定 2020—2050 年的二氧化碳排放量较于 2015 年减排目标如表 4.45 所示。

辽宁省公共机构碳排放降低目标 表 4.45

时间	2020* 年	2030 年	2040 年	2050 年
减排目标	15%	25%	40%	60%

（5）辽宁省公共机构被动式能源应用情况调研

公共机构主被动能源耦合利用技术方案的建立，应与各规划区主被动能源的实际资源量相符，并最大限度地利用被动式能源，故应在完全了解各规划区主被动能源资源量的基础上，充分调研各规划区公共机构被动式能源利用情况，并根据构建的耦合模型计算公共机构主被动能源资源配比，在此基础上对各规划区公共机构主被动能源供应进行宏观配置。

对辽宁省教育事业类建筑、卫生事业类建筑、政府机关类建筑等 56 家公共机构进行调研，其调研结果如图 4.12 所示，其中高校类建筑 23 家，医院类建筑 22 家，政府机关类建筑 11 家。在调研的 23 家高校类建筑中水源热泵应用最广，土壤源热泵相对较少，有 14 家高校应用水源热泵，6 家应用空气源热泵，3 家应用土壤源热泵；22 家医院类建筑中有 13 家应用水源热泵，8 家应用土壤源热泵，1 家应用空气源热泵；11 家政府机关类建筑中，有 6 家应用土壤源热泵，4 家应用水源热泵，1 家应用空气源热泵。

从辽宁省公共机构被动式能源应用调研总体情况来看，辽宁省公共机构被动式能源应用以水源热泵和土壤源热泵为主。56 家公共机构中，水源热泵总共 31 家，高校类建筑应用最为广泛，土壤源热泵总共 17 家，其中医院类建筑、政府机关类建筑应用较为广泛，空气源热泵总共应用了 8 家，应用较为分散，平均每类建筑均有所应用。总体上看，辽宁省公共机构被动式能源的主要利用形式为地热能，太阳能资源在现阶段公共机

---

* 为建立预测模型，使用 2020 年的预测数据，2020 年实际数据尚未公布，暂用预测数据替代。

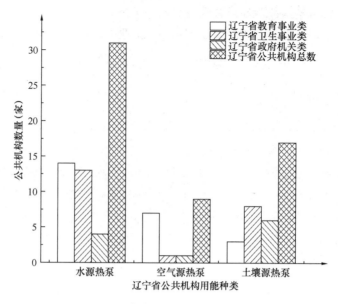

图 4.12　辽宁省公共机构被动式能源应用图

构建筑运行使用过程中的利用率还很低，大多数用于热水供应，具有相当大的发展潜力与提升空间。

4.3.3　辽宁省公共机构能源供应方案设计

根据已构建出的公共机构主被动能源耦合优化模型，本章通过情景分析法设置模型对四种不同的情景进行对比和分析，以达到优化辽宁省公共机构能源供应结构、给出辽宁省公共机构主被动能源供应优化方案的研究目的。情景分析法是假定某种现象或某种趋势将持续到未来的前提下，对预测对象可能出现的情况或引起的后果进行预测的方法。通常用来对预测对象的未来发展给出种种设想或预计，是一种直观的定性预测方法。

（1）基准情景

在情景中，一次能源采用开放式供应，并且不施加环境排放约束和能源供应结构的调整，模型在满足公共机构能耗需求的情况下仅使用主动式能源和区域被动式能源进行能源供应，并以此设置为基准情景（A-0），将其作为其他方案的对比方案。

（2）采用被动式能源优化方案的非基准情景

基于目前辽宁省的被动式能源资源储量、开发技术及经济因素等限制条件，被动式能源不能完全供应辽宁省公共机构全部能耗需求，仍需要主动式能源进行能源供应。因此设定的三种采用被动式能源优化的非基准情景的能源供应方案中，仍以主动式能源作为主要的能源供应。假设情景 B-1 为采用太阳能作为被动式能源优化方案的情景，该情景中利用太阳能进行能量供应，但不使用地热能，同时使用主动式能源进行能源补充供应。假设情景 B-2 为采用地热能作为被动式能源优化方案的情景，该情景中使用地热能进行能源供应，但不使用太阳能，在地热能供应不足的情况下使用主动式能源进行能源补充供应。假设情景 B-3 为采用太阳能与地热能共同作为被动式能源优化方案的情景，该情景中同时使用太阳能和地热能,在两种被动式能源供应不足时采用主动式能源进行能源补充供应。设计的四种情景具有相同的能源终端转换效率,公共机构能源需求量及能源技术成本,具体辽宁省公共机构能源供应方案设置情景如表4.46所示。

被动式能源供应方案假设情景 表 4.46

假设情景	A-0	B-1	B-2	B-3
太阳能	×	√	×	√
地热能	×	×	√	√
主动式能源	√	√.	√	√

注:√为供应方案中使用该能源供应,×为供应方案中不使用该能源供应。

4.3.4 能源耦合模型模拟结果分析

(1)各类能源供应计算结果

辽宁省公共机构能源耦合模型中的数据包括辽宁省公共机构能源需求量、被动式能源供应占比。辽宁省太阳能及地热能的资源供应量数据来源于国家统计局[98]。能源转换效率数据来自于《辽宁统计年鉴2019》[97]中主要年份能源加工的转换效率统计,各能源单位投资成本取自国际可再生能源署(IRENA)公布数据。同时上述各能源需求量满足能源供应约束条件,即辽宁省太阳能及地热能供应量大于辽宁省公共机构能源需求量。将各假设情景相关数据及约束条件带入MATLAB中进行矩阵运算,得到四种情形的模拟结果如表4.47~表4.50。

情景 A-0 下各类能源供应量(tce) 表 4.47

时间	2020 年	2030 年	2040 年	2050 年
煤炭	$1.31×10^6$	$1.41×10^6$	$1.44×10^6$	$1.46×10^6$
天然气	$1.31×10^5$	$2.56×10^5$	$3.96×10^5$	$5.48×10^5$
区域被动式能源	$1.72×10^5$	$3.35×10^5$	$4.97×10^5$	$6.97×10^5$
太阳能	0	0	0	0
地热能	0	0	0	0

情景 B-1 下各类能源供应量(tce) 表 4.48

时间	2020 年	2030 年	2040 年	2050 年
煤炭	$1.24×10^6$	$1.16×10^6$	$8.39×10^5$	$2.74×10^5$
天然气	$1.31×10^5$	$2.56×10^5$	$3.96×10^5$	$5.48×10^5$
区域被动式能源	$1.72×10^5$	$3.35×10^5$	$4.97×10^5$	$6.97×10^5$
太阳能	$1.05×10^5$	$3.25×10^5$	$7.20×10^5$	$1.09×10^6$
地热能	0	0	0	0

情景 B-2 下各类能源供应量（tce）   表 4.49

时间	2020 年	2030 年	2040 年	2050 年
煤炭	1.17×10^6	1.09×10^6	8.38×10^5	3.61×10^5
天然气	1.31×10^5	2.56×10^5	3.96×10^5	5.48×10^5
区域被动式能源	1.72×10^5	3.35×10^5	4.97×10^5	6.97×10^5
太阳能	0	0	0	0
地热能	1.58×10^5	3.56×10^5	6.44×10^5	9.97×10^5

情景 B-3 下各类能源供应量（tce）   表 4.50

时间	2020 年	2030 年	2040 年	2050 年
煤炭	1.13×10^6	1.01×10^6	6.93×10^5	1.39×10^5
天然气	1.31×10^5	2.56×10^5	3.96×10^5	5.48×10^5
区域被动式能源	1.72×10^5	3.35×10^5	4.97×10^5	6.97×10^5
太阳能	7.12×10^4	1.91×10^5	4.55×10^5	7.25×10^5
地热能	1.42×10^5	2.79×10^5	3.93×10^5	5.13×10^5

通过对比被动式能源需求量与主动式能源需求量可知，在未来很长一段时间内，能源的消耗仍是以主动式能源为主，被动式能源为辅的发展状态，因此提升主动式能源的利用效率是降低公共机构能耗的关键。其次，短期内，地热能是辽宁省公共机构被动式能源供应占比中较高的组成部分，但由于地热能的储量有限，无法满足辽宁省公共机构能耗的高增长状态，因此长期内仍需要太阳能进行能源补充。根据非基准情景下的三种方案的对比也可发现，情景 B-3 中的多能源的主被动能源供应方案，在 CO_2 减排量以及被动式能源占比方面均为三种方案中的最优方案，因此我国其他地区公共机构的能源供应方案的选取原则也应采用多能源的能源供应方式。由于能源应用技术的不断改良，各类能源的转换技术手段不断提升，公共机构的单位面积能源供应量也在不断下降。因此，开发主被动式能源技术，提高能源转换效率也是降低公共机构能耗、减少 CO_2 排放污染的方法之一。

（2）各情景碳排放计算结果

CO_2 在不同情形下的排放量如图 4.13 所示。在基准情景 A-0 下，并且在主动式能源的能源转换效率提升 20% 的前提下，2050 年辽宁省公共机构的碳排放量仍高达 2019 万 t。在投入被动式能源的设计方案中，主动式能源使用量均比基准方案中相同目标年的水平低，CO_2 的排放量也逐年下降。尤其在情景 B-3 中，即同时利用太阳能与地热能的能源供应方案，CO_2 排放量最低。预计 2050 年辽宁省公共机构碳排放总量达 127.6 万 t，相比同年基准情景 A-0 碳排放总量降低 301.9 万 t，相比同情景下 2020 年碳排放总量降低 194.9 万 t，由此可以说明，引入被动式能源可大幅度减少 CO_2 排放量，是辽宁省公共机构节约主动能源、减少污染物排放的关键。

从碳排放量的降幅上看，使用被动式能源的各个供应方案之间相差不大，但相比基准方案的降幅有明显的提升。此外，除提升被动式能源比例可达到降低碳排放的目的以外，提升各能源的转换效率也可大幅降低碳排放量。以情景 B-3 为例，若 2050 年能源

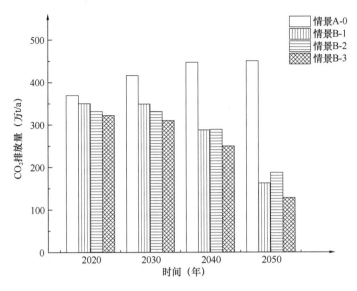

图 4.13 CO_2 在不同情景下的排放量

转换效率达到当前发展速度的两倍以上，那么在被动式能源充足的情况下，辽宁省公共机构二氧化碳排放量可有望降至 100 万 t 以下。

（3）各情景投资成本计算结果

在公共机构的节能问题中，成本也是作为方案选取中不可忽视的指标之一。各类能源投资成本根据国际可再生能源署（IRENA）发布 2019 年可再生能源成本报告中所给数据及其预测进行估计，具体各类能源应用成本如表 4.51 所示。

2019 年全球可再生能源发电水平平均单位成本（美元/kWh）　　表 4.51

能源形式	地热能	水力发电	光伏发电	光热发电	海上风电	陆上风电
单位成本	0.072	0.047	0.068	0.182	0.115	0.053

各类能源综合单位成本如表 4.52 所示，目前太阳能主要以光伏发电及光热发电为主，因此此处太阳能计算单位成本按两种用能方式进行综合计算，区域被动式能源主要针对风能以及水能的利用进行综合单位成本估计。

各类能源综合单位成本（RMB/tce）　　表 4.52

能源种类	煤炭	天然气	区域被动式能源	太阳能	地热能
单位成本	750	2100	2500	4200	3600

四种方案下的年成本的变化情况如图 4.14 所示，由于城市的发展带来的各类公共机构数量、面积和能耗均有所上升，因而各方案的投资成本呈逐年升高的趋势。其中，不采用被动式能源优化的情景 A-0 年均成本最低，采用多种被动式能源的情景 B-3 年均成本最高。究其原因，主要是由于被动式能源具有较高的单位成本以及情景 B-3 具有较高的被动式能源比例。

表 4.53 为不同情景下未来 30 年内的总成本估计。情景 B-1、情景 B-2 和情景 B-3

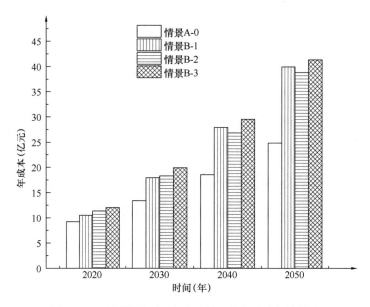

图 4.14　不同情景下辽宁省公共机构年成本投资情况

均符合我国发展绿色建筑，低碳减排的要求。其中情景 B-2 成本最低，未来 30 年总投资成本约 659.5 亿元。相比之下，在规划期内情景 B-1 和 B-3 的成本比情景 B-2 分别高出 51.4 和 105.0 亿元，若以成本最小化作为能源供应方案的唯一指标，可采用情景 B-2 作为公共机构的能源供应方案。

不同情景下未来 30 年总成本（亿元）　　　　　　　　　　表 4.53

假设情景	A-0	B-1	B-2	B-3
总成本估计	489.9	710.9	659.5	764.5
与基准情景相比增量成本	0	221.0	169.6	274.6

考虑到地热能过度开发会导致地质资源日益枯竭，开发难度加大，地热能的开发成本也会逐年升高，同时带来其他环境问题得不偿失。因此应考虑加入太阳能进行能源供应，以弥补地热能的地质资源不足问题的同时，达到降低 CO_2 排放的目标。同时，三种选择被动式能源非基准情景下产生的投资成本相差不大，由此可选择同时利用太阳能和地热能的情景 B-3，2050 年该情景相比基准情景 A-0 可以达到减少碳排放 1320 万 t。根据未来 30 年辽宁省的经济发展和经济实力，也可以完全负担 B-3 方案中总计 274.6 亿元的增量成本。

4.3.5　辽宁省公共机构能源供应方案分析

通过运用 MARKAL 模型探究辽宁省主被动能源供应优化方案，对四种假设情景的不同模拟结果进行了分析和比较，得出以下结论：由于采用的被动式能源方案中碳排放总量均得到有效控制和降低，同时结合模拟结果及辽宁省公共机构的实际情况，应选择太阳能与地热能的能源供应方案。短期内，地热能占比相较于太阳能可作为辽宁省公共机构被动式能源中的主要用能形式，而在长期发展内，太阳能的增速和占比也在不断提高，太阳能仍是未来辽宁省公共机构被动式能源供应中不可或缺的组成之一。主动式能源中，煤炭一直是主要的供能形式，因此不能将能源占比作为选择主动式能源的唯一指标，结合各类能源在能源结构中的增长速度选择方案，根据各类主动式能源的转换效率及污染排放量，应选择天然气作为辽宁省公共机构的主动式能源的主要供能形式。综上所述，辽宁省公共机构主被动能源耦合供应方案为太阳能、地热能及天然气，此方案在满足资源条件以及经济条件的基础上，大幅降低碳排放，满足环境发展的需要。

根据辽宁省公共机构的能源供应方案选择结果进行分析，在选择被动式能源方案时，多能源的供应方式优于单一能源的供应方式。主要原因有如下几点：其一，由于被动式能源具有不稳定性，例如太阳能和风能的获取与用能和当天的气候条件有很大的关系，因此，多能源的相互补充会使能源的供应更加稳定。其二，部分被动式能源的过度开发会导致资源缺乏。例如地热能的过度开发也会造成水量减少，温度下降的问题出现，因而会导致成本上升，能源供应量不足的问题出现。因此，在选择被动式能源供应方案时，应遵循以下原则：其一，应根据当地特点，选择区域内被动式能源丰富的种类。其二，应在区域内选择尽可能多的被动式能源种类，使各能源之间相互补充，同时防止过度开发。此项原则适用于后续全国各地区公共机构的主被动能源供应方案的选择。

4.3.6 辽宁省公共机构相关政策验证

由于上一节给出的多目标优化模型的求解结果是基于目标函数得出的，因此若将其直接作为优化方案，可能导致一定误差，通常利用仿真、试验等其他方法对求解结果进行验证或反馈修改，从而减小误差影响。本书在模型优化结果的基础上，针对辽宁省相关政策规划进行调研，对上述求解结果进行反馈验证，对所建模型的优化结果进行修改，得到辽宁省公共机构主被动能源综合优化配置方案。

辽宁省人民政府公布的《辽宁省"十三五"节能减排综合工作实施方案》中对各类能源消费比重提出了具体目标。到 2020 年，煤炭消费总量比重下降至 58.6％以下，天然气消费比重提升至 8％以上，非化石能源占一次能源消费比重提升至 6.5％以上[101]。《辽宁省"十三五"控制温室气体排放工作方案》中明确提出了对非化石能源的发展目标，有序发展风电、太阳能资源[99]。《辽宁省绿色建筑条例》中提出，绿色建筑的建设应推广应用太阳能、浅层地热能、生物质能、空气能等先进的适用技术[102]。根据调研发现，辽宁省相关政策中被动式能源的规划目标主要为发展风能、太阳能与地热能的多能源发展目标，主动式能源的发展目标主要为天然气，与本模型模拟计算结果相同，在验证本模型算法的合理性和科学性的同时，给出辽宁省公共机构能源优化供应方案为地热能＋太阳能＋天然气的主被动能源优化配置方案。不可忽视的是，在很长一段时间内煤炭仍是能源供应结构的主要组成部分，因此提高煤炭的转换效率也是降低辽宁省公共机构碳排放，提升被动式能源占比的主要手段之一。

4.4 公共机构主被动能源优化配比结果

公共机构主被动能源优化配置是通过将主被动能源资源的合理分配,满足公共机构的社会用能需要和环境生态发展,同时追求系统整体的成本最小化。根据 4.1 节构建的成本、资源、环境、应用条件多目标优化配置模型,并将公共机构能耗需求量、主被动能源供应量、能源消费结构、能源转换技术条件等数据代入模型中,得到全国各地区主被动能源优化配置方案。

4.4.1 公共机构被动式能源应用调研结果

为探究各地区公共机构主被动能源宏观配置方案,首先应充分调研各地区公共机构被动式能源应用情况。在课题前期总体调研基础上,又对全国 31 个省市自治区卫生事业类建筑、教育事业类建筑、政府机关类建筑进行网络随机调研,调研结果如图 4.15 所示,从调研的 268 家公共机构被动式能源应用情况来看,在三类公共机构中地源热泵应用较为广泛,占公共机构调研总数的 39.93%,水源热泵、空气源热泵应用数量接近,分别为 53 家和 61 家,太阳能热泵以及风冷和冰蓄冷应用相对较少。

按公共机构类别分析,全国政府机关类建筑共调研了 82 家,其中地源热泵应用最为普遍,如图 4.16 所示,有 40 家政府机关类建筑应用地源热泵,占政府机关类公共机构调研总数的 48.78%,而太阳能热泵、水源热泵、空气源热泵、风冷和冰蓄冷在政府机关类建筑中的应用较少,分别占政府机关类公共机构调研总数的 12.20%、19.51%、9.76%、9.76%。图 4.17 为教育事业类建筑被动式能源应用情况,共调研了 100 家,被动式能源应用种类也以地源热泵为主,共有 46 家教育事业类建筑应用了地源热泵,占教育事业类公共机构调研总数的 46%,水源热泵和空气源热泵在教育事业类建筑中应用相差不多,居于第二位。图 4.18 为卫生事业类建筑被动式能源应用情况,共调研了 86 家,各类被动式能源应用种类丰富,地源热泵及空气源热泵主要为该类公共机构被动式能源的主要应用种类,共占卫生事业类公共机构调研总数的 56.82%。可见政府机关类建筑和教育事业类建筑以地源热泵应用为主,卫生事业类建筑被动式能源应用较为多样。

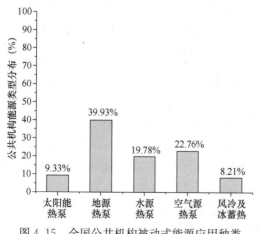

图 4.15 全国公共机构被动式能源应用种类

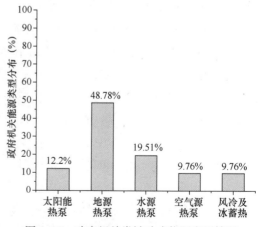

图 4.16 政府机关类被动式能源应用情况

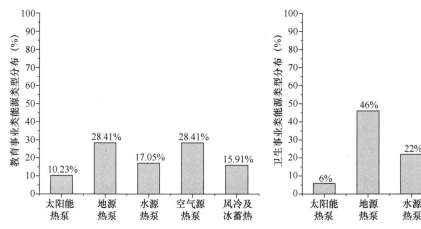

图 4.17 教育事业类被动式能源应用情况   图 4.18 卫生事业类被动式能源应用情况

调研的 268 份样本被动式能源应用在不同气候区统计结果如表 4.54 所示，从总体来看，夏热冬冷地区总体以地源热泵为主，政府机关类建筑和教育事业类建筑以地源热泵应用为主，卫生事业类建筑被动式能源应用较为多样。夏热冬暖地区被动式能源应用以空气源热泵为主，卫生事业类建筑和教育事业类建筑也以空气源热泵应用为主，政府机关类建筑应用较为多样；严寒地区应用以水源热泵为主，其中政府机关类建筑和教育事业类建筑以水源热泵应用为主，卫生事业类建筑应用较为多样；寒冷地区以地源热泵应用为主，水源热泵应用仅次于地源热泵；温和地区主要以空气源热泵应用为主。以上结果仅根据调研数据得出结论，考虑调研数据的分布局限性，可能导致结果存在偏差。

全国各气候区被动式能源应用调研结果（％）   表 4.54

气候分区	公共机构类型	太阳能热泵	地源热泵	水源热泵	空气源热泵	风冷和冰蓄冷
全国整体	卫生事业类	10.4	27.91	17.44	27.91	16.28
	教育事业类	6	46	22	21	5
	政府机关类	12.2	48.78	19.51	9.76	9.76
夏热冬冷地区	卫生事业类	3.45	27.59	20.69	17.24	31.03
	教育事业类	5.41	64.86	0	21.62	8.11
	政府机关类	2.7	81.08	2.7	2.7	10.81
夏热冬暖地区	卫生事业类	18.18	9.09	0	63.64	9.09
	教育事业类	0	30	10	60	0
	政府机关类	25	25	12.5	25	12.5
严寒地区	卫生事业类	30	30	30	10	0
	教育事业类	15.38	23.08	53.85	7.69	0
	政府机关类	7.69	23.08	69.23	0	0

气候分区	公共机构类型	太阳能热泵	地源热泵	水源热泵	空气源热泵	风冷和冰蓄冷
寒冷地区	卫生事业类	9.09	40.91	27.27	9.09	13.64
	教育事业类	10	50	15	25	0
	政府机关类	9.09	41.82	29.09	14.55	5.45
温和地区	卫生事业类	7.14	21.43	0	64.29	7.14
	教育事业类	0	30	55	5	10
	政府机关类	13.33	35.56	4.44	44.44	2.22

注：调研地区包括：①严寒地区：西藏自治区、青海省、吉林省、黑龙江省、辽宁省、内蒙古自治区、新疆维吾尔自治区；②寒冷地区：山西省、宁夏回族自治区、甘肃省、河北省、山东省、天津市、北京市；③夏热冬冷地区：安徽省、湖北省、湖南省、江西省、四川省、陕西省、河南省、江苏省、浙江省、上海市、重庆市；④夏热冬暖地区：广西壮族自治区、福建省、广东省、海南省；⑤温和地区：贵州省、云南省。

4.4.2 公共机构主被动能源优化配比结果

通过构建的模型预测出各地区公共机构的主被动能源配比后，根据各地区公共机构主被动能源总供应量以及不同的碳排放降低目标，计算出全国各地区公共机构建筑被动式能源优化配比，其结果如表 4.55 所示。表中计算出的数据包括主动式能源替代量，二氧化碳减排量，优化被动式能源比例，以及该地区的地热能和太阳能的供应占比。表中各项数据均由模型中建立的各类约束条件及设定的各项数据计算所得。主动式能源替代量即优化被动式能源的需求量，公共机构中此部分能耗需求将由被动式能源提供，从而达到优化公共机构能源结构的目的。优化被动式能源比例为目前公共机构被动式能源尚需提升的比例，并非为公共机构能耗中全部的被动式能源占比。优化被动式能源比例可通过设立公共机构中各类被动式能源热泵，各类被动式能源直接利用技术等方法进行提升。同时，根据表中地热能占比及太阳能占比可推算该地区公共机构能源供应方案的选择大致方向和能源发展的主要目标。

2020 年全国公共机构优化被动式能源利用配比　　　　表 4.55

地区	主动式能源替代量（×10⁴tce）	碳排放减排量（×10⁴t）	优化被动式能源比例	地热能占比	太阳能占比
西藏	4.0	21.9	15.66%	5.94%	9.72%
青海	6.6	36.0	10.34%	3.96%	6.38%
安徽	73.4	402.4	14.90%	9.79%	5.11%
湖北	99.8	547.5	12.59%	10.08%	2.51%
湖南	150.5	825.8	16.41%	11.12%	5.29%
江西	43.7	239.5	14.76%	10.13%	4.63%
四川	114.0	625.5	12.70%	7.65%	5.05%

地区	主动式能源替代量 （×10⁴tce）	碳排放减排量 （×10⁴t）	优化被动式能源比例	地热能占比	太阳能占比
吉林	71.1	390.0	14.34%	7.96%	6.38%
河南	106.6	584.6	15.56%	6.57%	8.99%
山西	62.3	341.9	9.89%	5.60%	4.29%
甘肃	39.5	216.8	14.26%	6.66%	7.60%
黑龙江	36.0	197.7	3.81%	2.13%	1.68%
辽宁	98.0	537.1	11.67%	8.45%	3.22%
河北	93.7	513.8	11.59%	5.47%	6.12%
山东	167.7	920.2	15.42%	5.84%	9.58%
陕西	76.6	420.0	10.36%	3.44%	6.92%
新疆	18.8	102.9	7.27%	4.71%	2.56%
内蒙古	16.1	88.2	5.63%	2.41%	3.22%
宁夏	16.4	89.7	18.76%	8.42%	10.34%
江苏	122.3	670.6	9.84%	5.69%	4.15%
上海	21.6	118.4	11.55%	8.55%	3.00%
浙江	84.7	464.7	13.57%	5.65%	7.92%
福建	34.8	190.9	14.45%	8.11%	6.34%
重庆	78.4	430.4	16.48%	10.79%	5.69%
贵州	101.2	556.0	20.91%	11.03%	9.88%
云南	86.8	476.7	18.01%	6.55%	11.46%
广东	260.6	1431.6	23.20%	13.07%	10.13%
广西	83.0	456.0	24.25%	13.91%	10.34%
海南	16.5	90.7	15.65%	8.34%	7.31%
天津	13.0	71.3	6.90%	4.69%	2.21%
北京	71.2	390.8	8.37%	5.53%	2.84%

由表 4.55 可知，广东、山东等地区主动式能源替代量最大，西藏、青海等地区最小；广东、广西等地区优化被动式能源比例最大，黑龙江、内蒙古等地区最小；能源利用方面，云南、西藏等地更推荐利用太阳能，而湖北、辽宁等地更推荐使用地热能。其中，湖北的地热能配比最高，主要是由于该地区地热能分布广，储量高的原因。据湖北省国土资源厅统计，全省有 69 处地热田分布于省内 42 个县市内，并且大多属于低温地热田，适合公共机构的能源开发利用，据初步计算全地区地热开采总量可达 $11.65 \times 10^4 \mathrm{m}^3/\mathrm{d}$，总热能 $6.6 \times 10^4 \mathrm{kW}$，地热井有 150 余口，是地热资源比较丰富的省份之一，符合本课题建立模型所得结论。

结合各地区公共机构主被动能源耦合模型计算结果分析可知，在西南地区、西北地区、华北地区更适宜采用以太阳能为主的被动式能源配置方案；华中地区、华东地区、华北地区，以及东北地区的辽宁省等地区更适宜采用以地热能为主的被动式能源配置方案；华南地区、东北地区的其他省份、北京和天津更适宜采用太阳能与地热能共同发展的被动式能源配置方案。四川、贵州等地区地热能与太阳能资源均相对匮乏，但水能、风能等被动式资源丰富，因此在选择被动式能源配置方案时，更应注重此方面的发展。

4.5 公共机构能源优化配置方案的推出及验证

4.5.1 公共机构主被动能源模型优化配置方案

公共机构主被动能源协调耦合供应方案的研究，是针对我国公共机构被动式能源应用基础数据缺乏、被动式能源得不到充分利用、主被动能源耦合利用缺乏技术指导等问题而展开的，目的是要根据我国各地区被动式能源的资源量以及利用适宜程度，最大限度地提高我国公共机构主被动能源供应中被动式能源的利用比例，减少我国公共机构对一次能源的过度依赖。根据之前对公共机构被动式能源优化配比的计算和分析，结合当前我国各地区主被动能源的消费配比，综合得到全国各地区公共机构的主被动能源供应配比见表4.56。

全国公共机构主被动能源配比计算结果　　　　表 4.56

地区	主动式能源总配比	被动式能源总配比	地区	主动式能源总配比	被动式能源总配比
西藏	70.4%	29.6%	宁夏	65.8%	34.2%
青海	75.7%	24.3%	甘肃	56.2%	43.8%
安徽	71.1%	28.9%	新疆	72.3%	27.7%
湖北	73.5%	26.5%	江苏	72.2%	27.8%
湖南	66.6%	33.4%	上海	74.5%	25.5%
江西	77.0%	23.0%	浙江	72.5%	27.5%
四川	72.0%	28.0%	福建	75.6%	24.4%
吉林	73.9%	26.1%	重庆	61.3%	38.7%
河南	71.5%	28.5%	贵州	45.8%	54.2%
山西	70.7%	29.3%	云南	49.6%	50.4%
辽宁	80.8%	19.2%	广西	41.9%	58.1%
黑龙江	84.7%	15.3%	广东	46.2%	53.8%
河北	78.5%	21.5%	海南	57.6%	42.4%
山东	67.5%	32.5%	天津	79.1%	20.9%
陕西	78.5%	21.5%	北京	77.4%	22.6%
内蒙古	78.4%	21.6%			

根据全国公共机构主被动能源配比计算结果可知，从地区上看，华南地区、华中地区及华东地区由于被动式能源利用发展情况较好，西南地区由于其具有优越的地理条件以及丰富的被动式能源资源量，此部分地区公共机构主被动能源供应配比中被动式能源的比例较高；而西北地区、华北地区以及东北地区由于被动式能源应用发展较慢，加之

部分地区被动式能源资源匮乏，因此大部分地区被动式能源的比例较低。

从整体上看，主动式能源配比在"十三五"期末总体占比仍在 60% 以上，即主动式能源仍是公共机构能源供应中的主要构成部分。煤仍是各地区主动式能源中占比最大的能源类别，天然气是主动式能源中能源增长速率最快的能源类别，具有更高的能源转换效率以及更低的单位二氧化碳排放量。因此，为优化公共机构能源结构，降低二氧化碳排放量，结合本课题模型计算结果，提出如下措施以供参考：

首先，为更好地实现节能减排，可通过制定优惠的能源政策鼓励使用清洁能源；寻求充足且有保证的天然气源，合理调整天然气价格；合理有效地利用太阳能、地热能等清洁能源；适当发展垃圾发电等垃圾回收处理再利用技术。其次，加强高新技术在能源工艺上的推广应用。积极研究并大力推广清洁燃烧技术、洁净煤技术、热泵技术等先进技术，加强能源领域的科研工作和新技术的引进工作，全面提高能源综合利用效率；强化节能管理，制定相应的优惠政策鼓励企业利用新技术对现有用能设备和工艺进行改造，降低单位产品能耗。最后在供电、供热的供应方式上，实现集中式供应和分布式供应的有效结合，保证供应安全，提高供应效率，节省供应成本。

为了提出各地区公共机构主被动能源的利用方案，通过调研各地区公共机构能源消费结构、各类能源供应量以及计算得到的公共机构被动式能源供应配比结果，得出全国各地区公共机构主被动能源利用方案见表 4.57，能源发展应考虑多能源共同促进的原则，同时各能源利用技术的发展速度及资源情况均有不同，因此表 4.57 中列出的主被动能源方案为 2020 年该地区的主推能源方案，以此作为该地区提出主要的发展方向和优化建议。

全国公共机构主被动能源耦合模型配置方案　　　　表 4.57

地区	主动式能源	被动式能源	地区	主动式能源	被动式能源
西藏	天然气	太阳能	宁夏	天然气	太阳能+地热能
青海	天然气	太阳能	甘肃	天然气	太阳能+地热能
安徽	天然气	地热能	新疆	煤炭	太阳能+地热能
湖北	天然气	地热能	江苏	天然气	太阳能+地热能
湖南	天然气	地热能	上海	天然气	地热能
江西	天然气	地热能	浙江	天然气	太阳能+地热能
四川	天然气	地热能	福建	天然气	太阳能+地热能
吉林	天然气	太阳能+地热能	重庆	天然气	地热能
河南	天然气	太阳能+地热能	贵州	天然气	太阳能+地热能
山西	煤炭	太阳能+地热能	云南	天然气	太阳能
黑龙江	天然气	太阳能+地热能	广东	天然气	太阳能+地热能
辽宁	天然气	地热能	广西	天然气	太阳能+地热能
河北	天然气	太阳能+地热能	海南	天然气	太阳能+地热能
山东	天然气	太阳能+地热能	天津	天然气	地热能
陕西	煤炭	太阳能	北京	天然气	地热能
内蒙古	煤炭	太阳能+地热能			

主被动能源方案的选取原则有所不同，在被动式能源的选择中，以各类能源的比例大小来衡量该能源是否能作为公共机构能源供应方案中的推荐能源。若某类被动式能源与另一种被动式能源配比占绝对优势，则该类被动式能源为该地区适宜性能源的种类。以河北省为例，在公共机构主被动能源耦合模型中，计算出被动式能源优化配比中地热能占比为 47.16%、太阳能占比为 52.84%，两类能源占比在优化被动式能源配比中均占有较高比例，同时相对比例接近 1∶1，因此推荐该地区公共机构采用地热能＋太阳能的被动能源应用方案。再以云南省为例，在公共机构主被动能源耦合模型中，计算出被动式能源优化配比中地热能占比为 36.36%、太阳能占比为 63.64%，太阳能比例较地热能比例达 1.75 倍，地热能供应占比更低，因此更推荐该地区公共机构采用以太阳能为主的被动式能源应用方案。

在主动式能源的方案选择中，由于煤仍是我国各地区能源的主要供应燃料，因此不能以占比高作为衡量的标准。在我国长期变化的能源结构中，将各类能源的增减幅度作为其中的重要指标。因此，在选取适宜的主动式能源方案时，推荐煤的供应比例较高、供应量较大的地区将煤作为主动式能源供应方案，并建议此类地区提高煤的利用技术，大力发展煤层气等措施提高煤的能源转换效率。在天然气储量丰富、占比增幅快的地区推荐天然气作为主动式能源的供应方案，同时天然气相比于煤具有更高的能源转换效率、更少的污染物排放，是主动式能源中更应推荐和发展的能源方案。

4.5.2　公共机构主被动能源政策规划调研结果

本书在模型优化结果的基础上，对各地区政策规划进行调研，对求解结果进行反馈验证，对所建模型的优化结果进行修改，得到公共机构主被动能源综合优化配置方案。

为合理配置各地区公共机构能源供应方案，对构建模型进行合理修正，针对各地区公共机构能源资源节约等 92 部相关文件进行调查，包括各省人民政府"十三五"能源发展规划、建筑节能与建设科技"十三五"规划、公共机构节约能源资源"十三五"规划、相关建筑节能发展规划发布会文件、公共机构节能减碳工作计划、公共机构系列发展报告等。表 4.58 为根据各地区公共机构政策调研结果形成的推荐方案。

全国公共机构主被动能源政策规划配置方案　　　　　　　　　　　表 4.58

地区	主动式能源	被动式能源	地区	主动式能源	被动式能源
西藏	天然气	太阳能＋地热能	河南	天然气	太阳能＋地热能
青海	天然气	太阳能＋地热能	黑龙江	天然气	太阳能＋太阳能
安徽	天然气	太阳能＋地热能	辽宁	天然气	太阳能＋地热能
湖北	天然气	太阳能＋地热能	河北	天然气	太阳能
湖南	天然气	太阳能＋地热能	山东	天然气	太阳能＋地热能
江西	天然气	太阳能＋地热能	陕西	天然气	太阳能＋地热能
四川	天然气	太阳能＋地热能	内蒙古	煤炭	太阳能＋地热能
吉林	天然气	太阳能＋地热能	宁夏	天然气	太阳能＋地热能
山西	煤炭	太阳能＋地热能	甘肃	天然气	太阳能＋地热能

地区	主动式能源	被动式能源	地区	主动式能源	被动式能源
新疆	煤炭	太阳能	贵州	天然气	太阳能＋地热能
江苏	天然气	太阳能＋地热能	广东	天然气	太阳能＋地热能
上海	天然气	太阳能＋地热能	广西	天然气	太阳能
浙江	天然气	地热能＋太阳能	海南	天然气	太阳能＋地热能
福建	天然气	太阳能	天津	天然气	太阳能＋地热能
重庆	天然气	太阳能＋地热能	北京	天然气	太阳能＋地热能
云南	天然气	太阳能＋地热能			

根据各地区政策规划可知，大部分地区主动式能源主推天然气，并根据各地区的情况不同设定了一定的能源供应提升目标，而山西以及新疆等产煤大省的政策规划中，提出提高煤炭的转换效率、发展煤层气等措施。被动式能源方面，大部分地区更遵循多能源发展原则，选择太阳能＋地热能的能源方案和发展方向。

将各地区政策规划得到的推荐配置方案与能源耦合模型计算得到的优化配置方案进行对比发现：在31个地区中15个地区的能源方案完全一致，13个地区的优化配置方案中推荐能源数量少于调研地区政策规划的推荐能源，3个地区的优化配置方案中推荐能源数量多于调研地区政策规划的推荐能源，0个地区的优化配置方案与调研地区推荐方案完全不同。根据校验可知，本课题构建的模型得到的公共机构主被动能源优化配置方案与政策规划主被动能源配置方案推荐相比，吻合度达90%以上。同时，通过本书的优化配置方案选取方式进行分析，可知优化配置方案中推荐能源为主推能源，并不否认其他能源的使用和发展，相对于调研结果更加细致，方向更加明确，以此产生的误差和不同均在合理范围内。各地区公共机构主被动能源优化配置方案可根据当地具体情况进行规划和调整。

4.5.3 公共机构主被动能源综合优化配置方案

根据构建的主被动能源耦合供应模型计算结果以及各地区政策规划配置方案，得到公共机构主被动能源综合推荐配置方案如表4.59所示。由于各地区政策规划给出的公共机构主被动能源配置方案较为笼统，没有给出明确的发展方向，因此各地区公共机构主被动能源综合配置方案的选择原则以公共机构主被动能源耦合模型计算结果及其得到的配置结果为主，再结合各地区政策以及调研结果，给出"十三五"末期公共机构主被动能源综合优化配置方案。

公共机构主被动能源综合优化配置方案　　　　表4.59

地区	主被动能源耦合方案		主被动能源耦合配比	
	优化耦合供应方案	次级配置能源	主动式能源	被动式能源
北京	地热能＋天然气	太阳能	72.90%	27.10%
天津	地热能＋天然气	太阳能	71.10%	28.90%

续表

地区	主被动能源耦合方案		主被动能源耦合配比	
	优化耦合供应方案	次级配置能源	主动式能源	被动式能源
河北	太阳能＋地热能＋天然气	煤炭	78.00%	22.00%
山西	太阳能＋地热能＋煤炭	天然气	71.90%	28.10%
内蒙古	太阳能＋地热能＋煤炭＋天然气	—	73.50%	26.50%
辽宁	地热能＋天然气	太阳能、煤炭	86.10%	13.90%
吉林	太阳能＋地热能＋天然气	煤炭	72.60%	27.40%
黑龙江	太阳能＋地热能＋天然气	煤炭	81.20%	18.80%
上海	地热能＋天然气	太阳能	82.10%	17.90%
江苏	太阳能＋地热能＋天然气	煤炭	67.50%	32.50%
浙江	太阳能＋地热能	天然气	80.10%	19.90%
安徽	太阳能＋地热能＋天然气	煤炭	83.70%	16.30%
福建	太阳能＋天然气	地热能、煤炭	80.40%	19.60%
江西	地热能＋天然气	太阳能、煤炭	81.90%	18.10%
湖南	地热能＋天然气	太阳能、煤炭	51.60%	48.40%
山东	太阳能＋地热能＋天然气	煤炭	73.80%	26.20%
河南	太阳能＋地热能＋天然气	煤炭	65.90%	34.10%
湖北	地热能＋天然气	太阳能、煤炭	76.10%	23.90%
广东	太阳能＋地热能＋天然气	—	66.70%	33.30%
广西	太阳能＋天然气	地热能、煤炭	81.30%	18.70%
海南	太阳能＋地热能	天然气	66.10%	33.90%
四川	地热能＋天然气	太阳能、煤炭	77.10%	22.90%
贵州	太阳能＋地热能＋天然气	煤炭	78.10%	21.90%
云南	太阳能＋天然气	地热能、煤炭	75.90%	24.10%
西藏	太阳能＋天然气	地热能	44.50%	55.50%
陕西	太阳能＋地热能＋煤炭＋天然气	—	42.70%	57.30%
甘肃	地热能＋太阳能＋天然气	煤炭	50.80%	49.20%
青海	太阳能＋天然气	地热能、煤炭	47.40%	52.60%
宁夏	地热能＋太阳能＋天然气	煤炭	56.90%	43.10%
新疆	太阳能＋地热能＋煤炭＋天然气	—	63.70%	36.30%
重庆	地热能＋天然气	太阳能、煤炭	77.20%	22.80%

表 4.59 中给出了各地区公共机构的优化耦合供应方案及次级配置能源,优化耦合供应方案为该地区公共机构应优先选择的能源耦合供应方案及主被动能源的发展方向,次级配置能源为在优化耦合供应方案的基础上,仍可选择进行配置和发展的能源类型,但在各项基础条件中均略逊于优化耦合供应方案中的能源类型。

以江苏省为例,该地区具有较为丰富的太阳能和地热能资源,而且具有一定的被动式能源应用基础,在模型计算以及政策规划中主动能源均推荐天然气的优先发展原则,因此江苏省公共机构可采用太阳能＋地热能＋天然气的主被动能源耦合方案进行能源供应。同时，煤炭仍为主动式能源中的主要构成部分，因此，提高煤炭的能源转换效率，发展煤层气等利用技术问题仍需要得到解决，并以煤炭作为江苏省公共机构能源供应的次级配置能源。再以重庆市为例，该地区被动式能源匮乏，虽在政策规划中推荐太阳能及地热能作为配置能源，但在模型计算结果中地热能资源配置占被动式能源优化配比的60％以上，因此该地区公共机构优化耦合供应方案推荐为地热能＋天然气，次级配置能源为太阳能、煤炭。

从全国范围内看，在此优化配置方案下，全国总体被动式能源供应占比可提升至29.2％，较"十二五"期间二氧化碳排放量可降低15.36％，实现课题研究的总体目标。课题研究成果对全国各地区公共机构主被动能源耦合利用具有指导作用，可为我国公共机构主被动能源耦合利用提供参考依据。

5　公共机构被动式与主动式能源利用适宜性分区结果可视化研究

本章根据已建立的公共机构被动式、被动式与主动能源耦合利用评价指标体系，利用熵权法及综合指数法对指标数据进行数据处理，开展适宜性分区结果可视化研究，主要完成不同地区三种类型公共机构被动式能源利用适宜性分布图的绘制及分析、被动式和主动式能源耦合利用适宜性分布图的绘制及分析以及被动式与主动式能源耦合利用适宜性分布软件的开发，从而探究全国各地区公共机构的被动能源供应的适宜性。

5.1　公共机构主被动式能源利用适宜性分布图绘制软件及方法介绍

本书采用的适宜性分区绘图软件为 ArcMAP，通过将上述计算得到的各省市公共机构能源利用综合指数输入 ArcMAP 软件中，以自然间断点分级方法对数据进行分级处理，在中国省级行政区划图上渲染，从而完成适宜性分区图的绘制。本节将对绘图软件及数据分级方法进行详细介绍。

5.1.1　GIS 的概述

地理信息系统（GIS）是对地理空间信息进行描述、采集、处理、储存、管理、分析和应用的一门交叉学科。随着计算机技术、信息技术、空间技术、网络技术的发展，GIS 广泛应用于测绘、资源管理、城乡规划、灾害监测、交通运输、水利水电、环境保护、国防建设等各个领域，并深入涉及地理信息的社会生产、生活各个方面。地理空间系统处理和管理的对象是多种地理空间实体数据及其关系，包括空间定位数据、图形数据、遥感图像数据、属性数据等，主要用于分析和处理一定地理区域内分布的各种现象和过程，解决复杂的规划、决策和管理问题。

（1）GIS 的系统构成

一个完整的地理信息系统由四部分构成，即硬件系统、软件系统、地理空间数据和信息和管理操作人员。其中计算机硬件、软件系统是 GIS 实用工具，空间数据库反映了 GIS 的地理内容，而管理人员和用户则决定系统的工作方式和信息表达。

（2）基于 GIS 的空间分析

基于 GIS 的空间分析是地理信息系统区别于其他系统的主要特殊性，也是评价地理信息系统功能的主要特征之一。地理信息系统集成了多学科的最新技术，如关系数据库管理、高效图形算法、插值、区划和网络分析等，为 GIS 空间分析提供了强大的工具。目前，绝大多数的地理信息系统软件都具备一定的空间分析功能，GIS 空间分析已成为地理信息系统的核心功能之一，它特有的地理信息（特别是隐含信息）的提取、表现和传输功能，是地理信息系统区别于一般系统的主要功能特征。

随着 GIS 基础理论研究逐步走向成熟，计算机硬件技术和相关科学的进步也为 GIS 提供了更好的支撑，GIS 正处于飞速发展的进程中，其中融合的数据极速增长。GIS 空间分析目前已广泛应用于水污染监测、城市规划与管理、地震灾害预警与损失估计、洪湖水灾害分析、矿产资源评价、道路交通管理、地形地貌分析、医疗卫生、军事领域等方面。

5.1.2 ArcGIS 绘图方法介绍

ArcGIS 是集空间数据显示、编辑、查询检索、统计、报表生成、空间分析和高级制图等众多功能于一体的桌面应用地理信息系统平台，由三个重要部分组成：ArcGIS 桌面软件（一体化的高级 GIS 应用）、ArcSDE（用于数据管理的 RDBMS 管理空间数据库）和 ArcIMS 软件（基于 Internet 的 WebGIS）。

ArcGIS 桌面软件指 ArcView、ArcEdito 和 ArcInfo。它们分享通用的结构，通用的代码基础，通用的扩展模块和统一的开发环境。ArcView、ArcEditor、ArcInfo 的功能按顺序由简到繁。ArcGIS 桌面软件由一组相同的应用环境构成：ArcMap、ArcCatalog 和 ArcToolbox。通过这三个应用的协调工作，可以完成任何从简单到复杂的 GIS 工作，包括制图、数据管理、地理分析和空间处理，还包括与 Internet 地图和服务的整合、地理编码、高级数据编辑、高质量的制图、动态投影、元数据管理、基于向导的截面和对近 40 种数据格式的直接支持。

（1）ArcMap 介绍

ArcMap 是 ArcGIS for Desktop 的核心应用程序，是为 GIS 专业人士提供的用于地理信息制作和使用的工具，它把传统的空间数据编辑，查询，显示，分析，报表和制图等 GIS 功能集成到一个简单的可扩展的应用框架上。ArcMap 提供"地理数据视图"和"地图布局视图"两种类型的操作界面。在地理数据视图中，可以进行编辑和分析 GIS 数据集、符号化显示等地理图层操作；在地图布局视图中，可以处理包括地理数据视图、图例、比例尺、指北针等地图元素在内的地图版面操作。

当前，在众多的地理信息系统平台软件中，ArcMap 因其操作界面友好、功能模块齐全等特点受到广大专业地理分析应用人员的喜爱。利用 ArcMap 可以实现任何从简单到复杂的 GIS 任务，包括高级的地理分析和处理能力、强大的编辑工具、完整的地图生产过程，以及无限的数据和地图分享体验。正是由于 ArcMap 的上述优势，本书选取 ArcMap10.5 作为适宜性分区的制图工具，使本次研究中的适宜性分区结果可视化。

在 ArcMap 数据视图中，地图即为数据框。活动的数据框将作为地理窗口，可在其中显示和处理地图图层。在数据框内，可以通过地理（实际）坐标处理，通过地图图层呈现 GIS 信息。数据视图会隐藏布局中的所有地图元素（如标题、指北针和比例尺），从而能够重点关注单个数据框中的数据，如进行编辑或分析等。布局视图用于设计和创作地图，以便进行打印、导出或发布。可以在页面空间内管理地图元素（通常以 ft 或 cm 为单位），可以添加新的地图元素以及在导出或打印地图之前对其进行预览。常见的地图元素包括带有地图图层的数据框、比例尺、指北针、符号图例、地图标题、文本和其他图形元素。ArcMap 界面视图如图 5.1 所示。

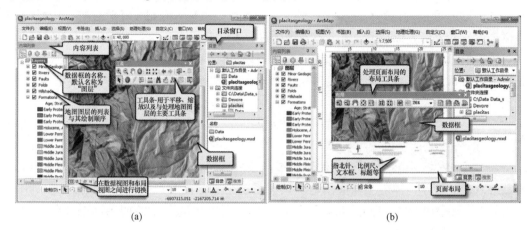

图 5.1 ArcMap 界面视图

(a) ArcMap 数据视图；(b) ArcMap 布局视图

（2）自然间断点分级方法

本书采用 ArcGIS 软件中内置的自然间断点分级法对各省公共机构能源耦合利用适宜性综合指数进行分级处理，将分级处理结果以不同颜色渲染，形成适宜性分区图。自然间断点分级法是 Jenks 提出的一种地图分级算法，认为数据本身有断点，可利用数据这一特点分级，是基于数据中固有的自然分组，对分类间隔加以识别，可对相似值进行最恰当的分组，并可使各个类之间的差异最大化。该分组方法是将数据划分为多个类，而对于这些类，在数据值的差异相对较大的位置处设置其边界。

1）针对分类结果中某一类的数组计算总偏差平方和（SDAM），记一组结果为 Aarray，其均值 X 为：

$$X = \frac{1}{n} \sum_{i=1}^{n} X_i \tag{5.1}$$

则其总偏差平方和（SDAM）为：

$$SDAM = \sum_{i=1}^{n} (X_i - X)^2 \tag{5.2}$$

式（5.1）、式（5.2）中 n 为数组中元素的个数；X_i 为第 i 个元素的值。

2）针对分类结果中每个范围的组合计算总偏差平方和（SDCM），找到其中最小的一个值，记作 $SDCM_{min}$。将 N 个元素分为 k 类，这样分类结果可划分 k 个子集，其中一种情况为 $[X_1, X_2, \cdots, X_i]$、$[X_{i+1}, X_{i+2}, \cdots, X_j]$、$[X_{j+1}, X_{j+2}, \cdots, X_n]$，计算每个子集的总偏差平方和 $SDAM_i$，$SDAM_j$，$\cdots$，$SDAM_n$，并求出 $SDCM_1$ 为：

$$SDCM_1 = SDCM_i + SDCM_j + \cdots + SDCM_n \tag{5.3}$$

同理分类结果也可以划分为 k 类的其他情况，依次计算出 $SDCM_2$，$\cdots$，$SDCM_{C_n^k}$ 的值，选择其中最小的一个值作为最终结果 $SDCM_{min}$，因此该分类范围即为最佳分类。

算法原理是一个小聚类，聚类结束条件是组间方差最大、组内方差最小、类内差异最小，类间差异最大。它是基于目标数据中固有的自然分组，ArcMap 对目标要素的分类间隔进行识别，将最相似的要素值归为一类，并使各类之间的差异最大化。目标要素被划分为多个类别，在各类差异值相对较大的位置设置分类边界。该方法是针对特定数据的分类方法，故不适用于对比不同基础信息构建而成的多个地图。自然间断点分级方法操作界面如图 5.2 所示。

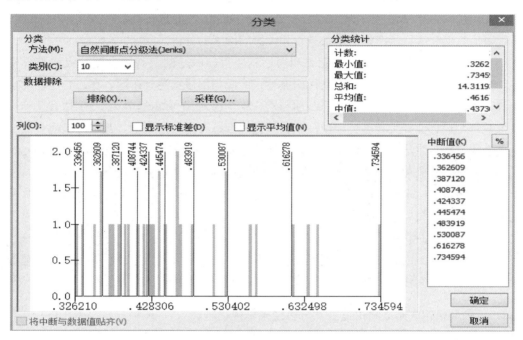

图 5.2　自然间断点分级方法操作界面

5.1.3　适宜性分布图绘制流程

利用 ArcMap 软件绘制公共机构被动式、被动式与主动式能源耦合利用适宜性分区图。绘制适宜性分区图的过程如下：

（1）在全国地理信息资源目录服务系统中下载 shpfile 格式中国省级行政区划地图。

（2）建立格式为 xls 表格，将各省市三种类型公共机构太阳能利用适宜性评价综合指数计算结果汇于表中。

（3）在 ArcMap 中加载已下载的 shpfile 格式中国省级行政区划地图，打开中国省级行政区划面数据属性表，注意 NAME 字段中各省市名称，保证建立 xls 表格中的地区名称与之一致。

（4）运用连接和关联功能，将 xls 表格连接至中国省级行政区划地图面数据属性表中，选择图层中连接将基于字段 NAME，选择表中的连接字段为省市名称，进行验证连接，此后表格数据将成功连接至中国省级行政区划地图面数据属性表中。

（5）打开该面数据的符号系统选项，字段值选择为需要进行适宜性分区的字段，选择自然间断点分级法对该字段数据进行分级，利用分级色彩功能对图层进行渲染。

5.2 公共机构被动式能源利用适宜性分区结果可视化

在 5.2 节、5.3 节中将主要针对三种类型公共机构被动式能源、被动式能源与主动式能源耦合利用进行研究，首先根据上文得到的各省市三类公共机构被动式、被动式与主动式能源耦合利用适宜性评价综合指数，在 GIS 平台上进行适宜性分布图的绘制；其次对适宜性分区后所产生的结果进行相关影响因素的分析。

本节主要在公共机构被动式能源利用适宜性得分的基础上利用自然断点法进行聚类，再利用 ArcMap 软件绘制公共机构被动式能源利用适宜性分布图。在综合考虑资源能源、能耗、技术、经济、环境等各项因素，将全国 31 个省市划分为 10 个适宜性等级区，对每个适宜性等级区进行颜色渲染，颜色由红过渡至黄再至绿，其中一级适宜区红颜色最深，代表该地区公共机构被动式能源利用适宜性最差，十级适宜区绿颜色最深，代表该地区公共机构被动式能源利用适宜性最强。将 10 个适宜性等级区分 3 个部分，第一部分为适宜性Ⅰ区，此部分包括适宜性等级为 1～3 级，为公共机构被动式能源利用适宜性较差区域。第二部分为适宜性Ⅱ区，此部分包括适宜性等级为 4～6 级，为公共机构被动式能源利用适宜性一般区域。第三部分为适宜性Ⅲ区，此部分包括 7～10 级，为公共机构被动式能源利用适宜性较好区域。能源耦合利用适宜性等级由一级至十级逐渐增强，适宜性等级越高的地区被动式能源利用适宜性情况越好。

5.2.1 公共机构太阳能利用适宜性分区结果可视化研究

在综合考虑资源、能耗、技术、经济、环境等各项因素，根据全国 31 个省市被动式能源利用适宜性得分，绘制公共机构太阳能利用适宜性能分布图。图例中包括各适宜性分区的颜色及区间综合指数的数值。根据图中各区域公共机构太阳能利用适宜性情况，分别介绍各适宜性分区内省市分布情况，并针对部分省市适宜性分布结果进行相关说明。最终适宜性分区如表 5.1 所示。

公共机构太阳能利用适宜性分区情况　　　　　　　　　　　表 5.1

适宜性分区	适宜性等级	区间分值	包含省市
适宜性Ⅰ区	一级适宜区	0.000～0.329	重庆市
	二级适宜区	0.329～0.363	上海市、天津市、吉林省、广西壮族自治区、海南省
	三级适宜区	0.363～0.383	辽宁省、黑龙江省、贵州省
适宜性Ⅱ区	四级适宜区	0.383～0.408	宁夏回族自治区、江西省、福建省、北京市
	五级适宜区	0.408～0.422	甘肃省
	六级适宜区	0.422～0.460	青海省、云南省、四川省、湖南省

适宜性分区	适宜性等级	区间分值	包含省市
适宜性Ⅲ区	七级适宜区	0.460~0.498	新疆维吾尔自治区、西藏自治区、湖北省、山西省
	八级适宜区	0.498~0.569	广东省、陕西省、安徽省、内蒙古自治区
	九级适宜区	0.569~0.643	浙江省、河北省、河南省
	十级适宜区	0.643~0.776	江苏省、山东省

（1）适宜性Ⅰ区

在适宜性Ⅰ区中共涉及9个省市，分别为一级适宜区：重庆市；二级适宜区：上海市、天津市、吉林省、广西壮族自治区、海南省；三级适宜区：辽宁省、黑龙江省、贵州省。

综合考虑各区域影响因素特点可以发现，造成各省市公共机构太阳能利用适宜性较弱的原因各不相同。如一级适宜区中重庆市，重庆市气候属亚热带季风性湿润气候，年平均气温约为18℃，全年的日照时数约为1100~1300h，年太阳年辐射量约为3200~3900MJ/m²，全国太阳能资源按照太阳能年辐射量可以分为五类地区，重庆市属于第五类地区，是太阳能资源最匮乏的地区之一。重庆市太阳能年辐射量位列全国第29位，有效日照天数位列全国第27位，当前太阳能光伏发电装机容量在全国处于第30位，现阶段重庆市太阳能资源利用程度较低。由于上述三项指标均处于全国排名靠后位置，且权重占比较高，约为45.04%，其他指标排名均处于全国中下水平。综合各项因素影响，重庆市被划分至一级适宜区，适宜性程度相对较差，因此不推荐在重庆市进行太阳能的推广利用。重庆市适宜性指标数据情况如表5.2所示。

重庆市适宜性指标数据情况　　表5.2

指标名称	数值	全国排名	指标名称	数值	全国排名
太阳能年辐射量	3716MJ/m²	29	光伏发电政策补贴	0.49元/kWh	16
太阳能有效日照天数	187d	27	第三产业固定资产投资额	1.11×10⁴亿元	15
公共机构负荷需求量	4.76×10⁶tce	19	二氧化碳减排量	1.71×10⁷t	17
光伏发电装机容量	65×10⁴kW	30	重庆市综合得分	0.3294	31

二级适宜区中的海南省（仅考虑海南岛，不考虑西沙、南沙等地区），因其处在中国最南部的热带地区，地理纬度最低、太阳高度角最高，太阳能年辐射量在全国处于上游水平，位列全国第8位，但由于地处沿海地带，气候条件十分不稳定，受大气环流影响时常伴有多云、雷雨天气发生，有效日照天数处于全国中下游水平，光伏发电装机容量处于全国第26位，光伏技术应用水平较低，第三产业固定资产投资额处于全国第27位，二氧化碳减排量处于全国第29位，当前环境效益较差，此三项指标均处于全国排名靠后位置。综合各项因素影响，海南省被划分至二级适宜区，太阳能利用适宜性程度相对较差。目前，海南省在建筑节能与建设科技"十三五"发展规划提出，鼓励开展分布式光伏发电、太阳能空调等多种形式的太阳能利用项目。推进太阳能光伏建筑一体化

技术的开发与应用，鼓励具有一定规模的公共建筑、开发区和工业园区推广太阳能屋顶光伏发电技术，鼓励住宅实施分布式光伏发电系统。若海南省充分考虑天气条件，同时加大太阳能推广的补贴力度和对公共机构建设的经济支持，海南省公共机构太阳能开发利用将有很大潜力。海南省适宜性指标数据情况如表 5.3 所示。

海南省适宜性指标数据情况 表 5.3

指标名称	数值	全国排名	指标名称	数值	全国排名
太阳能年辐射量	$5773MJ/m^2$	8	光伏发电政策补贴	0.49 元/kWh	15
太阳能有效日照天数	221d	20	第三产业固定资产投资额	$3.79×10^3$ 亿元	27
公共机构负荷需求量	$1.06×10^6$ tce	28	二氧化碳减排量	$3.34×10^6$ t	29
光伏发电装机容量	$140×10^4$ kW	26	海南省综合得分	0.3604	28

贵州省处于三级适宜区，太阳能资源同样十分匮乏，全省年日照时数在 988.9～1740.7h 之间，年平均值为1220h，地区年平均太阳总辐射在 3149.16～4594.8MJ/m^2，全省太阳能年辐射量平均为 3394MJ/m^2，在全国各省市中排名 31 位。全省日照时数高于 3h 的天数也相对较低，在 145～208d 之间。西部和西南部地区可达到 190d 以上，中部以北地区相对较低，但也超过 3 个月。贵州省除太阳总辐射量指标在全国排名靠后以外，其他指标也均处于全国中下游水平。综上所述，贵州省太阳能资源利用总体水平不高，除了存在科技支撑体系不强、缺乏关键技术及规划指导等问题外，还有太阳能资源相对不足、政策措施不健全以及资金投入不足等问题，将太阳能利用应用到公共机构建设发展中还有很长的路要走。贵州省适宜性指标数据情况如表 5.4 所示。

贵州省适宜性指标数据情况 表 5.4

指标名称	数值	全国排名	指标名称	数值	全国排名
太阳能年辐射量	$3394MJ/m^2$	31	光伏发电政策补贴	0.49 元/kWh	14
太阳能有效日照天数	207d	23	第三产业固定资产投资额	$9.79×10^3$ 亿元	16
公共机构负荷需求量	$4.84×10^6$ tce	17	二氧化碳减排量	$1.18×10^7$ t	20
光伏发电装机容量	$510×10^4$ kW	17	贵州省综合得分	0.3745	25

（2）适宜性Ⅱ区

适宜性Ⅱ区中共涉及 9 个省市，分别为四级适宜区：宁夏回族自治区、江西省、福建省、北京市；五级适宜区：甘肃省；六级适宜区：青海省、云南省、四川省、湖南省。

适宜性Ⅱ区中大部分省市的适宜性评价指标数值大小较为平均，大部分处于全国中游水平，但也有部分省市的影响因素之间数值差距较大。江西省处于四级适宜区，其适宜性程度较低的主要原因来自多个方面。江西省太阳能年辐射量为 3700～4600MJ/m^2，位居全国第 28 位，太阳能资源条件较差，全省有效日照天数为 190 天，排名全国第 26位。在其他适宜性指标方面，二氧化碳减排量在全国排名第 18 位，光伏发电装机容量及第三产业固定资产投资额均处全国中游，因此适宜性综合评价结果一般。综上所述，由于江西省缺乏太阳能资源利用的基础条件，太阳能产业在江西省公共机构建设发展应用中潜力较差，江西省的公共机构不建议利用太阳能资源进行能源供应。江西省适宜性指标数据情况如表5.5所示。

江西省适宜性指标数据情况　　　　　　　　表5.5

指标名称	数值	全国排名	指标名称	数值	全国排名
太阳能年辐射量	3841MJ/m^2	28	光伏发电政策补贴	0.49元/kWh	15
太阳能有效日照天数	190d	26	第三产业固定资产投资额	9.69×10^3亿元	17
公共机构负荷需求量	2.96×10^6tce	21	二氧化碳减排量	1.38×10^7t	18
光伏发电装机容量	630×10^4kW	14	江西省综合得分	0.4048	20

　　甘肃省处于五级适宜区，是被动能源最富集的地区之一，不仅风能资源丰富，而且太阳能资源储量巨大，尤其是河西地区降水较少，空气干燥，晴天多，光照充足，太阳能资源丰富，具有得天独厚的气候资源优势。甘肃省太阳能年辐射量在全国排名第3位，有效日照天数在全国处于第6位，光伏发电装机容量位列全国第13位，此三项指标在全国均处于中上游水平，然而甘肃省第三产业固定资产投资额及二氧化碳减排量等指标在全国处于下游水平，因此导致甘肃省整体太阳能资源利用适宜性不佳。针对甘肃省资源环境状况，应加大经济、政策扶持力度，甘肃省公共机构有较好的太阳能资源开发利用潜力。甘肃省省适宜性指标数据情况如表5.6所示。

甘肃省适宜性指标数据情况　　　　　　　　表5.6

指标名称	数值	全国排名	指标名称	数值	全国排名
太阳能年辐射量	6324MJ/m^2	3	光伏发电政策补贴	0.35元/kWh	29
太阳能有效日照天数	304d	6	第三产业固定资产投资额	4.13×10^3亿元	25
公共机构负荷需求量	2.77×10^6tce	23	二氧化碳减排量	7.96×10^6t	27
光伏发电装机容量	908×10^4kW	13	甘肃省综合得分	0.4218	18

　　青海省和西藏自治区分别处于六级适宜区和七级适宜区，因两地海拔较高，大气稀薄，空气透明度好，加之气候干燥，降雨量较小，云层遮蔽率低，日光透过率高，因此太阳能资源十分丰富，太阳能年辐射量及有效日照天数分别位列全国第1、2位。而制约两地太阳能利用开发最大因素为地区太阳能市场发展受阻以及开发投入较小，虽然近几年在太阳能光伏补贴政策上两个地区支持力度较大，但第三产业固定资产投资额、二氧化碳减排量等两项指标都处于全国排名靠后位置。在进行太阳能资源的开发过程中，资金、科研等方面的投入远远不足，市场的需求并不稳定。中国新能源网指出，西部地区弃光现象依旧严重，2016年平均弃光率达20%，太阳能资源开发项目并未和常规能源的开发项目一样拥有稳定的投资渠道，很难构建一个较稳定的保障体系。同时，因地处西部地区，生态环境脆弱，干旱少雨，地域辽阔，大部分工业、居住人口等用电负荷中心都集中在重点城镇，彼此距离相隔较远，这些条件都制约着西藏、青海地区光能发电技术的规模化发展。针对西藏、青海地区公共机构太阳能利用应结合当地环境及资源特点，制定与该地区太阳能开发相符的政策，并与经济发展相适应，加强技术创新，打通地区间电力送出问题，增加市场消纳能力，充分发挥在太阳能资源方面的天然优势。

青海省及西藏自治区适宜性指标数据情况如表 5.7 及表 5.8 所示。

青海省适宜性指标数据情况 表 5.7

指标名称	数值	全国排名	指标名称	数值	全国排名
太阳年辐射量	6419MJ/m²	2	光伏发电政策补贴	0.35 元/kWh	28
太阳能有效日照天数	321d	2	第三产业固定资产投资额	2.49×10³亿元	29
公共机构负荷需求量	6.34×10⁵tce	30	二氧化碳减排量	2.70×16t	30
光伏发电装机容量	1101×10⁴kW	6	青海省综合得分	0.4536	15

西藏自治区适宜性指标数据情况 表 5.8

指标名称	数值	全国排名	指标名称	数值	全国排名
太阳年辐射量	6881MJ/m²	1	光伏发电政策补贴	0.49 元/kWh	13
太阳能有效日照天数	327d	1	第三产业固定资产投资额	1.56×10³亿元	31
公共机构负荷需求量	2.55×10⁵tce	31	二氧化碳减排量	1.09×10⁶t	31
光伏发电装机容量	110×10⁴kW	28	西藏自治区综合得分	0.4694	12

（3）适宜性Ⅲ区

适宜性Ⅲ区中共涉及 13 个省市，分别为七级适宜区：新疆维吾尔自治区、西藏自治区、湖北省、山西省；八级适宜区：广东省、陕西省、安徽省、内蒙古自治区；九级适宜区：浙江省、河北省、河南省；十级适宜区：江苏省、山东省。

适宜性Ⅲ区中的 13 个省市各适宜性评价指标数据皆在全国中上游水平，没有明显的劣势数据。广东省处于八级适宜区，总体属于太阳能资源利用条件较好的地区，太阳能年辐射量为 4200～5800MJ/m²，太阳能年辐射量及有效日照天数排在全国第 19 位及第 22 位，全省大部分地区年日照时数约为 2200h，总体属于中等太阳能资源地区，在一定程度上具备发展太阳能产业的潜力。作为经济大省，广东省在第三产业固定资产投资方面位列全国第 3 位，经济投资水平较为突出，二氧化碳减排量也位于中上游水平，环境效益较好。各方面适宜性影响指标都为公共机构太阳能利用创造了良好的条件，适宜性综合得分位列全国第 8 位。广东省适宜性指标数据情况如表 5.9 所示。

广东省适宜性指标数据情况 表 5.9

指标名称	数值	全国排名	指标名称	数值	全国排名
太阳能年辐射量	4694MJ/m²	19	光伏发电政策补贴	0.49 元/kWh	12
太阳能有效日照天数	213d	22	第三产业固定资产投资额	2.50×10⁴亿元	3
公共机构能耗需求量	1.12×10⁷tce	2	二氧化碳减排量	3.10×10⁷t	11
光伏发电装机容量	610×10⁴kW	16	广东省综合得分	0.5466	8

内蒙古自治区、河北省均处于八级适宜区，内蒙古自治区太阳能资源丰富，太阳能年辐射量为 4599～7884MJ/m²，年日照时数为 2600～3400h，仅次于西藏自治区和青海省，居全国第 3 位。内蒙古大部分地区太阳能年辐射量在 5000MJ/m² 以上，其中阿拉善盟、鄂尔多斯市和巴彦淖尔市等地区的太阳能资源较好。内蒙古自治区太阳能年辐射量、有效日照天数、光伏发电装机容量均处于全国上游水平，太阳能资源可利用程度较

高，尽管光伏发电政策补贴、第三产业固定资产投资额、CO_2减排量等指标处于全国中下游水平，但由于资源类指标及技术类指标条件较好，所占权重比例较大，导致内蒙古自治区公共机构太阳能利用适宜性较高，具有良好的太阳能资源开发利用潜力。内蒙古自治区适宜性指标数据情况如表5.10所示。

内蒙古自治区适宜性指标数据情况　　　　表5.10

指标名称	数值	全国排名	指标名称	数值	全国排名
太阳能年辐射量	5898MJ/m²	5	光伏发电政策补贴	0.4元/kWh	19
太阳能有效日照天数	317d	3	第三产业固定资产投资额	$7.90×10^3$亿元	20
公共机构负荷需求量	$2.86×10^6$tce	22	二氧化碳减排量	$1.17×10^7$t	21
光伏发电装机容量	$1081×10^4$kW	8	内蒙古自治区得分	0.5327	9

十级适宜区中以山东省和江苏省为例，江苏省属于太阳能资源丰富区，西南部太阳总辐射值最大，中东部和北部地区太阳总辐射相对较少。全年日照小时长，气温低，光伏转换效率高。江苏省作为我国经济强省，也是能源发展大省，在可再生能源发展方面处于我国前列，光伏发电领域更是位居前三，2019年5月，江苏省发布的《环境基础设施三年建设方案（2018—2020年)》[103]中明确提出以分布式为重点，有序推进分散式风电、分布式光伏发展，加快推进分布式能源市场化交易以及多能互补等各类国家和省级试点，促进能源供需实时互动、就近平衡、梯级利用，未来分布式光伏发电市场份额将进一步提升。江苏省有关太阳能利用的经济、政策指标均位于全国前列，政府对于省内太阳能资源开发利用较为重视，有效推动了省内光热、光电产业的发展。江苏省适宜性指标数据情况如表5.11所示。

江苏省适宜性指标数据情况　　　　表5.11

指标名称	数值	全国排名	指标名称	数值	全国排名
太阳能年辐射量	4523MJ/m²	23	光伏发电政策补贴	0.49元/kWh	1
太阳能有效日照天数	225d	18	第三产业固定资产投资额	$2.62×10^4$亿元	2
公共机构负荷需求量	$1.24×10^7$tce	1	二氧化碳减排量	$5.30×10^7$t	1
光伏发电装机容量	$1486×10^4$kW	2	江苏省综合得分	0.7393	2

山东省总体属于太阳能利用条件较好的地区，太阳总辐射年总量及有效日照天数皆排在全国17位，全省三分之二以上的面积年日照时数超过2200h，具有较大的太阳能开发利用价值。同时，山东省省政府先后出台了《关于加快我省新能源和节能环保产业发展的意见》[104]、《关于促进新能源产业加快发展的若干政策》[105]和《关于扶持光伏发电加快发展的意见》[106]等一系列政策文件，为太阳能产业发展提供了良好的政策环境。在第三产业固定资产投资方面，山东省位列全国第一位，CO_2减排量也位于上游水平。各方面适宜性影响指标都为公共机构太阳能利用创造了良好的条件，适宜性综合得分位列全国首位。山东省适宜性指标数据情况如表5.12所示。

山东省适宜性指标数据情况   表 5.12

指标名称	数值	全国排名	指标名称	数值	全国排名
太阳能年辐射量	5115MJ/m²	17	光伏发电政策补贴	0.49元/kWh	1
太阳能有效日照天数	239d	17	第三产业固定资产投资额	2.63×10⁴亿元	1
公共机构负荷需求量	1.09×10⁷tce	3	二氧化碳减排量	4.57×10⁷t	2
光伏发电装机容量	1619×10⁴kW	1	山东省综合得分	0.7752	1

5.2.2 公共机构地热能利用适宜性分区结果可视化研究

本节主要对各地区公共机构地热能利用进行研究，通过各地区公共机构地热能利用适宜性综合指数绘制适宜性分区图，通过分析各地区地理位置、资源条件、经济投资、技术成熟度、环境效益等相关因素对可视化分区结果进行解释说明。公共机构地热能利用适宜性分区如表 5.13 所示。

公共机构地热能利用适宜性分区情况   表 5.13

适宜性分区	适宜性等级	区间分值	包含省市
适宜性Ⅰ区	一级适宜区	0.073~0.081	青海省、西藏自治区
	二级适宜区	0.081~0.136	甘肃省、宁夏回族自治区
	三级适宜区	0.136~0.192	内蒙古自治区、新疆维吾尔自治区、云南省、海南省
适宜性Ⅱ区	四级适宜区	0.192~0.234	贵州省、福建省、黑龙江省、山西省
	五级适宜区	0.234~0.255	广西壮族自治区、吉林省
	六级适宜区	0.255~0.316	陕西省、重庆市、江西省
适宜性Ⅲ区	七级适宜区	0.316~0.405	广东省、湖南省、四川省、上海市、安徽省
	八级适宜区	0.405~0.521	浙江省、山东省、河北省、辽宁省、北京市
	九级适宜区	0.521~0.571	河南省、湖北省
	十级适宜区	0.571~0.587	江苏省、天津市

（1）适宜性Ⅰ区

适宜Ⅰ区中共涉及 8 个省市，分别为一级适宜区：青海省、西藏自治区；二级适宜区：甘肃省、宁夏回族自治区；三级适宜区：内蒙古自治区、新疆维吾尔自治区、云南省、海南省。

适宜性Ⅰ区中的 9 个省市各适宜性评价指标数据皆处于全国下游水平，以一级适宜区的西藏自治区和青海省为例，西藏自治区位于我国青藏高原，幅员辽阔、山川纵横，可再生能源资源十分丰富，地热能、太阳能资源为全国首位。西藏中、高温地热资源主要分布在藏南、藏西和藏北，西藏最著名的羊八井地热田是中国最大的高温湿蒸汽热田。西藏地热活动区位于喜马拉雅地热带中，高温地热资源占全国地热总量的 80%。西藏地热资源主要分布在拉萨、尼木、羊八井、那曲、措纳湖一带。此外，"一江两河"地区和藏北无人区也蕴藏着丰富的地热资源。尽管西藏自治区地热能蕴藏量居全国首位，但多为水热型地热能资源和干热岩资源等高温地热能资源，浅层地热能资源则蕴藏量较低，西藏自治区浅层地热能热容量位居全国第 30 位，其他各项指标均处于全国排名靠后位置，因此导致西藏公共机构浅层地热能利用条件较差，适宜性综合得分最低。由西藏自治区的地理位置及资源条件可推测，西藏自治区采用高温地热能资源发电经济效益显著，建议对中高温地热能进行发电利用，浅层地热能资源的开发利用则强烈依赖于政策及经济的扶持。西藏自治区适宜性指标数据情况如表 5.14 所示。

西藏自治区适宜性指标数据情况 表 5.14

指标名称	数值	全国排名	指标名称	数值	全国排名
单位面积浅层地热能热容量	0.264×10^4 kJ/(℃·m²)	30	地源热泵政策补贴	0	31
公共机构负荷需求量	0.255×10^6 tce	31	第三产业固定资产投资额	1.56×10^3 亿元	31
浅层地热能供暖及制冷面积	0	31	二氧化碳减排量	1.07×10^6 t	31
西藏自治区综合得分	0.0647	31			

与西藏自治区相类似，青海省地热能资源丰富，但浅层地热能资源较少，仅占省内地热能资源总量的 23% 左右，单位面积浅层地热能热容量全国排名第 29 位，此外青海省地热能资源利用较差。近年来，青海省地热勘察开发由各种所有制经济主体参与和推动，基础地热地质勘察工作薄弱，后备资源不足，地热市场供需矛盾突出，省内地热田状况未进行详细的评价和区划，处于盲目开采状态，仅停留在地热能资源开发利用初级阶段。此外，青海省其他各项指标也处于全国排名靠后位置，省内有关浅层地热能开发利用的经济投资、政策补贴条件较差，浅层地热能开发利用缺乏合理的政府规划、评价及资金推动。综合各项指标因素的和影响，青海省公共机构地热能利用适宜性较差。青海省适宜性指标数据情况如表 5.15 所示。

青海省适宜性指标数据情况 表 5.15

指标名称	数值	全国排名	指标名称	数值	全国排名
单位面积浅层地热能热容量	0.367×10^4 kJ/(℃·m²)	29	地源热泵政策补贴	0	31
公共机构负荷需求量	0.634×10^6 tce	30	第三产业固定资产投资额	2.45×10^3 亿元	29
浅层地热能供暖及制冷面积	0	31	二氧化碳减排量	2.66×10^6 t	30
青海省综合得分	0.0818	30			

甘肃省处于二级适宜区，境内多隆起山地型和沉积盆地型地热能资源，浅层地热能资源开发利用程度较差，单位面积浅层地热能热容量排名全国第 26 位，处于全国下游水平，2020 年预计省内浅层地热能供暖及制冷面积达到 900 万 m²，浅层地热能的开发利用及推广力度较小。同时由于甘肃省位于我国西北地区，省内经济发展迟缓，第三产业固定资产投资额较低，经济条件较差。此外，由甘肃省人民政府印发的《甘肃省清洁能源产业发展专项行动计划》[107]中提出，建立风、光、水、火、核"五位一体"绿色能源体系。政府未将浅层地热能的开发利用列为重点，政府针对地源热泵政策补贴不足，致使甘肃省浅层地热能开发利用潜力较低。甘肃省适宜性指标数据情况如表 5.16

所示。

甘肃省适宜性指标数据情况 表 5.16

指标名称	数值	全国排名	指标名称	数值	全国排名
单位面积浅层地热能热容量	1.009×10^4 kJ/(℃·m²)	26	地源热泵政策补贴	10 元/m²	27
公共机构负荷需求量	2.768×10^6 tce	23	第三产业固定资产投资额	4.13×10^3 亿元	25
浅层地热能供暖及制冷面积	900×10^4 m²	24	二氧化碳减排量	7.78×10^6 t	27
甘肃省综合得分	0.1364	28			

内蒙古自治区处于地热能利用的三级适宜区，内蒙古自治区地域辽阔，目前已发现的地热能资源主要分为两大类，一类是由于构造引起埋藏较浅的地热能资源，属于浅层地热能资源，主要分布在大兴安岭山地、阴山山地；另一类是由于地热增温引起，埋藏较深的地热能资源，主要分布在河套盆地、鄂尔多斯盆地、海拉尔盆地及通辽盆地等地。内蒙古自治区单位面积浅层地热能热容量较少，在全国处于第 27 位，浅层地热能利用程度较低，浅层地热能供暖及制冷面积、第三产业固定资产投资额以及 CO_2 减排量等指标均处于全国下游水平。国家没有对于内蒙古自治区进行相关的地源热泵政策补贴。由于资源、技术、环境等诸多因素共同影响，导致现阶段内蒙古自治区浅层地热能利用潜力较低。针对内蒙古自治区浅层地热能的开发利用现状，当地政府应加大政策、经济的扶持力度，加快发展热泵技术并推动相应示范工程的建设。内蒙古自治区适宜性指标数据情况如表 5.17 所示。

内蒙古自治区适宜性指标数据情况 表 5.17

指标名称	数值	全国排名	指标名称	数值	全国排名
单位面积浅层地热能热容量	0.999×10^4 kJ/(℃·m²)	27	地源热泵政策补贴	20 元/m²	16
公共机构负荷需求量	2.856×10^6 tce	22	第三产业固定资产投资额	7.90×10^3 亿元	20
浅层地热能供暖及制冷面积	950×10^4 m²	23	二氧化碳减排量	11.55×10^6 t	20
内蒙自治区古综合得分	0.1909	25			

适宜性 Ⅱ 区中共涉及 9 个省市，分别为四级适宜区：贵州省、福建省、黑龙江省、山西省；五级适宜区：广西壮族自治区、吉林省；六级适宜区：陕西省、重庆市，江西省。

（2）适宜性 Ⅱ 区

适宜性 Ⅱ 区中各省市指标数据较为均衡，以四级适宜区中的贵州省为例，贵州省单位面积浅层地热能热容量处于全国中下游水平，但贵州省整体浅层地热能资源量较丰富，仅在 100m 以浅地层中采集 2℃ 计，即可为 2 亿 m² 的建筑提供供暖、制冷服务。贵州省以碳酸盐基岩为主，相关研究结果表明，碳酸盐基岩的赋热值为土壤 1 倍以上，开发利用浅层地热能资源比以第四系覆盖为主的地区更具优势，此外贵州省河水、湖水和污水等地表水中的低温热源同样较为丰富，据估算可供 0.2 亿 m² 建筑供暖、制冷。但贵州省浅层地热能供暖及制冷面积在全国排名第 17 位，浅层地热能利用程度较低，造成此现象的原因主要为地质及地貌条件特殊，地下水、地表水源热泵系统开发受限，此外贵州省缺乏相关的政府能源补贴和政策扶持，对地热能资源缺乏系统、全面的地质勘探，地热能开发利用关键技术尚待突破。综上所述，贵州省公共机构浅层地热能开发利用潜力较大，当地政府应加大对浅层地热能开发利用的政策补贴，公共机构也应加大对浅层地热能利用的投资，逐步形成示范项目，从而推动本省浅层地热能的发展。贵州省适宜性指标数据情况表5.18所示。

贵州省适宜性指标数据情况 表 5.18

指标名称	数值	全国排名	指标名称	数值	全国排名
单位面积浅层地热能热容量	$2.066×10^4$ kJ/(℃·m²)	21	地源热泵政策补贴	20 元/m²	16
公共机构负荷需求量	$4.839×10^6$ tce	17	第三产业固定资产投资额	$9.79×10^3$ 亿元	16
浅层地热能供暖及制冷面积	$2800×10^4$ m²	17	二氧化碳减排量	$11.49×10^6$ t	21
贵州省综合得分	0.2341	20			

广西壮族自治区处于五级适宜区，位于被称为中国地势第二级阶梯的云贵高原的东南边缘。地热资源属中低温热水型，多位于西北地区，靠近云南边境最为突出，其他大型断裂带上也有分布。总体上西部偏多，其他断裂带零星分布。广西壮族自治区浅层地热能利用适宜性指标均处于全国中下游水平，单位面积浅层地热能热容量排名全国第25位。制约省内地热能资源开发利用的主要因素为：地热资源勘查评价程度低，地热资源开发利用水平低，资源浪费现象严重，以利用地热水（气）为主，而不是以利用热能为主，高温地热发电近20年来发展缓慢，没有新增装机容量，干热岩资源开发及其相关技术研究尚属空白，浅层地热资源调查等技术研究滞后，缺乏科学规划。因此，广西壮族自治区开发利用浅层地热能资源需建立统一的法规，完善相关管理制度，对境内浅层地热资源进行全方位的勘察规划，提高政策经济补贴力度。广西壮族自治区适宜性指标数据情况如表5.19所示。

广西壮族自治区适宜性指标数据情况 表 5.19

指标名称	数值	全国排名	指标名称	数值	全国排名
单位面积浅层地热能热容量	$1.189×10^4$ kJ/(℃·m²)	25	地源热泵政策补贴	20 元/m²	16
公共机构负荷需求量	$3.422×10^6$ tce	20	第三产业固定资产投资额	$11.70×10^3$ 亿元	14
浅层地热能供暖及制冷面积	$3600×10^4$ m²	15	二氧化碳减排量	$7.92×10^6$ t	24
广西壮族自治区综合得分	0.2536	19			

以六级适宜区中的江西省为例，江西省地处我国东南内陆构造地热带，地热资源分布面较广。截至2010年底，初步统计全省共发现地热水约140处，其中温泉118处，钻井揭露的地热水约25处，主要分布于赣州、宜春和九江等8个地区市的48个县（市区），赣州市分布最广，约占全省的50%。江西省单位面积浅层地热能热容量及浅层地热能供暖及制冷面积均处于全国中游水平，浅层地热能资源较为丰富，利用程度较好，其他各项指标均处于全国中下游水平，各项指标无突出优势，综合各方面原因，江西省公共机构浅层地热能利用综合得分为0.2969，排名第17位，浅层地热能开发利用潜力一般，若要江西省公共机构进行浅层地热能的开发利用，则需加大经济投资及政策扶持力度。江西省适宜性指标数据情况如表5.20所示。

江西省适宜性指标数据情况　　　　　　　　　　　　表 5.20

指标名称	数值	全国排名	指标名称	数值	全国排名
单位面积浅层地热能热容量	$3.377×10^4$ kJ/(℃·m²)	17	地源热泵政策补贴	30 元/m²	14
公共机构负荷需求量	$2.960×10^6$tce	21	第三产业固定资产投资额	$9.70×10^3$亿元	17
浅层地热能供暖及制冷面积	$3600×10^4$m²	15	二氧化碳减排量	$13.60×10^6$t	18
江西省综合得分	0.2969	17			

（3）适宜性Ⅲ区

适宜性Ⅲ区中共涉及 14 个省市，分别为七级适宜区：广东省、湖南省、四川省、上海市、安徽省；八级适宜区：浙江省、山东省、河北省、辽宁省、北京市；九级适宜区：河南省、湖北省；十级适宜区：江苏省、天津市。

适宜性Ⅲ区中的 14 个省市各适宜性评价指标数据皆在全国中上游水平，没有明显的劣势数据。四川省处于七级适宜区，地热资源类型多、储量大。四川盆地西部的成都平原存在大规模浅层地热资源，东部存在深层地热资源。而处于龙泉山和华蓥山之间的四川盆地，地热资源相对集中，存在着规模巨大的浅层地温能资源，粗略估算可为 10亿 m² 以上的城镇区建筑提供制冷和供暖，而盆地周边存在丰富的中低温地热资源，可以进行梯级开发利用。川西高原区的德格—巴塘乡城地热带、甘孜—理塘地热带和炉霍—康定地热带则具有较高的地热发电潜力。四川省单位面积浅层地热能热容量排名全国第 14 位，处于中等水平，二氧化碳减排量指标居于全国第 4 位，环境效益显著。四川省的经济类、环境类指标均处于全国前列，但省内公共机构负荷需求量也较大，拉低了四川省公共机构浅层地热能利用适宜性水平，因此四川省被划分至浅层地热能利用六级适宜区。大力开发浅层地热能资源，将有利于改善四川以煤炭为主的化石能源消费结构，提高四川节能减排、环境保护和经济发展的质量。四川省适宜性指标数据情况如表 5.21 所示。

四川省适宜性指标数据情况　　　　　　　　　　　　表 5.21

指标名称	数值	全国排名	指标名称	数值	全国排名
单位面积浅层地热能热容量	$3.769×10^4$ kJ/(℃·m²)	14	地源热泵政策补贴	30 元/m²	14
公共机构负荷需求量	$8.97×10^6$tce	6	第三产业固定资产投资额	$21.47×10^3$亿元	6
浅层地热能供暖及制冷面积	$4000×10^4$m²	13	二氧化碳减排量	$36.76×10^6$t	5
四川省综合得分	0.4055	10			

浙江省位于八级适宜区，浙江省地处东南沿海地区，经济发达，第三产业固定资产投资额位居全国第 5 位，浅层地热能供暖及制冷面积位居全国第 8 位，浅层地热能利用程度较高，多项指标处于全国前列，浙江省为推广浅层地热能的利用，发展地源热泵技术也出台了相关政策，如浙江省 2015 年出台的《浙江省绿色建筑条例（草案）》明确鼓励太阳能、空气源、地源（水源）热泵等可再生能源技术的应用，其中规定：利用太阳能、浅层地热能、空气能的建设单位可以按照国家和省规定申请项目资金补助；居住建筑采用地源（水源）热泵技术供暖制冷的用户，供暖制冷系统用电可以执行居民峰谷分时电价；民用建筑以地表水源为热源采用热泵技术供暖制冷，采取安全、环保回流措施

的，应当按照实际消耗水量计收水资源费。此项政策有效支持了浅层地热能事业的发展。综上所述，浙江省公共机构具有较好的浅层地热能开发利用条件。浙江省适宜性指标数据情况如表5.22所示。

浙江省适宜性指标数据情况　　　　　　　　　　　表5.22

指标名称	数值	全国排名	指标名称	数值	全国排名
单位面积浅层地热能热容量	4.694×10^4 kJ/(℃·m²)	12	地源热泵政策补贴	50 元/m²	1
公共机构负荷需求量	6.24×10^6 tce	14	第三产业固定资产投资额	21.55×10^3 亿元	5
浅层地热能供暖及制冷面积	5200×10^4 m²	8	二氧化碳减排量	26.22×10^6 t	13
浙江省综合得分	0.4661	9			

北京也处于八级适宜区，北京市浅层地热能资源十分丰富，由于北京市面积较小，仅为1.641万km²，整体浅层地热能热容量相对其他省份较低，但单位面积的浅层地热能蕴藏量十分丰富，全国排名第6位，资源基础较好。此外浅层地热能供暖及制冷面积位居全国前列，浅层地热能利用程度极高。北京市作为国家首都，是国家的政治、经济、文化中心，经济发展迅速，环境效益较好，其他各项指标均处于全国中上游水平，北京市公共机构具备充足的浅层地热能利用条件，相对于全国其他地区，北京市浅层地热能的利用有较强优势。北京市适宜性指标数据情况如表5.23所示。

北京市适宜性指标数据情况　　　　　　　　　　　表5.23

指标名称	数值	全国排名	指标名称	数值	全国排名
单位面积浅层地热能热容量	11.821×10^4 kJ/(℃·m²)	6	地源热泵政策补贴	50 元/m²	1
公共机构负荷需求量	8.51×10^6 tce	7	第三产业固定资产投资额	7.96×10^3 亿元	19
浅层地热能供暖及制冷面积	8000×10^4 m²	4	二氧化碳减排量	35.59×10^6 t	8
北京市综合得分	0.5031	7			

九级适宜区中的湖北省，浅层地热能资源十分丰富，湖北全省主要城镇范围内的浅层地热能年可利用资源总量折合标煤约为9271万t。单位面积浅层地热能热容量全国排名第2位，是全国最适宜开发利用浅层地热能的地区之一，2017年湖北省发展和改革委员会正式对外发布了关于印发《湖北省可再生能源发展"十三五"规划》[108]的通知，《通知》对地热能的开发利用也定下了目标：将在武汉城市圈、宜荆（州）荆（门）地区、襄十随地区、恩施自治州和神农架林区四大片区，建成470座地热分布或集中制冷供热站，服务建筑面积约1亿m²，并选择武汉、襄阳、十堰等供暖需求较大的城市作为重点区，建地热区域集中供暖站，此项举措将推动湖南省浅层地热能进入快速发展阶段，提高浅层地热能供暖及制冷建筑覆盖率。此外 CO_2 减排量指标位居全国第9位，环境效益显著，湖北省对于地源热泵的政策补贴位居全国首位，政策及经济上对浅层地热能的支持力度很大。因此湖北省公共机构浅层地热能利用发展潜力极大。湖北省适宜性指标数据情况如表5.24所示。

湖北省适宜性指标数据情况   表 5.24

指标名称	数值	全国排名	指标名称	数值	全国排名
单位面积浅层地热能热容量	17.895×10^4 kJ/(℃·m²)	3	地源热泵政策补贴	40 元/m²	9
公共机构负荷需求量	7.92×10^6 tce	10	第三产业固定资产投资额	17.72×10^3亿元	8
浅层地热能供暖及制冷面积	7400×10^4 m²	7	二氧化碳减排量	33.28×10^6 t	9
湖北省综合得分	0.5708	3			

天津市和江苏省均位于公共机构地浅层地热能利用十级适宜区，两省单位面积浅层地热能热容量分别位于全国第 1 位和第 2 位，省内浅层地热能资源非常丰富，可利用潜力巨大。天津市由于区域范围限制，致使第三产业固定资产投资额及 CO_2 减排量等指标排名相对靠后，但其他各项指标也均处于国家前列。此外天津市人民政府同意市国土房管局拟定的《天津市浅层地热能资源开发利用试点工作方案》[109]，对天津市浅层地热能资源进行调查并编制专项计划，建设浅层地热能资源开发利用示范工程项目，建立浅层地热能动态监测网络数据库，有效推动了境内浅层地热能资源的开发利用。《江苏省绿色建筑发展条例》[110]中指出要进一步推广可再生能源建筑一体化应用，大力实施光伏屋顶计划，推进利用太阳能、浅层地温能、空气热能、工业余热等解决建筑用能需求。天津市和江苏省在经济、政策上都大力支持浅层地热能的开发利用。天津市适宜性指标数据情况如表 5.25 所示。江苏省适宜性指标数据情况如表 5.26 所示。

天津市适宜性指标数据情况   表 5.25

指标名称	数值	全国排名	指标名称	数值	全国排名
单位面积浅层地热能热容量	46.79×10^4 kJ/(℃·m²)	1	地源热泵政策补贴	50 元/m²	1
公共机构负荷需求量	1.88×10^6 tce	26	第三产业固定资产投资额	7.54×10^3亿元	21
浅层地热能供暖及制冷面积	5000×10^4 m²	9	二氧化碳减排量	7.91×10^6 t	25
综合得分	0.6628	2			

江苏省适宜性指标数据情况   表 5.26

指标名称	数值	全国排名	指标名称	数值	全国排名
单位面积浅层地热能热容量	22.620×10^4 kJ/(℃·m²)	2	地源热泵政策补贴	50 元/m²	1
公共机构负荷需求量	12.43×10^6 tce	1	第三产业固定资产投资额	26.24×10^3亿元	2
浅层地热能供暖及制冷面积	8500×10^4 m²	3	二氧化碳减排量	52.18×10^6 t	1
综合得分	0.5708	3			

综上所述，公共机构太阳能资源利用适宜性最好的省市为十级适宜区中的山东省和江苏省，适宜性最差的省市为一级适宜区中的重庆市。公共机构地热能资源利用适宜性最好的省市为十级适宜区中的江苏省及天津市，适宜性最差的省市为一级适宜区中的青海省、西藏自治区。被动式能源利用适宜性较强的省市多集中于我国东部及南部经济发达地区，而适宜性较差的省市多位于西部、北部及内陆经济欠发达地区，由于资源、经济、技术指标权重占比较大，导致公共机构被动能源利用适宜性较强的省市多为沿海经

济发达地区或内陆被动资源丰富地区，尽管部分西北地区被动式资源条件较好，但该地区经济水平较差，导致公共机构的被动式能源利用适宜性仍处于全国下游水平，这是多指标因素共同影响的结果。

5.3 被动式能源与主动式能源耦合利用适宜性分区结果可视化研究

与公共机构被动式能源利用适宜性分区研究类似，本节将以公共机构被动式能源与主动式能源耦合利用适宜性得分为基础，通过自然间断点法进行分级，最后利用 Arc-Map 软件进行渲染，得到公共机构被动式能源与主动式能源耦合利用适宜性分区图，并将可视化结果进行分析，主要分析的重点包括适宜性分区各省市的分布情况以及造成该现象的原因，分析的角度包括资源、能耗、技术、经济、环境等各项影响因素基础数据、各地区所处地理位置、各项二级指标权重占比。

5.3.1 公共机构太阳能与主动式能源耦合利用适宜性分区结果可视化研究

本节主要根据各省市公共机构太阳能与主动式能源耦合利用综合得分绘制适宜性分区图，选择不同级别适宜区中的典型省市进行相关分析，根据各地区地理、资源、技术、经济、环境、政策等方面因素对分区结果进行解释，其中公共机构负荷需求量、煤炭产量、城市天然气供应总量及电能总产量四项指标均为负向指标，其数值越大，太阳能与主动式能源耦合利用适宜性越差，其余指标均为正向指标，其数值越大，能源耦合利用适宜性越强。公共机构太阳能与主动式能源耦合利用适宜性分区图如表 5.27 所示。

公共机构太阳能与主动式能源耦合利用适宜性分区情况　　　　表 5.27

适宜性分区	适宜性等级	区间分值	包含地区
适宜性Ⅰ区	一级适宜区	0.369~0.378	北京市、辽宁省、黑龙江省
	二级适宜区	0.378~0.403	吉林省、重庆市、上海市
	三级适宜区	0.403~0.421	天津市、福建省
适宜性Ⅱ区	四级适宜区	0.421~0.440	四川省、海南省、广西壮族自治区、江西省、山西省
	五级适宜区	0.440~0.462	贵州省、宁夏回族自治区、新疆维吾尔自治区
	六级适宜区	0.462~0.480	内蒙古自治区、甘肃省、湖南省、湖北省
适宜性Ⅲ区	七级适宜区	0.480~0.527	青海省、西藏自治区、云南省、陕西省
	八级适宜区	0.527~0.556	安徽省
	九级适宜区	0.556~0.596	广东省、浙江省、河北省、河南省
	十级适宜区	0.596~0.702	山东省、江苏省

（1）适宜性Ⅰ区

适宜Ⅰ区中共涉及 8 个省市，分别为一级适宜区：北京市、辽宁省、黑龙江省；二级适宜区：吉林省、重庆市、上海市；三级适宜区：天津市、福建省。

以一级适宜区中的北京市、辽宁省及黑龙江省为例，进行相关影响因素分析。黑龙江省和辽宁省都是我国北方省市，年平均气温低，太阳辐射较好，两省太阳能年辐射量及太阳能有效日照天数指标均处于全国中上游水平，是太阳能资源较丰富的省份。但两省第三产业资产投资额指标排名全国下游水平，政府对公共机构开发利用被动式能源的资金投入较少，限制了两省市被动式能源利用水平，此外两省市主动式能源及能耗等负向指标均位于全国中上游水平，拉低了公共机构太阳能与主动式能源耦合利用适宜性水平，辽宁省太阳能资源指标及环境指标水平强于黑龙江省，辽宁省在"十三五"节能减排综合工作实施方案规定，推动能源结构优化。加强传统能源安全绿色开发和清洁低碳利用，加快发展清洁能源、可再生能源。积极推进辽西北和沿海地区风电场建设，推动太阳能多元化利用，促进光伏发电规模化应用。若针对省内太阳能资源加大资金投入及政策补贴，辽宁省公共机构太阳能与主动能源耦合利用有较大潜力。黑龙江省适宜性指标数据情况如表5.28所示。辽宁省适宜性指标数据情况如表5.29所示。

黑龙江省适宜性指标数据情况　　　　　　　　　　　　　表 5.28

指标名称	数值	全国排名	指标名称	数值	全国排名
太阳能年辐射量	$4659MJ/m^2$	21	公共机构负荷需求	9.45×10^6 tce	4
太阳能有效日照天数	275d	13	光伏发电装机容量	274×10^4 kW	21
煤炭生产总量	32030.9×10^4 t	11	光伏发电政策补贴	0.4 元/kWh	17
城市天然气供应总量	15.9 亿 m^3	24	第三产业固定资产投资额	5.70×10^3 亿元	24
电能总产量	1057.2 亿 kWh	23	二氧化碳减排量	7.51×10^6 t	18
黑龙江省综合得分	0.3696	31			

辽宁省适宜性指标数据情况　　　　　　　　　　　　　表 5.29

指标名称	数值	全国排名	指标名称	数值	全国排名
太阳能年辐射量	$5064MJ/m^2$	18	公共机构负荷需求	8.40×10^6 tce	8
太阳能有效日照天数	264d	15	光伏发电装机容量	343×10^4 kW	20
煤炭生产总量	20902.8×10^4 t	15	光伏发电政策补贴	0.4 元/kWh	17
城市天然气供应总量	32.1 亿 m^3	17	第三产业固定资产投资额	4.09×10^3 亿元	26
电能总产量	1996.0 亿 kWh	17	二氧化碳减排量	10.22×10^6 t	10
辽宁省综合得分	0.3750	30			

北京市地处中国北部、华北平原北部，东与天津毗连，其余部分均与河北相邻。北京的气候为典型的暖温带半湿润大陆性季风气候，夏季高温多雨，冬季寒冷干燥，春、秋短促，太阳能年辐射量 $5388MJ/m^2$，太阳能年有效日照天数为294天，位于全国第9位，当前北京市光伏发电装机容量为51万 kW，位列全国末置位，同时光伏发电政策补贴及第三产业固定资产投资额也均位于全国中下游水平，而公共机构能耗需求量位列全国第一，此四项指标拉低了北京市公共机构太阳能与主动式能耦合利用适宜性水平。北京市天然气供应量为191.6亿 m^2，是我国供应量最大的地区。根据"十三五"时期民用建筑规划，需要加强民用建筑的太阳能热水利用，着力减轻对于主动式能源的消耗。由于各项指标综合影响，北京市公共机构太阳能与主动式能源耦合利用综合得分较低，适宜性程度相对较差。因此，北京市不适宜进行太阳能与主动式能源耦合的大力推

广。北京市适宜性指标数据情况如表 5.30 所示。

北京市适宜性指标数据情况　　　　　　　　　　　　表 5.30

指标名称	数值	全国排名	指标名称	数值	全国排名
太阳能年辐射量	5388MJ/m^2	13	公共机构负荷需求	8.51×10^6tce	7
太阳能有效日照天数	294d	9	光伏发电装机容量	51×10^4kW	31
煤炭生产总量	328.9×10^4t	24	光伏发电政策补贴	0.4 元/kWh	17
城市天然气供应总量	191.6 亿 m^3	1	第三产业固定资产投资额	7.96×10^3亿元	19
电能总产量	431.2 亿 kWh	29	二氧化碳减排量	7.99×10^6t	17
北京市综合得分	0.3775	29			

二级适宜区中选取吉林省进行适宜性分析。吉林省位于中国东北部，属寒温带与温带大陆性季风气候。太阳能年辐射量及光伏发电装机容量分别位居全国第 16 位及第 21 位，年有效日照天数 215d，光伏发电政策补贴处于全国中等水平。第三产业固定资产投资额仅为 5920 亿元，处于全国中下游水平，吉林省公共机构负荷需求量及主动式能源产量均处于国家中等水平，降低了吉林省公共机构太阳能与主动能源耦合利用的适宜性水平。吉林省各项指标皆不占优势，综合得分位列全国 26 名。综上所述，吉林省最终被划分至二级适宜区。吉林省适宜性指标数据情况如表 5.31 所示。

吉林省适宜性指标数据情况　　　　　　　　　　　　表 5.31

指标名称	数值	全国排名	指标名称	数值	全国排名
太阳能年辐射量	5132MJ/m^2	16	公共机构负荷需求	4.958×10^6tce	15
太阳能有效日照天数	271d	14	光伏发电装机容量	274×10^4kW	21
煤炭生产总量	8119×10^4t	17	光伏发电政策补贴	0.4 元/kWh	17
城市天然气供应总量	17.45 亿 m^3	23	第三产业固定资产投资额	5.92×10^3亿元	23
电能总产量	871.0 亿 kWh	24	二氧化碳减排量	6.70×10^6t	19
吉林省综合得分	0.4032	26			

福建省位于中国东南沿海，东北与浙江省毗邻，西北与江西省接界，西南与广东省相连，属亚热带海洋性季风气候。太阳能年辐射量 4550MJ/m^2，位于全国第 22 位，且太阳能年有效日照天数较少，约为 184d，处于全国第 29 位，福建省相对于其他省市，太阳能资源缺乏，光伏发电装机容量也位于全国中下水平，光伏发电应用水平一般，但光伏发电政策补贴位于全国第一，第三产业固定资产投资额位居全国第九位，政策及经济上扶持力度较大。福建省主动能源利用也相对靠后，发电总量、天然气供应量、煤炭生产量分别位于全国第 14、19、21 位，因此，福建省综合得分排名全国第 24 位。福建省属三级适宜区，较为不利于太阳能与主动能源耦合利用。福建省适宜性指标数据情况如表 5.32 所示。

福建省适宜性指标数据情况 表 5.32

指标名称	数值	全国排名	指标名称	数值	全国排名
太阳能年辐射量	4550MJ/m²	22	公共机构负荷需求	2.41×10^6 tce	25
太阳能有效日照天数	184d	29	光伏发电装机容量	169×10^4 kW	24
煤炭生产总量	5290.9×10^4 t	21	光伏发电政策补贴	0.49 元/kWh	1
城市天然气供应总量	24.24 亿 m³	19	第三产业固定资产投资额	16.40×10^3 亿元	9
电能总产量	2406.4 亿 kWh	14	二氧化碳减排量	3.05×10^6 t	25
福建省综合得分	0.4215	24			

（2）. 适宜性Ⅱ区

适宜性Ⅱ区中共涉及 12 个省市，分别为四级适宜区：四川省、海南省、广西壮族自治区、江西省、山西省；五级适宜区：贵州省、宁夏回族自治区、新疆维吾尔自治区；六级适宜区：内蒙古自治区、甘肃省、湖南省、湖北省。

广西壮族自治区处于四级适宜区，位于中国华南地区，属亚热带季风气候和热带季风气候，气候夏热冬温，四季分明，最热月平均气温一般高于 22℃，最冷月气温在 0～15℃之间。广西壮族自治区太阳能年辐射量 5504MJ/m²，位于全国第 10 名，但太阳能年有效日照天数仅为 175d，位于全国第 30 名，太阳能有效利用价值较低，该省光伏发电装机容量为 135 万 kW，位于全国末流水平。政府对光伏发电政策补贴扶持力度较大，主动式能源指标及公共机构负荷需求量指标处于全国中下等水平，尽管在指标中所占权重不大，但依然提高了能源耦合利用水平，综上所述，广西壮族自治区综合得分位于全国第 21 位。该省公共机构太阳能与主动能源耦合利用潜力一般。广西壮族自治区适宜性指标数据情况如表 5.33 所示。

广西壮族自治区适宜性指标数据情况 表 5.33

指标名称	数值	全国排名	指标名称	数值	全国排名
太阳能年辐射量	5504MJ/m²	10	公共机构负荷需求	3.42×10^6 tce	20
太阳能有效日照天数	175d	30	光伏发电装机容量	135×10^4 kW	27
煤炭生产总量	2443.4×10^4 t	23	光伏发电政策补贴	0.49 元/kWh	10
城市天然气供应总量	7.36 亿 m³	28	第三产业固定资产投资额	1.17×10^4 亿元	14
电能总产量	1781.2 亿 kWh	18	二氧化碳减排量	9.07×10^6 t	13
广西壮族自治区综合得分	0.4403	19			

新疆维吾尔自治区属五级适宜区，位于中国西北地区，是典型的温带大陆性干旱气候，其气候特点是干燥、冬冷夏热、气温温差大、日照充足。新疆维吾尔自治区拥有丰富的太阳能资源，不仅有效日照天数 307d，位居全国第 5 名，而且太阳能年辐射量为 5799MJ/m²，位于全国第 7 名，光伏发电装机容量 1080 万 kW，位于全国第 9 名。但新疆煤炭生产量以及发电总量也位于全国较前位置，光伏发电政策补贴和二氧化碳减排量排名靠后，且权重占比较高，使得新疆维吾尔自治区综合排名位于全国第 17 名。现阶段新疆维吾尔自治区主动能源利用过高，丰富的太阳能资源没有得到有效利用，若加强政策补贴，有效利用被动式能源，将提高经济效益以及环境效益。综上所述，新疆维

吾尔自治区较为适合太阳能与主动能源耦合进行能源供给。新疆维吾尔自治区适宜性指标数据情况如表 5.34 所示。

新疆维吾尔自治区适宜性指标数据情况 表 5.34

指标名称	数值	全国排名	指标名称	数值	全国排名
太阳能年辐射量	5799MJ/m²	7	公共机构负荷需求	2.58×10⁶tce	24
太阳能有效日照天数	307d	5	光伏发电装机容量	1080×10⁴kW	9
煤炭生产总量	140134.4×10⁴t	4	光伏发电政策补贴	0.35元/kWh	28
城市天然气供应总量	52.9亿m³	9	第三产业固定资产投资额	8.01×10³亿元	18
电能总产量	3564.2亿kWh	6	二氧化碳减排量	3.71×10⁶t	22
新疆维吾尔自治区综合得分	0.4489	18			

六级适宜区中的内蒙古自治区以温带大陆性气候为主，日照充足，光能资源非常丰富。太阳能年辐射量约为 5898MJ/m²，位列全国第 5 位，年有效日照天数约为 317d，位列全国第 3 位，当前光伏发电装机容量为 1081 万 kW，在全国处于第 8 位。在"十三五"期间光伏领跑基地、光伏扶贫等项目将陆续投产并发挥效用，带动能源的健康持续发展。但由于内蒙古自治区煤炭生产量与发电总量位于全国第 1 位与第 2 位，分别是 642673.2 万 t 与 5327.3 亿 kW，拉低了内蒙古自治区公共机构能源耦合利用适宜性水平。同时内蒙古自治区经济类与环境类指标排名相对靠后，仅资源类指标较好。因此，综合各项指标因素的影响，内蒙古自治区进行太阳能与主动能源耦合利用的综合排名为第 15 位。内蒙古自治区公共机构太阳能与主动能源耦合利用适宜性一般。内蒙古自治区适宜性指标数据情况如表 5.35 所示。

内蒙古自治区适宜性指标数据情况 表 5.35

指标名称	数值	全国排名	指标名称	数值	全国排名
太阳能年辐射量	5898MJ/m²	5	公共机构负荷需求	2.86×10⁶tce	22
太阳能有效日照天数	317d	3	光伏发电装机容量	1081×10⁴kW	8
煤炭生产总量	672673.2×10⁴t	1	光伏发电政策补贴	0.40元/kWh	17
城市天然气供应总量	20.69亿m³	22	第三产业固定资产投资额	7.90×10³亿元	20
电能总产量	5327.3亿kWh	2	二氧化碳减排量	3.21×10⁶t	24
内蒙古自治区综合得分	0.4672	15			

（3）适宜性Ⅲ区

适宜性Ⅲ区中共涉及 11 个省市，分别为七级适宜区：青海省、西藏自治区、云南省、陕西省；八级适宜区：安徽省；九级适宜区：广东省、浙江省、河北省、河南省；十级适宜区：山东省、江苏省。

青海省处于七级适宜区，其位于中国西北内陆，属于高原大陆性气候，日照时间长，辐射强。青海省全年太阳能辐射量约为 6419MJ/m²，全年有效日照天数为 321d，两项指标均位列全国第 2 位，青海省公共机构能耗的需求量为 6.34×10⁵tce，位列全国排名的末端，同时青海省的煤炭生产量、天然气供应量与发电总量都相对较低，分别位于全国排名第 20、25、26 位。这使得青海省在资源与能耗方面有着天然的优势。青海省以新能源规模化开发为重点，打造国家清洁能源基地。立足全国最好的光照资源建设海西光热、光伏可再生能源基地，青海省的光伏发电装机容量在全国位列前茅，但光伏发电政策的补贴以及对于第三产业固定资产投资额不足，在"十三五"期间以本省消纳为主。随着光热技术的逐步成熟以及格尔木南山口蓄电站的投运，未来会进行开发外送，CO_2 的减排量在未来也有着较大提升空间。此外，青海省在建设国家清洁能源示范省工作方案的通知中提到，推广应用太阳能热水、分布式发电等新能源技术，集中连片的开展可再生能源建筑应用工作，实施分布式建筑一体化光伏电站及城市级分布式建筑光伏电站示范工程，加快推进可再生能源规模应用。综上所述，青海省处于能源耦合利用的七级适宜区。从天然资源以及节能减排的角度来看，太阳能与主动能源耦合技术未来发展前景广阔并有着较大的经济效益与环境效益，适合进行太阳能与主动能源的耦合。青海省适宜性指标数据情况如表 5.36 所示。

青海省适宜性指标数据情况　　　　表 5.36

指标名称	数值	全国排名	指标名称	数值	全国排名
太阳能年辐射量	$6419MJ/m^2$	2	公共机构负荷需求	$6.34×10^5$ tce	30
太阳能有效日照天数	321d	2	光伏发电装机容量	$1101×10^4$ kW	6
煤炭生产总量	$5587×10^4$ t	20	光伏发电政策补贴	0.35 元/kW	28
城市天然气供应总量	15.73 亿 m^3	25	第三产业固定资产投资额	$2.45×10^3$ 亿元	29
电能总产量	790.5 亿 kWh	26	二氧化碳减排量	$7.97×10^5$ t	30
青海省综合得分	0.5001	10			

八级适宜区中的安徽省，位于中国华东，处于暖温带与亚热带过渡地区。太阳能年辐射量与有效日照天数与其他省市相比较低，分别为 $4348MJ/m^2$ 与 206d。同时煤炭生产量、天然气供应量与发电总量在全国中相对较高，分别为位于全国第 7、16、12 位，但由于主动能源指标权重较小，对能源耦合利用影响并不大。安徽省对于太阳能的利用较为重视，在"十三五"期间安徽光伏发电从无到有，呈爆发式增长，火力发电量则增长放缓。而"光伏扶贫"是安徽省先行探索并推向全国的重大举措，既是精准扶贫、脱贫的有效方式，也是发展新能源的有效途径。安徽省总光伏发电装机容量为 1254 万 kW，位列全国第 5 位，光伏发电政策的补贴位列全国第 1 位，第三产业固定资产投资额也处于全国中上游。综上所述，安徽省公共机构太阳能与主动能源耦合利用较为适宜。安徽省适宜性指标具体情况如表 5.37 所示。

安徽省适宜性指标具体情况　　　　表 5.37

指标名称	数值	全国排名	指标名称	数值	全国排名
太阳能年辐射量	$4348MJ/m^2$	25	公共机构负荷需求	$4.92×10^6$ tce	16
太阳能有效日照天数	206d	24	光伏发电装机容量	$1254×10^4$ kW	5
煤炭生产总量	$70482×10^4$ t	7	光伏发电政策补贴	0.49 元/kWh	1
城市天然气供应总量	34.25 亿 m^3	16	第三产业固定资产投资额	$1.54×10^4$ 亿元	11
电能总产量	2769.4 亿 kW	12	二氧化碳减排量	$8.43×10^6$ t	15
安徽省综合得分	0.5561	7			

　　广东省处于九级适宜区，属于热带和亚热带季风气候区，全年太阳能辐射量为4694MJ/m²，位列全国第19位，有效日照天数为213d，位列全国第22位。相较于全国其他省市，广东省在可利用的太阳能资源上无明显优势。在主动能源方面，广东省煤炭产量几乎为零。在城市天然气供应量以及电能总产量上分别位列全国第2位和第4位。广东省为能源消耗大省，公共机构负荷需求量较大，位列全国第3位。对清洁能源的投资建设相对重视，为结构调整、投资扩建做出有效举措。对于光伏发电的政策补贴位列全国第1位。第三产业固定投资额为2.5×10⁴亿元，位列全国第3位。二氧化碳减排量居于全国第1位，环境效益显著。综合各项因素广东省在技术、经济、环境等方面发展太阳能都有着较大优势，太阳能与主动能源耦合利用综合得分全国排名第7位，该省公共机构适宜进行太阳能与主动能源的耦合利用。广东省适宜性指标具体情况如表5.38所示。

广东省适宜性指标数据情况　　　　　　　　表5.38

指标名称	数值	全国排名	指标名称	数值	全国排名
太阳能年辐射量	4694MJ/m²	19	公共机构负荷需求	$1.12×10^7$tce	2
太阳能有效日照天数	213d	22	光伏发电装机容量	$610×10^4$kW	16
煤炭生产总量	0	26	光伏发电政策补贴	0.49元/kWh	1
城市天然气供应总量	133.02亿m³	2	第三产业固定资产投资额	$2.5×10^4$亿元	3
电能总产量	4726.3亿kWh	4	二氧化碳减排量	$3.13×10^7$t	1
广东省综合得分	0.5961	3			

　　十级适宜区以江苏省和山东省为例，江苏省太阳能资源指标处于全国中等水平，但政府对于太阳能资源的开发利用较为重视。江苏省在公共机构节约能源资源"十三五"规划中提到[111]，积极应用太阳能光伏、光热等可再生能源。在太阳能发展"十三五"规划中明确指出，截至2020年底，分布式光伏装机要达6000万kW以上。良好的太阳能开发利用政策导向有效推动了省内太阳能事业的发展，光伏发电装机容量位居全国第2位，环境效益较好。江苏省公共机构太阳能与主动能源耦合利用潜力巨大。江苏省适宜性指标具体情况如表5.39所示。

江苏省适宜性指标具体情况　　　　　　　　表5.39

指标名称	数值	全国排名	指标名称	数值	全国排名
太阳能年辐射量	4523MJ/m²	23	公共机构负荷需求	$12.43×10^6$tce	1
太阳能有效日照天数	225d	18	光伏发电装机容量	$1486×10^4$kW	2
煤炭生产总量	$7204.4×10^4$t	19	光伏发电政策补贴	0.49元/kWh	1
城市天然气供应总量	123.87亿m³	3	第三产业固定资产投资额	$2.43×10^4$亿元	2
电能总产量	5015.4亿kWh	3	二氧化碳减排量	$2.30×10^7$t	3
江苏省综合得分	0.6443	2			

　　山东省位于中国东部沿海，属暖温带季风气候。太阳能年辐射量与有效日照天数处于中等水平。山东省公共机构负荷需求量为$1.09×10^7$tec，全国排名第3位，煤炭生产

量、天然气供应量与发电总量处于全国领先水平。该省在光伏发电装机容量、光伏发电政策补贴、第三产业固定资产投资上都位居全国首位，二氧化碳减排量也位于全国第2位，环境效益显著。尽管山东省主动能源也较为丰富，但由于指标权重较小，对能源耦合利用适宜性的影响较小，并且山东省公共机构在技术、经济以及环境方面进行太阳能与主动能源耦合的利用有着明显的优势。此外，山东省在"十三五"节能减排综合工作方案的通知提到[112]，进一步强化光伏发电项目建设管理，光伏发电主要按照竞争配置和市场自主并举的方式管理。对集中式光伏电站，设定技术进步、市场消纳、降低补贴等条件，通过竞争配置方式获得建设规模后组织建设。鼓励和支持利用固定建筑物屋顶、墙面及附属场所建设的以自发自用为主、余电上网为辅且在配电网平衡调节、就近消纳的分布式光伏发电项目，尽可能减少光伏发电对系统调峰的影响。此项举措有效推动了山东省光伏产业的发展。综合各项因素，山东省公共机构太阳能与主动能源耦合利用处于十级适宜区，省内公共机构太阳能与主动能源的耦合利用适宜性最佳。山东省适宜性指标具体情况如表5.40所示。

山东省适宜性指标具体情况　　　　　　　　　　　　表5.40

指标名称	数值	全国排名	指标名称	数值	全国排名
太阳能年辐射量	$5115MJ/m^2$	17	公共机构负荷需求	$1.09×10^7$ tce	3
太阳能有效日照天数	239d	17	光伏发电装机容量	$1619×10^4$ kW	1
煤炭生产总量	$75759.5×10^4$ t	6	光伏发电政策补贴	0.49 元/kWh	1
城市天然气供应总量	98.13 亿 m^3	4	第三产业固定资产投资额	$2.63×10^4$ 亿元	1
电能总产量	5586.4 亿 kWh	1	二氧化碳减排量	$2.33×10^7$ t	2
山东省综合得分	0.7012	1			

5.3.2　公共机构地热能与主动式能源耦合利用适宜性分区结果可视化研究

本节主要根据各省市公共机构地热能与主动式能源耦合利用综合得分绘制适宜性分区图，并将公共机构地热能与主动式能源耦合利用适宜性Ⅰ区、Ⅱ区、Ⅲ区结果展示，选择不同等级适宜区中的典型省市进行相关分析，根据各地区地理、资源、技术、经济、环境、政策等方面因素对分区结果进行分析，其中公共机构负荷需求量、煤炭产量、城市天然气供应总量及电能总产量四项指标均为负向指标，其数值越大，地热能与主动能源耦合利用适宜性越差，其余指标均为正向指标，其数值越大，能源耦合利用适宜性越强。公共机构地热能与主动能源耦合利用适宜性分区图如表5.41所示。

（1）适宜性Ⅰ区

适宜Ⅰ区中共涉及8个省市，分别为一级适宜区：内蒙古自治区、青海省、西藏自治区；二级适宜区：宁夏回族自治区、山西省；三级适宜区：新疆维吾尔自治区、甘肃省、黑龙江省。

综合考虑各区域影响因素特点，可以发现，造成各省市公共机构地热能与主动能源耦合利用适宜性较弱的原因各不相同。如一级适宜区中的青海省和西藏自治区，西藏自治区位于我国的西南边疆，青藏高原的西南部，土地面积辽阔，占全国土地面积的

12.5%，地广人稀，地热能十分丰富，但是浅层地热能资源相对较少，单位面积浅层地热能热容量排名全国第30位，浅层地热能供暖及制冷面积为零，浅层地热能推广利用水平较差，且缺乏有关地源热泵方面的政策补贴。西藏自治区各指标均处于全国末置位，资源、技术、经济、环境指标都比较差。青海省地热能资源丰富，单位面积浅层地热能资源匮乏，境内浅层地热能未进行勘察规划，利用程度较差，且由于该省位于我国西北地区，地域条件限制了经济的发展，政府针对浅层地热能资源开发利用的政策补贴及经济投资较少。综上所述，青海省和西藏自治区被划分至一级适宜区，公共机构利用浅层地热能的综合排名第31位和第29位，大部分条件都不利于发展浅层地热能，因此两地区不适合浅层地热能与主动能源耦合技术的开发与利用。西藏自治区适宜性指标数据情况如表5.42所示。青海省适宜性指标数据情况如表5.43所示。

公共机构太阳能与主动能源耦合利用适宜性分区情况   表5.41

适宜性分区	适宜性等级	区间分值	包含地区
适宜性Ⅰ区	一级适宜区	0.175～0.181	内蒙古自治区、青海省、西藏自治区
	二级适宜区	0.181～0.208	宁夏回族自治区、山西省
	三级适宜区	0.208～0.235	新疆维吾尔自治区、甘肃省、黑龙江省
适宜性Ⅱ区	四级适宜区	0.235～0.277	海南省、福建省
	五级适宜区	0.277～0.343	广西壮族自治区、贵州省、江西省、陕西省、吉林省
	六级适宜区	0.343～0.389	四川省、重庆市
适宜性Ⅲ区	七级适宜区	0.389～0.454	湖南省、浙江省、上海市、安徽省
	八级适宜区	0.454～0.489	山东省、广东省、河北省、北京市、辽宁省
	九级适宜区	0.489～0.552	湖北省、河南省
	十级适宜区	0.552～0.666	江苏省、天津市

西藏自治区适宜性指标数据情况   表5.42

指标名称	数值	全国排名	指标名称	数值	全国排名
单位面积浅层地热能热容量	$0.264×10^4$ kJ/(℃·m²)	30	浅层地热能供暖及制冷面积	0	31
煤炭生产总量	0.0	31	地源热泵政策补贴	0	31
城市天然气供应总量	0.32亿m³	31	第三产业固定资产投资额	$1.56×10^3$亿元	31
电能总产量	71.0亿kWh	31	二氧化碳减排量	$0.38×10^6$t	31
公共机构负荷需求量	$2.55×10^5$tce	31	西藏自治区综合得分	0.1810	29

青海省适宜性指标数据情况   表5.43

指标名称	数值	全国排名	指标名称	数值	全国排名
单位面积浅层地热能热容量	$0.367×10^4$ kJ/(℃·m²)	29	浅层地热能供暖及制冷面积	0	31
煤炭生产总量	$5587.0×10^4$t	20	地源热泵政策补贴	0	31
城市天然气供应总量	15.73亿m³	25	第三产业固定资产投资额	$2.45×10^3$亿元	29
电能总产量	790.5亿kWh	26	二氧化碳减排量	$0.79×10^6$t	30
公共机构负荷需求量	$0.63×10^6$tce	30	青海省综合得分	0.1759	31

内蒙古自治区单位面积浅层地热能热容量位居全国第 27 位，由于内蒙古地域辽阔，致使单位面积浅层地热能热容量指标排名靠后，但实际该省地热能资源丰富。煤炭生产总量位居全国首位，电能总产量也排名全国前列，其他指标位居全国中下游水平，内蒙古自治区主动能源较为丰富，单一的主动能源足以供给省内能源消费。较好的主动能源条件拉低了该省公共机构浅层地热能与主动能源耦合利用水平。综合多方面因素，最终内蒙古自治区被划分至一级适宜区。内蒙古自治区适宜性指标数据情况如表 5.44 所示。

内蒙古自治区适宜性指标数据情况 表 5.44

指标名称	数值	全国排名	指标名称	数值	全国排名
单位面积浅层地热能热容量	0.999×10^4 kJ/(℃·m²)	27	浅层地热能供暖及制冷面积	950×10^4 m²	23
煤炭生产总量	642673.2×10^4 t	1	地源热泵政策补贴	20 元/m²	16
城市天然气供应总量	20.69 亿 m³	30	第三产业固定资产投资额	7.90×10^3 亿元	20
电能总产量	5327.3 亿 kWh	2	二氧化碳减排量	3.16×10^6 t	24
公共机构负荷需求量	2.86×10^5 tce	22	内蒙古自治区综合得分	0.1800	30

二级适宜区中以宁夏回族自治区为例，宁夏回族自治区的地热得到充分开发利用的地区主要为银川地区，单位面积浅层地热能热容量位于全国中下游水平，排在全国第 20 位，第三产业固定资产投资额处在全国末尾水平，二氧化碳减排量排在全国第 29 位，经济投资、环境效益相对较差。煤炭生产总量排在全国第 9 位，天然气供应量和发电总量较少，都排在全国的中下游水平，此外，省内公共机构负荷需求量较小，当地政府针对地源热泵的政策补贴力度较大。综上所述，宁夏回族自治区被划为二级适宜，该省公共机构浅层地热能与主动能源耦合利用适宜性较差，如果在该地区进行浅层地热能与主动能源的耦合，利用应该充分考虑加大经济投资力度和提高环境效益，推动科技创新。宁夏回族自治区适宜性指标数据情况如表 5.45 所示。

宁夏回族自治区适宜性指标数据情况 表 5.45

指标名称	数值	全国排名	指标名称	数值	全国排名
单位面积浅层地热能热容量	2.592×10^4 kJ/(℃·m²)	20	浅层地热能供暖及制冷面积	750×10^4 m²	26
煤炭生产总量	46406.8×10^4 t	9	地源热泵政策补贴	10 元/m²	24
城市天然气供应总量	22.27 亿 m³	21	第三产业固定资产投资额	2.14×10^3 亿元	30
电能总产量	1697.8 亿 kWh	19	CO_2 减排量	1.52×10^6 t	29
公共机构负荷需求量	8.72×10^5 tce	29	宁夏回族自治区综合得分	0.2085	27

甘肃省处于三级适宜区，其位于我国黄土高原、内蒙古高原和青藏高原交接部位，幅员辽阔，复杂的地质构造形成了多种类型的地热资源一。其中浅层地热能位于全国中下游水平，单位面积浅层地热能热容量排名全国第 26 位，第三产业固定资产投资额相对较低，位于全国下游水平，经济发展较差，CO_2 减排量位于全国第 20 位，环境效益偏差。甘肃省地源热泵政策补贴位于全国中上游水平，政府针对地源热泵方面政策补贴力度较大，公共机构数量相对较少，因此导致该省公共机构负荷需求量相对较少，排名全国第 23 位，煤炭生产总量、电能总产量和城市天然气供应总量都处在全国中等水平。综上所述，甘肃省各项指标均不占优，因此被划分至四级适宜区，该省公共机构浅层地

热能与主动能源耦合利用适宜性水平一般。甘肃省适宜性指标数据情况如表 5.46 所示。

甘肃省适宜性指标数据情况　　　　　　　　表 5.46

指标名称	数值	全国排名	指标名称	数值	全国排名
单位面积浅层地热能热容量	1.009×10^4 kJ/(℃·m²)	26	浅层地热能供暖及制冷面积	900×10^4 m²	24
煤炭生产总量	23269.1×10^4 t	13	地源热泵政策补贴	10 元/m²	24
城市天然气供应总量	23.51 亿 m³	20	第三产业固定资产投资额	4.13×10^3 亿元	25
电能总产量	1479.6 亿 kWh	21	二氧化碳减排量	6.23×10^6 t	20
公共机构负荷需求量	2.77×10^6 tce	23	甘肃省综合得分	0.2267	25

（2）适宜性Ⅱ区

适宜性Ⅱ区中共涉及 10 个省市，分别为四级适宜区：海南省、福建省；五级适宜区：广西壮族自治区、贵州省、江西省、陕西省、吉林省；六级适宜区：四川省、重庆市。

四级适宜区中以云南省为例，云南省位于我国西南边陲，地处西太平洋构造带与阿尔卑斯—喜马拉雅构造带的交汇部位。地热能资源丰富，但浅层地热能资源蕴藏量较少，单位面积浅层地热能热容量全国排名第 23 位，省内浅层地热能供暖及制冷面积在全国排名第 29 位，浅层地热能利用程度较低，二氧化碳减排量位居全国第 8 位，环境效益较好，云南省第三产业固定资产投资额居全国第 13 位，处于中上水平。煤炭、电能等主动式能源产量丰富。综上所述，云南省公共机构浅层地热能与主动能源耦合利用利用适宜性一般。云南省适宜性指标数据情况表 5.47 所示。

云南省适宜性指标数据情况　　　　　　　　表 5.47

指标名称	数值	全国排名	指标名称	数值	全国排名
单位面积浅层地热能热容量	1.677×10^4 kJ/(℃·m²)	23	浅层地热能供暖及制冷面积	250×10^4 m²	29
煤炭生产总量	29070.3×10^4 t	12	地源热泵政策补贴	10 元/m²	24
城市天然气供应总量	3.76 亿 m³	29	第三产业固定资产投资额	14.73×10^3 亿元	13
电能总产量	3251.9 亿 kWh	8	二氧化碳减排量	12.46×10^6 t	8
公共机构负荷需求量	4.82×10^6 tce	18	云南省综合得分	0.2765	21

陕西省处于五级适宜区，其位于中国西北地区东部的黄河中游，地热资源十分丰富。特别是关中地区，由于特殊的地质条件有利于地热能资源的形成和储存，区域优势明显，开发潜力巨大。陕西省浅层地热能位于全国前列，单位面积浅层地热能热容量排名全国第 10 位。浅层地热能依据其开发利用方式，可分为地下水地源热泵和地埋管地源热泵两种形式，地下水地源热泵形式仅在沿渭河、汉江、丹江较大流域的漫滩、低阶地区域适宜或较适宜；地埋管地源热泵形式在陕西大部分区域均适宜，资源丰富、开发前景广阔。该省发电总量和天然气供应量都处在全国的中等水平，分别为第 15 和第 14 位，第三产业固定资产投资额排名全国第 10 位，经济条件相对良好，该省公共机构能

耗需求量较高，排在全国第 11 位，但由于该指标权重较小，对整体评价结果影响不大。综上所述，陕西省被划分至五级适宜区。浅层地热能利用的综合排名第 20 位，积极开发利用地热能对调整该省能源结构、推进能源生产和消费革命、促进生态文明建设具有重要作用。所以该省比较适合浅层地热能与主动能源耦合技术的开发与利用。陕西省适宜性指标数据情况如表 5.48 所示。

陕西省适宜性指标数据情况　　　　表 5.48

指标名称	数值	全国排名	指标名称	数值	全国排名
单位面积浅层地热能热容量	5.529×10^4 kJ/(℃·m²)	10	浅层地热能供暖及制冷面积	1500×10^4 m²	19
煤炭生产总量	367838.5×10^4 t	3	地源热泵政策补贴	20 元/m²	16
城市天然气供应总量	47.35 亿 m³	14	第三产业固定资产投资额	1.62×10^4 亿元	10
电能总产量	2118.6 亿 kWh	15	二氧化碳减排量	8.11×10^6 t	16
公共机构负荷需求量	7.39×10^6 tce	11	陕西省综合得分	0.3045	20

吉林省也处于地热能与主动能源耦合利用的五级适宜区，吉林省地热资源主要集中分布在中部高平原和东部山区，其中东部山区多以温泉形势自然出露，主要是吉林市以东，以现代火山及断裂构造型为主，兼有沉积盆地型，主要包括长白山天池温泉群、抚松县仙人桥镇地热田和临江市花山镇温泉群等 170 余处温泉。中部地热田主要分布在长春、伊舒断陷盆地。西部主要分布在长岭、乾安、通榆、扶余等地，是松辽盆地的主体。此外，在长春市双阳区、安图二道白河镇、公主岭市、农安县、九台市等地区也具备地热埋藏条件。浅层地热能热容量相对较少。国家对吉林省的地源热泵政策补贴居于全国第 4 位，CO_2 减排量指标居于全国第 19 位，环境效益一般，此外其余指标数据均处于全国中下游水平。在《吉林省"十三五"节能减排综合实施方案》[113]中提出实施用煤领域"煤改气""煤改电""煤改生"替代工程。实施"汽化吉林"工程，有序拓展城乡居民用气、天然气燃料以及交通、电力等领域应用规模。鼓励公共机构使用太阳能、地热能、空气能等清洁能源提供供电、供热或制冷等服务。这将推动吉林省在地热能与主动能源耦合利用的进一步发展。综合各项因素，吉林省在技术、经济、环境等方面发展地热能都有着较大优势，吉林省公共机构适宜推广地热能与主动能源耦合利用技术。吉林省适宜性指标数据如表 5.49 所示。

吉林省适宜性指标数据情况　　　　表 5.49

指标名称	数值	全国排名	指标名称	数值	全国排名
单位面积浅层地热能热容量	2.879×10^4 kJ/(℃·m²)	19	浅层地热能供暖及制冷面积	1200×10^4 m²	21
煤炭生产总量	8119.00×10^4 t	17	地源热泵政策补贴	40 元/m²	9
城市天然气供应总量	17.45 亿 m³	23	第三产业固定资产投资额	5.93×10^3 亿元	23
电能总产量	871.80 亿 kWh	24	二氧化碳减排量	6.62×10^6 t	19
公共机构负荷需求量	4.96×10^6 tce	15	吉林省综合得分	0.3061	19

四川省的地热资源十分丰富，可利用总量位居全国第 3 位。四川省深层地热资

源主要分布在川西高原和四川盆地。川西高原区的地热资源以中高温对流型为主；四川盆地西部的成都平原存在着规模巨大的浅层地温能资源，而东部则存在深层地热资源。四川省浅层地热能资源条件较好。此外，四川省政府也出台了相关政策推广浅层地热能的开发利用。《四川省建筑节能与绿色建筑发展"十三五"规划》[114]提出要积极推动太阳能、浅层地热能、生物质能等可再生能源在建筑中的应用，因地制宜开发利用浅层地热能，用于建筑物的供暖、制冷与生活热水，并开展浅层地热能应用评价，对浅层地热能资源调查、开发利用专项规划进行完善，同步跟进浅层地热能开发利用的管理办法和优惠措施，保障浅层地热能资源科学有序开发。同时，住房和城乡建设部研究，到 2020 年末，新增地热能等可再生能源建筑应用面积为 400 万 m^2。同时，四川省主动能源条件较好，拉低了四川省公共机构浅层地热能与主动能源耦合利用适宜性水平。四川省适宜性指标数据情况如表 5.50 所示。

四川省适宜性指标数据情况 表 5.50

指标名称	数值	全国排名	指标名称	数值	全国排名
单位面积浅层地热能热容量	3.769×10^4 kJ/(℃·m^2)	14	浅层地热能供暖及制冷面积	$4000 \times 10^4 m^2$	13
煤炭生产总量	$21298.1 \times 10^4 t$	14	地源热泵政策补贴	30 元/m^2	14
城市天然气供应总量	84.7 亿 m^3	6	第三产业固定资产投资额	21.47×10^3 亿元	6
电能总产量	3671.0 亿 kWh	5	二氧化碳减排量	$12.92 \times 10^6 t$	6
公共机构负荷需求量	8.98×10^6 tce	6	四川省综合得分	0.3887	14

（3）适宜性Ⅲ区

适宜性Ⅲ区中共涉及 13 个省市，分别为七级适宜区：湖南省、浙江省、上海市、安徽省；八级适宜区：山东省、广东省、河北省、北京市、辽宁省；九级适宜区：湖北省、河南省；十级适宜区：江苏省、天津市。

适宜Ⅲ区中的 11 个省市各适宜性评价指标数据皆在全国中上游水平，没有明显的劣势数据。以七级适宜区中的浙江省和上海市为例，浙江省位于中国东南沿海、长江三角洲南翼，陆域面积 10.55 万 km^2，是中国面积较小的省份之一。浙江省单位面积浅层地热能热容量位于全国第 12 位。第三产业固定资产投资居于全国第 5位，煤炭生产总量几乎为零，处于全国末置位，其余指标数据均处于国家上游水平。在《浙江省公共机构节能"十三五"规划》[115]中推进重点领域和关键环节的节能减排，逐步降低煤炭消费比重，提高天然气消费比重，增加太阳能、地热能等可再生能源比重，减少能源消费排放，"十三五"期间，推广地源热泵项目 3 个，制冷供暖面积逐渐增大。这使得地热能与主动能源的发展在未来有着非常好的前景。综合分析，浙江省资源类和技术类指标条件较好，浙江省被划分至七级适宜区，浙江省公共机构适宜进行地热能与主动能源耦合利用的推广，浙江省适宜性指标数据情况如表 5.51 所示。

浙江省适宜性指标数据情况   表 5.51

指标名称	数值	全国排名	指标名称	数值	全国排名
单位面积浅层地热能热容量	4.694×10^4 kJ/(℃·m²)	12	浅层地热能供暖及制冷面积	5200×10^4 m²	8
煤炭生产总量	0.00	31	地源热泵政策补贴	50 元/m²	1
城市天然气供应总量	62.56 亿 m³	7	第三产业固定资产投资额	2.16×10^4 亿元	5
电能总产量	3351.0 亿 kWh	24	二氧化碳减排量	8.79×10^6 t	14
公共机构负荷需求量	6.24×10^6 tce	14	浙江省综合得分	0.4540	10

上海市单位面积浅层地热能热容量位于全国第 4，上海市浅层地热能开发利用空间广阔，地下岩土体温度适宜，平均值为 19～25℃，在地源热泵技术供暖及制冷的最佳范围，同时上海市政府为构建安全高效的能源体系，完成了《地源热泵系统工程技术规程》[116]的修订研究及《上海市浅层地热能监测技术标准》[117]的制定，鼓励利用浅层地热能等可再生能源的利用，根据受益面积补贴 60 元/m²，创新性地将资源开发利用与城市规划建设、土地管理衔接。但由于地域面积较小，上海市经济类与环境类指标与其他省份没有可比性，尽管排名靠后，但并不能说明上海市整体的经济投资不强，相反由于上海是国家经济发达地区，其第三产业固定资产投资额依然处于全国中等水平。因此综合各项影响因素，上海市被划分至七级适宜区，非常适合浅层地热能的推广利用，浅层地热能开发利用潜力巨大。上海市适宜性指标数据情况如表 5.52 所示。

上海市适宜性指标数据情况   表 5.52

指标名称	数值	全国排名	指标名称	数值	全国排名
单位面积浅层地热能热容量	15.678×10^4 kJ/(℃·m²)	4	浅层地热能供暖及制冷面积	3700×10^4 m²	14
煤炭生产总量	0	31	地源热泵政策补贴	50 元/m²	1
城市天然气供应总量	89.29 亿 m³	5	第三产业固定资产投资额	6.21×10^3 亿元	22
电能总产量	792.60 亿 kWh	25	二氧化碳减排量	1.55×10^6 t	28
公共机构负荷需求量	1.87×10^6	27	上海市综合得分	0.4317	12

辽宁省居于东北三省的最南部，是我国地热资源较有远景的省份之一，主要分布于辽宁东部山区和辽西走廊地带。辽宁省浅层地热能热容量丰富，在全国处于第 5 位，位居东北三省之首。此外辽宁省煤炭生产量、天然气供应量、发电总量处于全国中等水平，其余指标数据均处于全国上游水平。这使得辽宁省进行地热能与主动能源耦合上在资源方面有着天然的地理优势，但第三产业固定资产投资额不足。在《辽宁省"十三五"节能减排综合工作实施方案》[118]中指出鼓励利用太阳能、浅层地热能、空气热能、工业余热等解决建筑用能需求。实行煤炭消费总量控制，降低煤炭消费比例，推广使用优质煤、洁净型煤，推进煤改气、煤改电。大力开发煤层气，提高天然气、煤层气和煤气在能源消费中的比例。这使得地热能与主动能源的发展在未来也有着非常好的前景。综合上述各项指标，资源类和技术类的权重占比相对较大，确定辽宁省公共机构处于地热能与主动能源耦合利用的八级适宜区，该省公共机构地热能与主动能源耦合利用发展潜力巨大。辽宁省适宜性指标数据情况如表 5.53 所示。

辽宁省适宜性指标数据情况 表 5.53

指标名称	数值	全国排名	指标名称	数值	全国排名
单位面积浅层地热能热容量	14.133×10^4 kJ/(℃·m²)	5	浅层地热能供暖及制冷面积	4000×10^4 m²	13
煤炭生产总量	20902.80×10^4 t	15	地源热泵政策补贴	50 元/m²	8
城市天然气供应总量	32.09 亿 m³	17	第三产业固定资产投资额	4.09×10^3 亿元	26
电能总产量	1996.0 亿 kWh	17	二氧化碳减排量	1.01×10^7 t	10
公共机构负荷需求量	8.39×10^6 tce	8	辽宁省综合得分	0.4833	6

河南省具备开发浅层地热能的地热地质背景，一方面省内浅层地热能资源丰富，单位面积浅层地热能热容量排名全国前列，另一方面，河南省具备地源热泵系统良好的应用条件，河南省的地质条件有利于建立有效的抽水回灌系统。此外河南省政府也出台相应政策扶持地热产业的发展。河南省发改委、省国土厅、省环保厅、省住建厅联合下发了《关于开展地热能清洁供暖规模化利用试点工作的通知》[119]中提出，根据《河南省推进能源业转型发展方案》[120]和《河南省"十三五"可再生能源发展规划》[121]的要求，以地热资源较为富集区为试点，充分考虑地质条件、地热资源禀赋、用能需求等要素，按照"采灌均衡、取热不取水"的原则，发挥科学规划、政策引导、市场主导的优势，因地制宜、先行先试，科学有序推进地热能开发利用。《河南省集中供热管理试行办法》[122]也提出，清洁能源和可再生能源供暖的推广要求各试点区域将地热能供暖纳入城镇基础设施范围。综上所述，河南省浅层地热能资源利用推广程度较好，公共机构采用浅层地热能与主动能源耦合供能方案潜力巨大。河南省适宜性指标数据情况如表 5.54 所示。

河南省适宜性指标数据情况 表 5.54

指标名称	数值	全国排名	指标名称	数值	全国排名
单位面积浅层地热能热容量	6.634×10^4 kJ/(℃·m²)	9	浅层地热能供暖及制冷面积	8600×10^4 m²	2
煤炭生产总量	69227.7×10^4 t	8	地源热泵政策补贴	40 元/m²	9
城市天然气供应总量	54.4 亿 m³	8	第三产业固定资产投资额	4.09×10^3 亿元	26
电能总产量	2765.8 亿 kWh	13	二氧化碳减排量	9.98×10^6 t	11
公共机构负荷需求量	6.85×10^6 tce	12	河南省综合得分	0.5185	4

江苏省处于十级适宜区，该省及邻区地处中国东部，浅层地热能热容量丰富，单位面积浅层地热能热容量在全国排名第 2 位，是全国最适宜开发利用浅层地热能的地区之一。国家对于江苏省进行相关的地源热泵补贴位于全国第 2 位。此外浅层地热能供暖制冷面积、第三产业固定资产投资、天然气供应量和发电总量居于全国前三位，煤炭生产量居于全国第 19 位，其余整体指标均处于全国上游水平。并且在《江苏省公共机构节约能源资源"十三五"规划》[123]中提出有条件的公共机构特别是各市县行政中心、高校和规模较大的医院，要因地制宜，积极应用太阳能光伏、光热等可再生能源，应用地源、水源、空气源热泵技术。这将进一步推进江苏省浅层地热能的发展。综合各方面因素，江苏省经济类、环境类和技术类的权重占比较大，确定江苏省公共机构处于地热能与主动能源耦合利用的十级适宜区，该省公共机构地热能与主动能源耦合利用发展潜力极大。江苏省适宜性指标数据情况如表 5.55 所示。

江苏省适宜性指标数据情况   表 5.55

指标名称	数值	全国排名	指标名称	数值	全国排名
单位面积浅层地热能热容量	22.620×10^4 kJ/(℃·m²)	2	浅层地热能供暖及制冷面积	8500×10^4 m²	3
煤炭生产总量	7204.4×10^4 t	19	地源热泵政策补贴	50 元/m²	1
城市天然气供应总量	123.87 亿 m³	3	第三产业固定资产投资额	2.62×10^4 亿元	2
电能总产量	5015.4 亿 kWh	3	二氧化碳减排量	2.02×10^7 t	3
公共机构负荷需求量	1.24×10^7 tce	1	江苏省综合得分	0.6408	2

5.4 多能源耦合利用适宜性分区结果可视化研究

本节针对公共机构同时采用被动式能源（浅层地热能、太阳能）和主动式能源（煤炭、天然气、电能）耦合利用进行适宜性研究，通过绘制多指标要素综合影响下的适宜性分布图，由不同地区资源条件、典型省市公共机构被动式能源利用基础信息及政策导向等方面分析产生此结果的原因。公共机构多能源耦合利用适宜性分布情况如表 5.56 所示。

公共机构多能耦合利用适宜性分区情况   表 5.56

适宜性分区	适宜性等级	区间分值	包含省市
适宜性Ⅰ区	一级适宜区	0.273～0.285	福建省、黑龙江省
	二级适宜区	0.285～0.312	青海省、宁夏回族自治区
	三级适宜区	0.312～0.332	吉林省、云南省、甘肃省、海南省、新疆维吾尔自治区、内蒙古自治区
适宜性Ⅱ区	四级适宜区	0.332～0.343	山西省、广西壮族自治区
	五级适宜区	0.343～0.365	西藏自治区、贵州省、重庆市、江西省
	六级适宜区	0.365～0.386	四川省、陕西省
适宜性Ⅲ区	七级适宜区	0.386～0.420	湖南省、上海市
	八级适宜区	0.420～0.472	广东省、北京市、辽宁省、安徽省
	九级适宜区	0.472～0.581	湖北省、河南省、河北省、浙江省、天津市、山东省
	十级适宜区	0.581～0.692	江苏省

（1）适宜性Ⅰ区

适宜Ⅰ区中共涉及 10 个省市，分别为一级适宜区：福建省、黑龙江省；二级适宜区：青海省、宁夏回族自治区；三级适宜区：吉林省、内蒙古自治区、甘肃省、新疆维吾尔自治区、云南省、海南省。

以一级适宜区中的黑龙江省和福建省为例，黑龙江省被动能源（浅层地热能、太阳能）资源匮乏，单位面积浅层地热能热容量和太阳能年辐射量指标均处于全国下游水平，在技术指标方面，浅层地热能供暖制冷面积及光伏发电装机容量指标也处于全中国中下游水平，被动式能源推广力度较小，被动式能源利用较差。此外，由于黑龙江省位于高纬度、高寒地区，不利于地源热泵的利用，浅层地热能推广利用难度较大。黑龙江省位于我国最北方，受地域所限，当地经济发展水平较低，第三产业固定资产投资额位居全国下游，致使省内被动能源推广力度不足。同时，黑龙江省盛产煤炭资源，主动能源丰富，相对被动能源高投入、低效益而言，省内主动能源利用更加便捷，开发利用成本更低。综上所述，黑龙江省公共机构多能源耦合利用适宜性较差。黑龙江省适宜性指标数据情况如表5.57所示。

黑龙江省适宜性指标数据情况　　　　　　　　　　　表5.57

指标名称	数值	排名	指标名称	数值	排名
单位面积浅层地热能热容量	$0.859×10^4$ kJ/(℃·m²)	28	浅层地热能供暖及制冷面积	$1300×10^4$ m²	20
太阳能年辐射量	4659MJ/m²	21	光伏发电装机容量	$274×10^4$ kW	21
太阳能有效日照天数	275d	13	地源热泵政策补贴	20 元/m²	16
煤炭生产总量	$32030.9×10^4$ t	11	光伏发电政策补贴	0.4 元/kWh	17
城市天然气供应总量	15.86 亿 m³	24	第三产业固定资产投资额	$5.70×10^3$ 亿元	24
电能总产量	1057.2 亿 kWh	23	二氧化碳减排量	$9.00×10^6$ t	17
公共机构负荷需求量	$9.45×10^6$ tce	4	黑龙江省综合得分	0.2739	31

福建省位于我国东南沿海地区，海岸线绵长，太阳能资源由东南沿海向内陆西北逐渐递减，太阳能年辐射量 3800～5400MJ/m²，处于太阳能资源较丰富地区。由于位于东南沿海地区，天气环境复杂，致使太阳能有效日照天数仅为184d，排名全国末置位，太阳能可利用程度较为一般。福建省是地热资源较为丰富的省份之一，但多为水热型和干热岩型地热能资源，中高温地热能资源开发利用较好，单位面积浅层地热能热容量排名全国中下游，浅层地热能供暖及制冷面积仅为 500 万 m²，排名全国末置位，浅层地热能资源开发利用程度较差。此外，福建省被动能源利用较差，主动能源利用稍好，主动能源指标均处于全国中游水平，二氧化碳减排量较低，环境效益相对较差。综上所述，福建省被划分至一级适宜区，省内公共机构采用多能耦合利用适宜性较差。福建省适宜性指标数据情况如表5.58所示。

福建省适宜性指标数据情况　　　　　　　　　　　表5.58

指标名称	数值	排名	指标名称	数值	排名
单位面积浅层地热能热容量	$1.326×10^4$ kJ/(℃·m²)	24	浅层地热能供暖及制冷面积	$500×10^4$ m²	28
太阳能年辐射量	4550MJ/m²	22	光伏发电装机容量	$169×10^4$ kW	24
太阳能有效日照天数	184d	29	地源热泵政策补贴	10 元/m²	24
煤炭生产总量	$5290.9×10^4$ t	21	光伏发电政策补贴	0.49 元/kWh	1
城市天然气供应总量	24.24 亿 m³	19	第三产业固定资产投资额	$16.40×10^3$ 亿元	9
电能总产量	2406.4 亿 kWh	14	二氧化碳减排量	$3.20×10^6$ t	26
公共机构负荷需求量	$2.41×10^6$ tce	25	福建省综合得分	0.2847	30

（2）适宜性Ⅱ区

适宜性Ⅱ区中共涉及 8 个省市，分别为四级适宜区：山西省、广西壮族自治区；五级适宜区：西藏自治区、贵州省、重庆市、江西省；六级适宜区：四川省、陕西省。

以六级适宜区中的四川省为例，四川省东部多为盆地，盆地内云雾多，连阴雨时间较长，盆地大部地区日照时数比高原少得多，四川省西部为川西高原，云量少，有效日照时数远高于其他地区，四川省太阳能资源分布极不均衡，川西高原是我国太阳能资源最丰富地区。总体上四川省太阳能资源较为丰富，省内针对太阳能资源开发利用制定了相关政策，如《"十三五"战略性新兴产业发展规划（2016—2020）》[124]中明确要求培育壮大具有阿坝特色的战略性新兴产业、产品和企业，全力构建新型工业体系。重点发展太阳能光伏产业、风能产业。规划太阳能光伏场区 53 处，装机容量超过 5000MW，力争在"十三五"期间装机容量超过 2000MW。四川省是全国地热资源丰富的省市之一，由于特殊的地质构造，省内主要分为隆起山地型地和沉积盆地型热能资源，地热资源分布广泛，高、中、低温地热能资源兼有，地热资源的开发利用具有较大的潜力。四川省不仅被动式能源利用程度较好，主动式能源产量也较为丰富，城市天然气供应总量、电能总产量也位居全国前列。综上所示，四川省公共机构多能源耦合利用潜力巨大。四川省适宜性指标数据情况如表 5.59 所示。

四川省适宜性指标数据情况　　　　　　　　　　　　　　　　表 5.59

指标名称	数值	排名	指标名称	数值	排名
单位面积浅层地热能热容量	3.769×10^4 kJ/(℃·m²)	14	浅层地热能供暖及制冷面积	4000×10^4 m²	13
太阳能年辐射量	5182MJ/m²	15	光伏发电装机容量	188×10^4 kW	23
太阳能有效日照天数	252d	16	地源热泵政策补贴	10 元/m²	24
煤炭生产总量	21298.1×10^4 t	14	光伏发电政策补贴	0.40 元/kWh	17
城市天然气供应总量	84.72 亿 m³	6	第三产业固定资产投资额	21.47×10^3 亿元	6
电能总产量	3671.0 亿 kWh	5	二氧化碳减排量	16×10^6 t	5
公共机构负荷需求量	8.98×10^6 tce	6	四川省综合得分	0.3722	15

（3）适宜性Ⅲ区

适宜性Ⅲ区中共涉及 13 个省市，分别为七级适宜区：湖南省、上海市；八级适宜区：广东省、北京市、辽宁省、安徽省；九级适宜区：湖北省、河南省、河北省、浙江省、天津市、山东省；十级适宜区：江苏省。

江苏省位于十级适宜区，是我国公共机构多能耦合利用适宜性最高的地区，江苏省太阳能资源较为一般，太阳能年辐射量及有效日照天数均处于全国中游水平，但由于我国太阳能资源各地区差异较小，均处于太阳能资源可利用状态，因此太阳能资源类指标权重较小。由于江苏省是我国经济发达省市，该省经济类指标均位于全国前列，政府对于太阳能资源的利用较为重视，政策补贴力度大，致使省内太阳能推广利用程度较好，光伏发电装机容量位居全国第 2 位，远高于其他省市。此外江苏省地热能资源极为丰富，单位面积浅层地热能热容量位居全国第 2 位，较高的政策补贴和经济投资使该省浅层地热能供暖及制冷面积达到 8500 万 km²，位居全国前列。此外江苏省也出台相关政策鼓励优先使用被动式能源，如《江苏省建筑节能管理办法》[125]在可再生能源建筑应用中要求，政府投资的公共建筑应当至少利用一种可再生能源。新建建筑的供暖制冷系统、热水供应系统、照明设备等应当优先采用太阳能、浅层地热能、工业余热、生物质能等可再生能源，并与建筑物主体同步设计、同步施工、同步验收。新建宾馆、酒店、商住楼等有热水需要的公共建筑以及十二层以下住宅，应当按照规定统一设计、安装太阳能热水系统。鼓励江、河、湖、海附近的建筑使用地表水源热泵系统，并按照有关规定减免水资源费。江苏省被动能源利用程度较好，尽管省内主动式能源也较为丰富，但由于主动式能源指标权重较小，对多能源耦合利用适宜性的影响也较小。良好的资源条件，强有力的政策补贴及经济投资促使江苏省被动式利用项目的有效推行。江苏省适宜性指标数据情况如表5.60所示。

<table>
<tr><td colspan="6" align="center">江苏省适宜性指标数据情况　　　　　　　　　　　　　表5.60</td></tr>
<tr><td align="center">指标名称</td><td align="center">数值</td><td align="center">排名</td><td align="center">指标名称</td><td align="center">数值</td><td align="center">排名</td></tr>
<tr><td>单位面积浅层地热能热容量</td><td>$22.620×10^4$ kJ/(℃·m²)</td><td>2</td><td>浅层地热能供暖及制冷面积</td><td>$8500×10^4$ m²</td><td>3</td></tr>
<tr><td>太阳能年辐射量</td><td>4523MJ/m²</td><td>23</td><td>光伏发电装机容量</td><td>$1486×10^4$ kW</td><td>2</td></tr>
<tr><td>太阳能有效日照天数</td><td>225d</td><td>18</td><td>地源热泵政策补贴</td><td>10 元/m²</td><td>24</td></tr>
<tr><td>煤炭生产总量</td><td>$7204.4×10^4$ t</td><td>19</td><td>光伏发电政策补贴</td><td>0.49 元/kWh</td><td>1</td></tr>
<tr><td>城市天然气供应总量</td><td>123.87 亿 m³</td><td>3</td><td>第三产业固定资产投资额</td><td>$26.24×10^3$ 亿元</td><td>2</td></tr>
<tr><td>电能总产量</td><td>5015.4 亿 kWh</td><td>3</td><td>二氧化碳减排量</td><td>$34.0×10^6$ t</td><td>1</td></tr>
<tr><td>公共机构负荷需求量</td><td>$12.427×10^6$ tce</td><td>1</td><td>江苏省综合得分</td><td>0.6912</td><td>1</td></tr>
</table>

5.5　公共机构被动式能源利用适宜性分布软件

本软件以简便、直观、易操作为设计原则，采用面向对象的程序设计方法，将公共机构被动式能源利用适宜性分布情况融入主程序中。软件主要实现全国各地区公共机构被动式能源利用适宜性等级与数据展示等相关功能，分为浅层地热能、太阳能两部分适宜性分布图，可提供全国各省市太阳能年总辐射量、有效日照天数、浅层地热容量、公共机构能耗需求量等相关数据，并分别展示公共机构及三种不同类型公共机构被动式能源利用适宜性分布图。

5.5.1　适宜性分布软件开发平台-Hbuilder

Hbuilder 是数字天堂推出的一款支持 HTML5 的 Web 开发编辑器，可同时支持四种编程语言，包括 Java、C、Web 和 Ruby，其体积较小，运行速度快，是当前较为主流的前端编辑器。Hbuilder 的生态系统是最为丰富的 Web IDE 生态系统，可以同时兼容 Eclipse 插件和 Ruby Bundle，通过完整的语法提示和代码输入法、代码块等，大幅提升 HTML、js、css 的开发效率。其界面简洁、功能强大、操作便捷，支持多种编程语言的语法高亮、代码自动完成、代码片段等功能，支持 VIM 及宏模式，支持强大的多行选择和编辑。Hbuilder 编辑器运行界面如图5.3所示。

图 5.3　Hbuilder 编辑器运行界面

5.5.2　适宜性分布软件程序语言

本书主要应用 HTML5、jdk1.8 和 MySQL 数据库进行公共机构被动式能源利用适宜性软件系统的设计与开发。

（1）HTML5

HTML 称为超文本标记语言，是一种标识性的语言。它包括一系列标签，通过这些标签可以将网络上的文档格式统一，使分散的 Internet 资源链接为一个逻辑整体。HTML 命令可以实现说明文字，图形、动画、声音、表格、链接等一系列功能。

HTML5 是 Web 中核心语言 HTML 的规范，是构建以及呈现互联网内容的一种语言方式，被认为是互联网的核心技术之一。用户使用任何手段进行网页浏览时看到的内容原本都是 HTML 格式的，在浏览器中通过一些技术处理将其转换成为可识别的信息。随着 HTML5 规范的发布以及 Chrome、Safari、Firefox 等浏览器的大规模支持，HTML5 的开发得到了广泛使用，并延伸到了 APP 端的开发。

（2）JDK1.8

JDK 是 Java 语言的软件开发工具包，主要用于移动设备、嵌入式设备上的 java 应用程序。JDK 是整个 Java 开发的核心，它包含了 Java 的运行环境（JVM＋Java 系统类库）和 JAVA 工具。

（3）MySQL

MySQL 是一种开放源代码的关系型数据库管理系统（RDBMS），使用最常用的数据库管理语言——结构化查询语言（SQL）进行数据库管理。

MySQL 是开放源代码的，因此任何人都可以在 General Public License 的许可下下载并根据个性化的需要对其进行修改。因为其速度、可靠性和适应性而备受关注。大多数人都认为在不需要事务化处理的情况下，MySQL 是管理内容最好的选择。

本软件程序语言编写 625 行代码，完成了公共机构被动式能源利用适宜性软件的开发，实现了上述操作功能和界面设计。以"公共机构太阳能利用适宜性分布图"为例，部分程序代码如下：

```html
<html>
<head>
<meta charset = "utf-8">
<title>中国地图</title>
<link href = "css/public.css" rel = "stylesheet" type = "te×t/css">
<link href = "css/style.css" rel = "stylesheet" type = "text/css">
<h1 align = "center">公共机构太阳能利用适宜性分布图</h1>
<script type = "text/javascript" src = "js/jquery.min.js"></script>
<! --使用高版本 jquery 请调用 jquery-migrate-1.2.1.min.js,低版本可不用-->
<script type = "text/javascript" src = "js/jquery-migrate-1.2.1.min.js">
</script>
<script type = "text/javascript" src = "js/jquery-maphilight.min.js"></script>
<script type = "text/javascript">
$(document).ready(function() {
$.fn.maphilight.defaults ={
fill: true,
fillColor: ´ff8c19´,
fillOpacity: 0.7,
stroke: true,
strokeColor: ´ff8b19´,
strokeOpacity: 1,
strokeWidth: 3,
fade: true,
alwaysOn: false,
neverOn: false,
groupBy: false}
$("♯map_image").maphilight();
var btn = $(".mapBtn");
var map = $(".mapPath");
btn.click(function() {
map.hide();
$(this).next().show();});});
</script>
</head>
<body>
```

```
<div class = "mapBox">
<img src = "images/map1.png" usemap = "#planetmap" id = "map_image">
<button type = "button"><a href = "governmentsol.html">政府机关类公共机
构太阳能利用适宜性分布图</a></button>
<button type = "button"><a href = "hospitalsol.html">卫生事业类公共机构
太阳能利用适宜性分布图</a></button>
<button type = "button"><a href = "schoolsol.html">教育事业类公共机构太
阳能利用适宜性分布图</a></button>
<button type = "button"><a href = "solmap.html">公共机构太阳能利用适宜
性分布图</button>
<map id = "planetmap" name = "planetmap">
<div id = "XX1"></div>
<area href = "#XX1" class = "mapBtn" shape = "polygon" alt = "海南" coords = "
469,544,464,546,450,548,440,556,438,562,442,571,455,577,467,565,467,560,473,
549">
<div class = "mapPath">
```

地区：海南
太阳能年总辐射[MJ/m²]：5773
有效日
照天数[d]:221
第三产业固定资产投资额(亿元)：3788.94
公共机构能耗
需求量：8.3×10^9
太阳能政策补贴：0.25
二氧化碳减排量：3.81×10^9

```
</div>
<area href = "#XX1" class = "mapBtn" shape = "polygon" alt = "辽宁" coords = "
587,159,587,165,578,170,575,169,573,172,570,174,565,178,562,179,557,182,551,
190,546,185,544,183,542,186,543,196,540,208,546,212,550,214,550,219,563,208,
566,201,575,200,577,205,571,222,575,224,574,232,575,231,586,219,604,210,618,
191,617,187,612,179,610,173,603,161,598,164,593,158">
<div class = "mapPath">
```

5.5.3 适宜性分布软件应用过程展示

以展示公共机构太阳能利用适宜性分布图为例，适宜性分布软件应用过程具体操作
如下：

（1）初始登录界面

打开公共机构被动式能源利用适宜性分布软件，初始登录界面如图 5.4 所示，输入
用户名及密码，点击登录按钮。

（2）被动式能源类别选择

选择被动式能源类别，点击右侧图片，进入公共机构太阳能利用适宜性分布板块。
被动式能源类别选择板块界面如图 5.5 所示。

（3）适宜性分布图指标数据展示

适宜性分布图中各省份模块设置为可点击选项，点击各省市即可在界面下方弹出相

图 5.4   初始登录界面

图 5.5   被动式能源类别选择板块

应太阳能利用适宜性影响指标数据，图 5.6 选取海南省说明指标数据展示情况。适宜性分布图指标数据展示界面如图 5.6 所示。

> 地区：海南
> 2016年太阳总辐射年总量[MJ/m²]: 5773
> 有效日照天数[天]: 221
> 2017年城市天然气供应总量（亿立方米）：2.46
> 煤炭消费量（万吨）：1015.31
> 第三产业固定资产投资额（亿元）：3788.94
> 太阳能政策补贴（元/千瓦时）：
> 公共机构负荷需求量（10^{10}kWh）：8.30
> 二氧化碳减排量（10^{10}万吨）：3.81
> 适宜性等级区：一级

图 5.6   适宜性分布图指标数据展示界面

以此类推，可点击全国 31 个省市地理板块，显示出 31 个省市公共机构太阳能适宜性指标数据。

（4）适宜性分布图展示

点击四个按键框即可弹出对应的不同类型公共机构的太阳能利用适宜性分布图。

5.6 公共机构被动式与主动式能源耦合利用适宜性分布软件

本软件在被动式能源利用适宜性分布软件的理念基础上，增加适宜性得分计算及分布图绘制功能，以 Visual Basic. net 为编程语言，Visual studio 2008 为开发环境，将公共机构被动式与主动式能源利用的适宜性研究成果融入主程序中，主要实现全国各地区公共机构被动式与主动式能源耦合利用适宜性得分计算与结果可视化展示等相关功能，分为公共机构太阳能利用适宜性、浅层地热能利用适宜性、太阳能与主动式能源耦合利用适宜性、地热能与主动式能源耦合利用适宜性四类适宜性评价体系，可针对政府办公类、卫生事业类、教育事业类三种类型公共机构进行适宜性综合评价得分计算，并分别绘制展示公共机构被动式与主动式能源耦合利用适宜性分布图。

5.6.1 适宜性分布软件开发原理

本软件以公共机构被动式能源与主动式能源耦合利用适宜性为评价目标，根据不同能源类型建立四种适宜性评价体系，确定了资源能源、能耗需求、技术、经济、环境五个方面作为一级评价指标，选择熵权法作为指标权重确定方法，综合指数法作为适宜性评价方法，最终得到全国 31 个省市公共机构被动式与主动式能源耦合利用适宜性综合得分，并利用 Arcgis 中的自然断点法进行适宜性等级分区，采用插值法绘制适宜性分布图，各省市模块颜色代表本地区公共机构被动式与主动式能源耦合利用适宜性情况。软件可直观反应各地区被动式与主动式能源耦合利用适宜性情况，为公共机构能源规划决策者和设计者在主被动式能源利用方面进行优化配置提供帮助。

5.6.2 适宜性分布软件操作流程

四种适宜性评价体系计算原理及操作步骤基本一致，下面以太阳能与主动式能源耦合利用适宜性评价为例，具体说明操作流程。

（1）登录界面

在登录界面可进行适宜性研究的能源类别选择，输入"用户名"及"密码"登录软件。登录界面如图 5.7 所示。

（2）数据输入界面

进入数据输入界面，纵向为全国 31 个省市，横向为太阳能与主动式能源耦合利用适宜性指标，使用者可根据各指标最新情况输入数据。数据输入界面如图 5.8 所示。

（3）公共机构负荷需求量计算界面

在各项适宜性评价指标中，公共机构负荷需求总量为需计算指标，在"数据输入界面"点击各省市指标对应位置可进入"公共机构负荷需求总量计算界面"，此处可选择

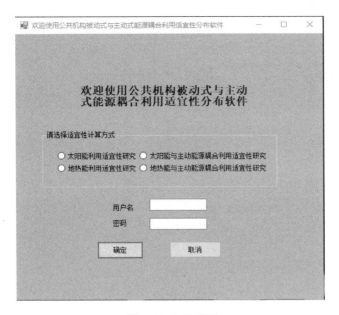

图 5.7 登录界面

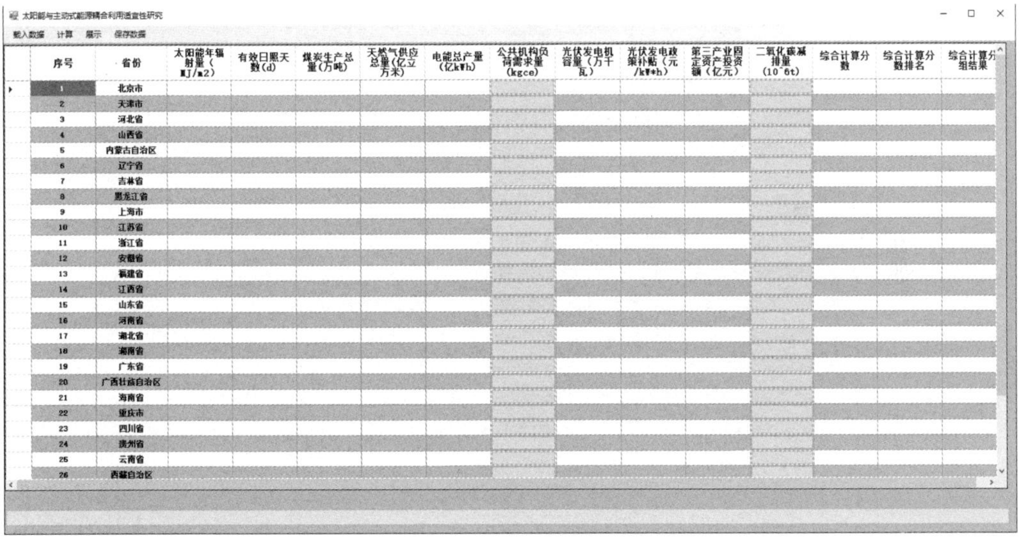

图 5.8 数据输入界面

三种不同类型公共机构，点击"计算"得到最终负荷需求量，点击"确定"保存计算值。公共机构负荷需求量计算界面如图 5.9 所示。

（4）二氧化碳减排量计算界面

同理，二氧化碳减排量也在计算指标中，在"数据输入界面"点击各省市指标对应位置可进入"二氧化碳减排量计算界面"，使用者可输入当前年份的"各类资源占比"及"资源转换效率"，以及"二氧化碳期望减排比例"，点击"计算"得到二氧化碳减排量，点击"确定"保存计算值。二氧化碳减排量计算界面如图 5.10 所示。

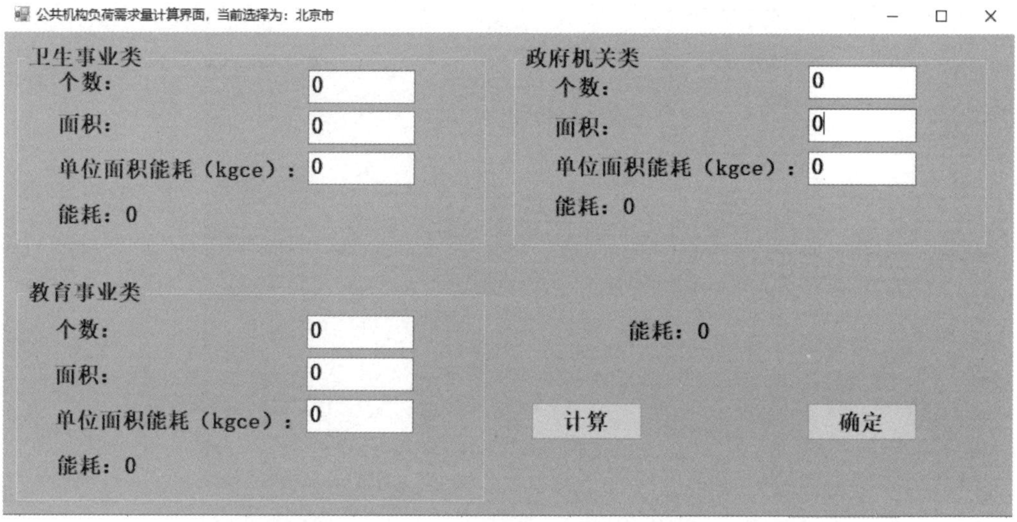

图 5.9　公共机构负荷需求量计算界面

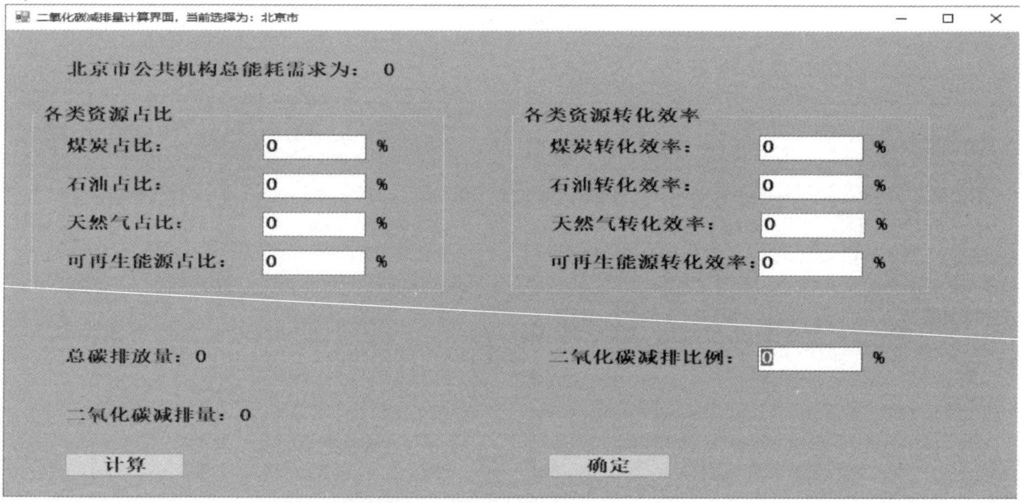

图 5.10　二氧化碳减排量计算界面

（5）适宜性得分计算与分组计算功能

为方便操作者使用，软件提供了载入数据功能，点击"载入数据"可直接载入 2020 年之前各指标最新数据，分别点击计算中的"得分计算"和"分组计算可得到""综合计算分数""综合计算分数排名"及"综合计算分数分组结果"。数据载入界面如图 5.11 所示。

（6）计算排名结果展示及分布图绘制功能

分别点击"得分计算"及"分组计算"后，软件可自动完成并展示最终适宜性得分情况及分组结果。点击"数据输入界面"中的"展示"，即可进入"适宜性分布图绘制界面"，点击"绘制"即可自动生成适宜性分布图，系统将全国 31 个省市划分为 3 个适宜性大等级区、10 个适宜性小等级区。其中，适宜性 I 区为红色，适宜性 II 区为黄色，

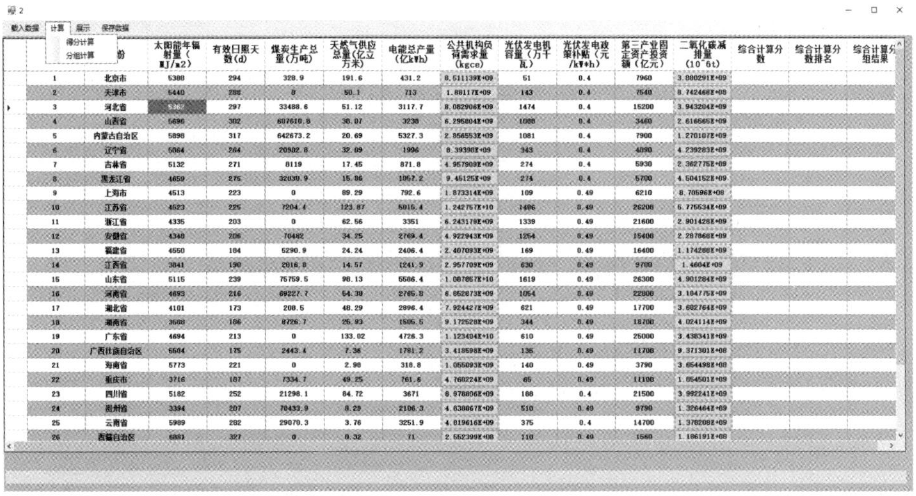

图 5.11　数据载入界面

适宜性Ⅲ区为绿色，等级越高，说明适宜性情况越好。鼠标指针滑动至各省市名称上，即可在左上角显示该省份适宜性得分、排名、等级等相关信息。计算结果展示界面如图 5.12 所示。

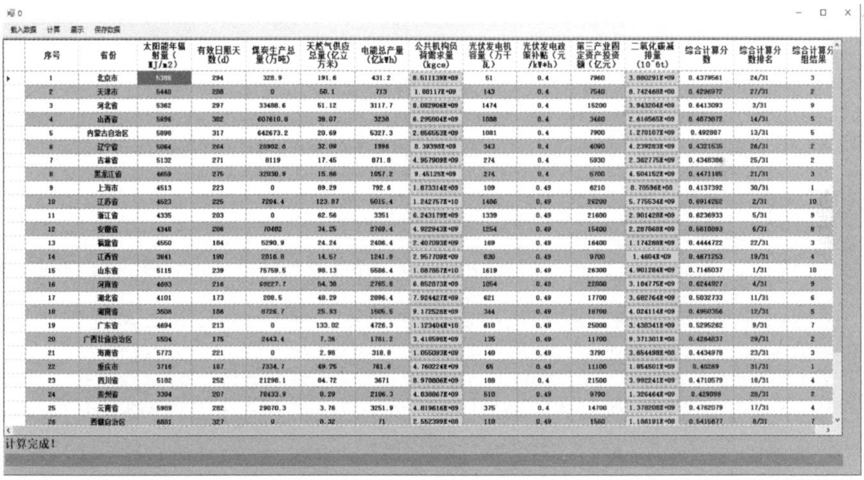

图 5.12　计算结果展示界面

229

6 结 论

6.1 公共机构能源利用现状及主被动式资源数据调研

（1）公共机构用能现状及建筑负荷特点调研

通过调研公共机构建筑负荷随时间分布特点，得出了公共机构建筑负荷的日变化特征、月变化特征以及年变化特征。在研究中主要讨论公共机构与室外气象参数的关系，找到了公共机构用能系统负荷的影响因素，并重点对 12 个典型区域公共机构被动式能源系统项目的运行参数进行测试，获得运行效率等关键参数。

（2）公共机构主被动式能源资源数据及利用情况调研

课题对被动式能源及主动式能源利用现状开展调研，整理全国 31 个省（自治区、直辖市）地热能、太阳能（被动能源）以及电能与煤炭、天然气、电力（主动能源）等资源数据，调研各气候区公共机构地热能、太阳能利用现状，整理公共机构节能工作相关政策法规以及各省市可再生能源利用规划。针对目前被动式能源在公共机构中应用存在的问题进行剖析，并提出解决措施，为公共机构被动式能源规划发展提供建议。

6.2 公共机构被动式与主动式能源供应技术评价指标体系

（1）公共机构被动式能源供应技术评价指标体系

本书通过对我国公共机构被动式能源技术应用情况调研，确定被动式能源类型（太阳能、浅层地热能），构建两种被动式能源供应技术方案——太阳能供应技术方案和地热能供应技术方案。通过分析国内外成熟的评价体系，分别从资源能源、能耗、技术、经济、环境五个方面选取可量化的二级评价指标，构建公共机构被动式能源供应技术评价指标体系。

公共机构太阳能供应技术评价指标体系中各指标的构成包括：资源能源（太阳能年辐射量和有效日照天数）、能耗（公共机构负荷需求量）、技术（光伏发电装机容量）、经济（光伏发电政策补贴和第三产业固定资产投资额）、环境（二氧化碳减排量）。公共机构地热能供应技术评价指标体系中各指标的构成包括：资源能源（单位面积浅层地热能热容量）、能耗（公共机构负荷需求量）、技术（浅层地热能供暖及制冷面积）、经济（地源热泵政策补贴和第三产业固定资产投资额）、环境（二氧化碳减排量）。

（2）公共机构被动式与主动式能源供应技术评价指标体系

在公共机构被动式能源供应技术评价指标体系的基础上，本书通过对煤炭、天然气、电能三种主动式能源的产量、消费量、储量、供应量的调查分析，选取煤炭生产总量、城市天然气供应总量、电能总产量作为主动式能源资源能源类指标，构建公共机构被动式与主动式能源供应技术评价指标体系。

太阳能与主动式能源供应技术评价指标体系中各指标的构成包括：被动式资源能源指标（太阳能年辐射量和有效日照天数）、主动式资源能源指标（煤炭生产总量、电能总产量和城市天然气供应总量）、能耗（公共机构负荷需求量）、技术（光伏发电装机容量）、经济（光伏发电政策补贴和第三产业固定资产投资额）、环境（二氧化碳减排量）。地热能与主动式能源供应技术评价指标体系中各指标的构成包括：被动式资源能源指标（单位面积浅层地热能热容量）、主动式资源能源（煤炭生产总量、电能总产量和城市天然气供应总量）、能耗（公共机构负荷需求量）、技术（浅层地热能供暖及制冷面积）、经济（地源热泵政策补贴和第三产业固定资产投资额）、环境（二氧化碳减排量）。

公共机构多种能源（太阳能＋浅层地热能＋主动能源）供应技术评价指标体系中的评价指标为太阳能与主动式能源供应技术评价指标和浅层地热能与主动式能源供应技术评价指标综合所得。

（3）公共机构能源供应技术综合评价方法

本书通过分析各类权重确定方法（层次分析法、德尔菲法、熵权法、变异系数法、CRITIC法、因子分析法）和适宜性综合评价方法（灰色综合评价法、模糊综合评价法、综合指数评价法、数据包络分析法、Topsis法）的优缺点，选取客观赋权法——熵权法作为指标权重确定方法，依据实际数据得到的权重更具有客观性、再现性和可信度。选择综合指数法作为适宜性综合评价方法，得到的综合评分可以科学客观地反映全国不同地区能源利用适宜性程度，为我国公共机构节能事业提供新思路、新依据。

6.3 被动式与主动式能源供应技术协调耦合技术研究

（1）建立主被动能源供应技术协调耦合分析数学模型

选择适合公共机构主被动能源供应优化协调耦合研究的数学分析模型。通过分析各类能源耦合模型的耦合机理，比较其优缺点和适用性，选择具有多目标分析功能、国内外应用较成熟的MARKAL优化模型作为主被动能源供应优化数学分析模型。MARKAL模型具有动态规划特性，能够在给定建筑物的能耗需求时，结合资源、环境、经济和政策，以及不同能源载体之间转换关系进行情景模拟，能够确定出最佳的能源供应结构，即使能源供应结构具有最小的使用成本。

建立MARKAL模型的目标函数和约束条件。结合本书的研究内容和模型特点，建立费用、资源、环境以及社会效益等四个规划目标函数，作为公共机构能源供应配置的优化目标；建立能源供应总量、各环节能源载体、终端能源供求、转换技术条件、碳排放等五个约束方程。以上目标函数和约束方程组成公共机构主被动能源供应优化的MARKAL模型体系。

构建公共机构能源耦合数学模型体系。在分析比较各种能源需求预测方法基础上，确定采用负荷密度法构建公共机构能耗需求计算模型；在满足终端能源供求约束方程基础上构建公共机构能源供应量计算模型；在分析比较各种碳排放计算方法基础上，确定采用碳排放系数法，以较"十二五"末期碳排放量降低15%为碳排放约束条件，构建公共机构碳排放计算模型；在满足转换技术条件约束方程基础上构建公共机构能源供应比例计算模型。

将地热能、太阳能的资源量作为能源供应量的主要约束条件，对我国 31 个地区的地热能和太阳能资源总量进行统计分析，研究发现我国地热能单位面积热容量排名前 3 位的地区分别是海南、湖北及浙江，排名最后为青海；西藏及青海等地太阳能资源最为丰富，贵州等地太阳能资源最为匮乏。对全国各地区被动式能源资源现状调研分析，为各地区公共机构主被动能源配比提供资源基础数据。

在满足各环节能源载体、转换技术条件约束条件基础上，研究能源转换技术，调查和获取各类一次及二次能源中的转换效率。考虑各地区公共机构的能耗需求量增长、各地区被动式能源资源情、能源消费结构变化，以及各类能源转换效率提升情况等诸多因素，针对不同地区设置不同的碳排放减排目标，得到 2020 年末预测全国二氧化碳平均减排比例可达 15.36%，满足公共机构节约能源资源"十三五"规划总体目标。

（2）公共机构被动式与主动式能源优化耦合供应技术方案

以辽宁省为例对公共机构主被动能源耦合模型进行实际应用。在构建公共机构主被动能源耦合模型结构及算法的基础上，利用情景分析法建立四种不同的能源供应方案，代入 MARKAL 模型中模拟不同方案下辽宁省公共机构的碳排放量及投资成本，通过分析和比较，确定辽宁省短期内应采用地热能、太阳能和天然气的能源耦合供应方案，也为全国其他地区公共机构的能源供应方案的研究提供方法。

将辽宁省公共机构的计算结果和方法推广至全国范围，通过调研各地区公共机构被动式能源应用情况，计算出全国各地区公共机构主被动能源的优化配比。优化配比结果包括二氧化碳减排量、主动式能源替代量、优化被动式能源配比等数据。以此可初步确定各地区公共机构主被动能源协调耦合供应技术方案。

为对模型计算出的能源供应优化方案进行合理修正，验证模型科学性，调研了全国 31 个地区的 92 部政策规划，并将其与计算结果进行对比，发现调研结果与计算结果匹配程度良好。根据模型计算结果及政策调研结果给出我国各地区公共机构主被动能源优化供应方案，可为各地区公共机构的主被动能源供应的优化配置提供理论基础。

6.4 公共机构被动式与主动式能源利用适宜性分区结果可视化研究

（1）公共机构被动能源适宜性分区图的绘制

从资源、能耗、经济、技术、环境五个维度选取了能够代表不同地区资源条件、公共机构用能特点及政策导向的公共机构被动式能源利用适宜性评价指标，建立了公共机构太阳能利用适宜性评价体系、公共机构地热能利用适宜性评价体系。利用熵权法及综合指数法对指标基础数据进行赋权处理，得到各指标数据客观权重及各省三类公共机构被动能源利用适宜性综合得分。利用 ArcMAP 软件中内置的自然间断点分级方法对适宜性综合得分进行分级处理，并将分级后的结果进行颜色渲染，将全国 31 个省市划分为 3 个适宜性大等级区、10 个适宜性小等级区。其中，适宜性 I 区为红色，适宜性 II 区为黄色，适宜性 III 区为绿色，等级越高，说明适宜性情况越好。共绘制了 8 幅公共机构被动式能源适宜性分区图，其中包括政府机关类建筑、教育事业类建筑、卫生事业类建筑三类公共机构地热能、太阳能利用适宜性分布图。提出了由公共机构能源耦合利用适宜性评价体系至适宜性分区结果可视化的技术流程，为公共机构能源规划决策者和设计者的研究提供更为直观的参考依据。

（2）公共机构主、被动能源耦合供应适宜性分区图的绘制

通过研究主、被动能源耦合机理、调研不同地区被动式能源资源条件基础数据，从资源能源、能耗、技术、经济、环境五个维度筛选公共机构被动式与主动式能源供应技术评价指标并建立评价指标体系，所选指标包括太阳能年辐射量、有效日照天数、单位面积浅层地热能热容量、煤炭生产量、城市天然气供应总量、电能总产量、公共机构负荷需求量、光伏发电装机容量、浅层地热能供暖及制冷面积、光伏发电政策补贴、地源热泵政策补贴、第三产业固定资产投资额、二氧化碳减排量共计 13 项指标。分别建立公共机构地热能与主动能源耦合利用适宜性评价体系、太阳能与主动能源耦合利用适宜性评价体系。选取客观赋权法中的熵权法对指标基础数据进行标准化及赋权处理，利用综合指数法确定不同能源耦合利用方案中各省三类公共机构适宜性综合得分。适宜性分区图的绘制与上述方法一致，采用自然间断点分级法对综合得分进行分级处理并利用 ArcGis 软件进行适宜性分区图的绘制，为我国不同地区主、被动能源耦合利用适宜性的研究提供可视化、智能化、高精度的技术支持。

（3）公共机构能源利用适宜性研究结果可视化—适宜性软件的开发

结合公共机构被动式能源与主动式能源供应技术评价指标体系及适宜性分布图研究成果，应用 HTML5、jdk1.8 开发了公共机构被动式能源利用适宜性分区软件，以 Visual Basic.net 为编程语言，Visual studio 2008 为开发环境，将公共机构被动式与主动式能源利用的适宜性研究成果融入主程序中，开发了公共机构被动式与主动式能源协调耦合利用适宜性分区软件。该适宜性分区软件通过输入已设定的评价指数数据的基础信息可以自动实现全国各地区三种不同类型公共机构适宜性得分的计算及分级工作，根据分级结果自动生成公共机构主被动式能源利用适宜性分区图。并能够提供全国各省市太阳能年总辐射量、有效日照天数、浅层地热容量、公共机构能耗需求量等相关数据及全国各地区公共机构被动式、被动式与主动式能源耦合利用适宜性等级的展示，当指标基础数据有更新变动时，所绘制的适宜性分区图也会做出相应更新。该软件可直观反应各地区被动式与主动式能源耦合利用适宜性情况，为公共机构能源规划决策者和设计者在主被动式能源利用方面进行优化配置提供帮助。

参 考 文 献

[1] 2019 年 BP 世界能源统计年鉴[R]. 北京：北京格莱美数码图文制作有限公司，2019.

[2] 董聪. 《巴黎协定》减排目标下中国产业结构与能源结构协同优化研究[D]. 北京：中国石油大学（北京），2018.

[3] 清华大学建筑节能研究中心. 中国建筑节能年度发展研究报告 2020[M]. 北京：中国建筑工业出版社，2020.

[4] 国务院机关事务管理局. 公共机构节约能源资源"十三五"规划[R]. 国管节能[2016]346 号. 2016-6-28.

[5] 国务院机关事务管理局. 公共机构节能条例释义[M]. 北京：中国环境科学出版社. 2009.

[6] 徐子苹，刘少瑜. 英国建筑研究所环境评估法 BREEAM 引介[J]. 新建筑，2002(01)：53-56.

[7] 田真. "可持续建筑挑战"绿色建筑评价系统：SBTOOL[C]. 第九届国际绿色建筑与建筑节能大会，2013.

[8] Annette Evans，Vladimir Strezov，Tim J. Evans. Assessment of sustainability indicators for renewable energy technologies[J]. Renewable and Sustainable Energy Reviews，2008，13(5).

[9] Naim H. Afgan，Maria G. Carvalho. Multi-criteria assessment of new and renewable energy power plants[J]. Energy，2002，27(8).

[10] Changhong C，Green C，Changhua W. Application of MARKAL model to energy switch and pollutant emission in Shanghai[J]. Shanghai Environmental Sciences，2002，21(9)：515-519.

[11] 杜娟. 基于系统动力学方法的成都市能源—环境—经济 3E 系统的建模与仿真[D]. 成都：成都理工大学，2014.

[12] Roberto de Lieto Vollaro，Emanuele de Lieto Vollaro. Informing on Best Practices Using Design Builder and RET Screen to Calculate Energetic，Financial，and Environmental Impacts of Energy Systems for Buildings[J]. Inter national Journal of Advanced Research in Engineering，2018，4(2).

[13] Haris Ch. Doukas，Botsikas M. Andreas，John E. Psarras. Multi-criteria decision aid for the formulation of sustainable technological energy priorities using linguistic variables[J]. European Journal of Operational Research，2006，182(2).

[14] Athanasios Angelis-Dimakis，Markus Biberacher，Javier Dominguez，Giulia Fiorese，Sabine Gadocha，Edgard Gnansounou，Giorgio Guariso，Avraam Kartalidis，Luis Panichelli，Irene Pinedo，Michela Robba. Methods and tools to evaluate the availability of renewable energy sources[J]. Renewable and Sustainable Energy Reviews，2010，15(2).

[15] Eunnyeong Heo，Jinsoo Kim，Kyung-Jin Boo. Analysis of the assessment factors for renewable energy dissemination program evaluation using fuzzy AHP[J]. Renewable and Sustainable Energy Reviews，2010，14(8).

[16] E. Koutroulis，D. Kolokotsa. Design optimization of desalination systems power-supplied by PV and W/G energy sources[J]. Desalination，2010，258(1).

[17] Yang H，Wei Z，Chengzhi L. Optimal design and techno-economic analysis of a hybrid solar-wind

power generation system[J]. Applied energy, 2009, 86(2): 163-169.

[18] Bilal B O, Sambou V, Ndiaye P A, et al. Optimal design of a hybrid solar-wind-battery system u-sing the minimization of the annualized cost system and the minimization of the loss of power sup-ply probability (LPSP)[J]. Renewable Energy, 2010, 35(10): 2388-2390.

[19] Lingfeng Wang, Chanan Singh. Multicriteria Design of Hybrid Power Generation Systems Based on a Modified Particle Swarm Optimization Algorithm[J]. IEEE Transactions on Energy Conver-sion, 2009, 24(1).

[20] 中国建筑科学研究院. GB/T 50378—2006 绿色建筑评价标准[S]. 北京: 中国建筑工业出版社, 2006.

[21] 中国建筑科学研究院. GB/T 50378—2014 绿色建筑评价标准[S]. 北京: 中国建筑工业出版社, 2014.

[22] 中国建筑科学研究院有限公司, 上海建筑科学研究院(集团)有限公司. GB/T 50378—2019 绿色建筑评价标准[S]北京: 中国建筑工业出版社, 2019.

[23] 刘天杰. 区域能源系统评价体系研究[D]. 哈尔滨: 哈尔滨工业大学, 2018.

[24] 甄纪亮, 刘政平, 武传宝, 黄国和. 基于模糊综合层次分析法的唐山市可再生能源开发决策评价[J]. 数学的实践与认识, 2018, 48(20): 10-16.

[25] 叶青. 绿色建筑 GPR-CN 综合性能评价标准与方法——中荷绿色建筑评价体系整合研究[D]. 天津: 天津大学博士论文, 2016: 32-36.

[26] 周海珠, 朱能, 杨彩霞, 王汎枫. 基于㶲理论的多种可再生能源互补供能系统综合性能评价方法[J]. 建筑节能, 2018, 46(08): 47-52.

[27] 曹馨匀. 基于三角模糊层次分析法的重庆地区建筑低碳化评价指标体系研究[D]. 重庆: 重庆大学, 2014.

[28] Zia Wadud, Sarah Royston, Jan Selby. Modelling energy demand from higher education institu-tions: A case study of the UK [J]. Applied Energy, 2019, 233-234.

[29] Richard Bull, Nell Chang, Paul Fleming. The use of building energy certificates to reduce energy consumption in European public buildings[J]. Energy & Buildings, 2012, 50.

[30] Busayo T. Olanrewaju, Olusanya E. Olubusoye, Adeola Adenikinju, Olalekan J. Akintande. A panel data analysis of renewable energy consumption in Africa [J]. Renewable Energy, 2019, 140.

[31] Hyuna Kang, Minhyun Lee, Taehoon Hong, Jun-Ki Choi. Determining the optimal occupancy density for reducing the energy consumption of public office buildings: A statistical approach [J]. Building and Environment, 2018, 127.

[32] Deuk Woo Kim, Yu Min Kim, Seung Eon Lee. Development of an energy benchmarking database based on cost-effective energy performance indicators: Case study on publicbuildings in South Ko-rea [J]. Energy and Buildings, 2019, 191.

[33] A. Galatioto, R. Ricciu, T. Salem, E. Kinab. Energy and economic analysis on retrofit actions for Italian public historic buildings[J]. Energy, 2019, 176.

[34] Z Noranai, ADF Azman. Potential reduction of energy consumption in public university library [J]. IOP Conference Series: Materials Science and Engineering, 2017, 243(1).

[35] Ma, Y., & Reynders, G. Data-driven statistical analysis of energy performance and energy sav-ing potential in the Flemish public building sector [J]. Journal of Physics: Conference Series, 2019, 1343, 012051.

［36］ S. Orboiu，C. Trocan，& H. Andrei. Monitoring system for electrical energy parameters in a romancing pre-university education institution［J］. The Scientific Bulletin of Electrical Engineering Faculty，2018，18(1).

［37］ 魏小清. 长沙市区大型商业办公建筑能耗调查和分析［A］. 中国建筑学会建筑热能动力分会. 中国建筑学会建筑热能动力分会第十六届学术交流大会论文集［C］. 中国建筑学会建筑热能动力分会：中国建筑学会建筑热能动力分会，2009：3.

［38］ Jihong Zhu，Deying Li. Current Situation of Energy Consumption and Energy Saving Analysis of Large Public Building［J］. Procedia Engineering，2015，121.

［39］ Hong Liu，Chang Wang，Meiyu Tian，Fenghua Wen. Analysis of regional difference decomposition of changes in energy consumption in China during 1995-2015［J］. Energy，2019，171.

［40］ Yibo Chen，Jianzhong Wu. Distribution patterns of energy consumed in classified public buildings through the data mining process［J］. Applied Energy，2018，226.

［41］ Jen Chun Wang. Energy consumption in elementary and high schools in Taiwan［J］. Journal of Cleaner Production，2019，227.

［42］ Tong Xu，Chunyan Zhu，Longyu Shi，Lijie Gao，Miao Zhang. Evaluating energy efficiency of public institutions in China［J］. Resources，Conservation & Recycling，2017，125.

［43］ DNV GL publishes Energy Transformation Outlook 2018 - Global and Regional Forecasts 2050［Z］. 2018-11-28.

［44］ Casasso A，Sethi R. G. POT：A quantitative method for the assessment and mapping of the shallow geothermal potential［J］. Energy，2016(106).

［45］ Casasso A，Sethi R. Assessment and mapping of the shallow geothermal potential in the province of Cuneo［J］. Renewable Energy，2017(102).

［46］ Garca-Gil A，Vzquez-Sue E. GIS-supported mapping of low-temperature geothermal potential taking groundwater flow into account［J］. Renewable Energy，2015(77).

［47］ Zhang Y，Choudhary R，Soga K. Influence of GSHP system design parameters on the geothermal application capacity and electricity consumption at city-scale for Westminster，London［J］. Energy & Buildings，2015(106).

［48］ Noorollahi Y. Thermo-economic modeling and GIS-based spatial data analysis of ground source heat pump systems for regional shallow geothermal mapping［J］. Renewable and Sustainable Energy Reviews，2017(72).

［49］ 丘宝剑. 竺可桢先生对中国气候区划的贡献［J］. 地理科学，1990(01)：28-34＋97.

［50］ 郑景云，尹云鹤，李炳元. 中国气候区划新方案［J］. 地理学报，2010，65(1)：3-12.

［51］ 中国建筑科学研究院. GB 50178—1993 建筑气候区划标准［S］. 北京：中国计划出版社，1993.

［52］ 中国建筑科学研究院. GB 50176—2016. 民用建筑热工设计规范［S］. 北京：中国建筑工业出版社，2016.

［53］ 付祥钊，张慧玲，黄光德. 关于中国建筑节能气候分区的探讨［J］. 暖通空调，2008，38(2)：44-47.

［54］ 齐锋. 被动式建筑设计气候分区［D］. 西安：西安建筑科技大学，2015.

［55］ 谢琳娜. 被动式太阳能建筑设计气候分区研究［D］. 西安：西安建筑科技大学，2006.

［56］ 夏伟. 基于被动式设计策略的气候分区研究［D］. 北京：清华大学，2008.

［57］ 武舒韵. 夏热冬冷地区居住建筑采暖适宜性气候分区研究［D］. 西安：西安建筑科技大学，2013.

236

[58] 冀洪丹. 重庆地区浅层地温能适宜性分区及资源量评价研究[D]. 重庆：重庆交通大学，2013.

[59] 官煜，魏永霞，陈学锋，等. 浅层地热能开发利用适宜性分区方法研究——以安徽省浅层地热能调查评价为例[J]. 安徽地质，2014，24(1)：28-31.

[60] 吕涛，戴园旭. 我国光伏资源利用评价及分区发展方式研究[J]. 科技管理研究，2018，38(10)：70-77.

[61] 王贵玲，刘云，蔺文静. 地下水源热泵应用适宜性评价指标体系研究[J]. 城市地质，2011(3)：6-11.

[62] 王涛. 宁夏沿黄河经济带重点城市浅层地热能利用适宜性评价研究[D]. 西安：长安大学，2010.

[63] 臧海洋. 沈阳城区地下水源热泵适宜性评价及应用模式研究[D]. 沈阳：沈阳建筑大学，2010.

[64] 韩春阳，潘俊，康然然，等. 沈阳城区水源热泵适宜性评价[J]. 地下水，2011，33(3)：48-49.

[65] 徐伟，王贵玲，邹瑜，等. 中国地下水源热泵技术适宜性研究[J]. 建筑科学，2012，28(10)：4-8.

[66] 赵艳娜，马小全. 层次分析法在浅层地热能适宜性评价中的应用[J]. 地下水，2012，34(6)：61-63.

[67] 金婧，席文娟，陈宇飞，等. 基于AHP的浅层地热能适宜性分区评价[J]. 水资源与水工程学报，2012，23(3)：91-93.

[68] 钱会，金婧，王涛. 基于ArcGIS的浅层地热能适宜性分区评价[J]. 华北水利水电学院学报，2012，33(2)：116-118.

[69] 孔维臻，郭明晶，陈萌，等. 基于模糊AHP的浅层地热能适宜性分区评价方法研究[J]. 中国矿业，2013，22(2)：107-110＋113.

[70] 龙娇. 重庆地区浅层地温能开发利用适宜性分区研究[D]. 重庆：重庆交通大学，2012.

[71] 杨露梅，朱明君，鄂建，等. 南京市地下水地源热泵系统适宜性分区评价：基于层次分析法和熵权系数法[J]. 现代地质，2015，29(2)：285-290＋360.

[72] 周阳，邓念东，王凤，等. 浅层地热能适宜性分区结构的分形原理[J]. 中国地质调查，2017，4(1)：18-23.

[73] 吕冬冬. 浅层地热能适宜性分区结构的分形原理[J]. 工程建设与设计，2019(2)：49-50.

[74] 《地热能开发利用"十三五"规划》发布[J]. 地质装备，2017，18(2)：3.

[75] 中国地质调查局水文地质环境地质部，北京市地质勘察技术院等. DZ/T 0225—2009 浅层地热能勘查评价规范[S]. 北京：中国标准出版社，2009.

[76] 中国地质调查局. 水文地质手册(第2版)[M]. 北京：地质出版社，2012.

[77] Tianzhen Hong，Jinqian Zhang，Yi Jiang. IISABRE：An integrated building simulation environment[J]. Building and Environment，1997，32(3)：

[78] 聂梅生. 中国生态住宅技术评估手册[M]. 北京：中国建筑工业出版社，2003.

[79] 中国建筑设计研究院有限公司. 19DX101—1. 建筑电气常用数据[S]. 北京：中国计划出版社，2019.

[80] 北京市煤气电热力工程设计院有限公司等. CJJ 34—2010 城镇供热管网设计规范[S]. 北京：中国建筑工业出版社，2011.

[81] 吴宗鑫，吕应运. 以煤为主的多元化清洁能源战略[J]. 科技导报，2001(8)：9-11＋5.

[82] 陈长虹，杜静. 实施大气污染物排放总量控制后能源系统的减排效果[J]. 能源研究与信息，2002(1)：10-16.

[83] 佟庆，白泉，刘滨，等. MARKAL 模型在北京中远期能源发展研究中的应用[J]. 中国能源，2004(6)：37-41.

[84] 何旭波. 补贴政策与排放限制下陕西可再生能源发展预测——基于 MARKAL 模型的情景分析[J]. 暨南学报（哲学社会科学版），2013，35(12)：1-8＋157.

[85] Joanna Krzemień. Application of Markal Model Generator in Optimizing Energy Systems[J]. Journal of Sustainable Mining，2013，12(2).

[86] Marcin Jaskólski. Modelling long-term technological transition of Polish power system using MARKAL：Emission trade impact[J]. Energy Policy，2016，97.

[87] P. Shipkovs，G. Kashkarova，M. Shipkovs. Renewable energy utilization in Latvia[J]. Renewable Energy，1999，16(1).

[88] Takahiro FUJIWARA，Yutaka TABE，Takemi CHIKAHISA. 北海道における温室効果ガス排出削減目標に対する長期的な最適導入技術解析[J]. Transactions of the JSME（in Japanese），2018，84(859).

[89] Nadejda Victor，Christopher Nichols，Charles Zelek. The U. S. power sector decarbonization：Investigating technology options with MARKAL nine-region model[J]. Energy Economics，2018，73.

[90] Stanislav E. Shmelev，Jeroen C. J. M. van den Bergh. Optimal diversity of renewable energy alternatives under multiple criteria：An application to the UK[J]. Renewable and Sustainable Energy Reviews，2016，60.

[91] 中国建筑科学研究院. GB 50736—2012 民用建筑供暖通风与空气调节设计规范[S]. 北京：中国建筑工业出版社，2012.

[92] 中国建筑科学研究院. GB 50189—2015 公共建筑节能设计标准[S]. 北京：中国建筑工业出版社，2015.

[93] 中国标准化研究院等. GB/T 2589—2020 综合能耗计算通则[S]. 北京：中国标准出版社，2020.

[94] 中华人民共和国国家统计局网[DB/OL]. http：//www. stats. gov. cn/

[95] 国家发展和改革委员会. 地热能开发利用"十三五"规划[R]. 发改能源[2017]158 号. 2017-1-23.

[96] 国家统计局能源统计司. 中国能源统计年鉴 2018[M]. 北京：中国统计出版社，2019.

[97] 辽宁省统计局. 辽宁统计年鉴 2019[M]. 北京：中国统计出版社，2019.

[98] WEC. World energy scenarios：composing energy futures to 2050[EB/OL]. London，UK：WEC，2013. http：//www. worldenergy. org.

[99] 辽宁省人民政府. 辽宁省"十三五"控制温室气体排放工作方案[R]. 辽政发[2017]3 号. 2017-1-25.

[100] 中华人民共和国国务院. "十三五"控制温室气体排放工作方案[R]. 国发[2016]61 号. 2016-10.

[101] 辽宁省人民政府. 辽宁省"十三五"节能减排综合工作实施方案[R]. 辽政发[2017]21 号. 2017-4-21.

[102] 辽宁省人民代表大会常务委员会. 辽宁省绿色建筑条例[Z]. 2018-11-28.

[103] 江苏省人民政府. 江苏省环境基础设施三年建设方案（2018－2020 年）[R]. 苏政办发[2019]25 号. 2019.03.07

[104] 山东省人民政府. 关于加快我省新能源和节能环保产业发展的意见[R]. 鲁政发[2009] 77

号．2009.6.26.

[105]　山东省人民政府．关于促进新能源产业加快发展的若干政策[R]．鲁政发[2009]77
　　　　号．2009.12.15.

[106]　山东省发展改革委．关于扶持光伏发电加快发展的意见[R]．鲁政办发[2010]39
　　　　号．2010.6.21.

[107]　甘肃省人民政府办公厅．甘肃省清洁能源产业发展专项行动计划[R]．甘政办发[2018]96
　　　　号．18.6.07.

[108]　湖北省人民政府．湖北省能源发展"十三五"规划[R]．鄂政发[2017]．51号．2017.10.28.

[109]　天津市国土房管局．天津市浅层地热能资源开发利用试点工作方案[R]．津政发[2010]13
　　　　号．2010.3.19.

[110]　江苏省人大常委．江苏省绿色建筑发展条例[Z]．2015.3.27.

[111]　江苏省人民政府．江苏省"十三五"能源发展规划[R]．苏政办发[2017]62号．2017.4.28.

[112]　山东省人民政府．山东省"十三五"节能减排综合工作方案[R]．鲁政发[2017]15
　　　　号．2017.6.30.

[113]　吉林省人民政府．吉林省"十三五"节能减排综合实施方案[R]．吉政发[2017]16
　　　　号．2017.4.21.

[114]　四川省住房和城乡建设厅．四川省建筑节能与绿色建筑发展"十三五"规划[R]．川建勘设科发
　　　　[2017]280号 2017.5.02.

[115]　浙江省机关事务管理局．浙江省公共机构节能"十三五"规划[R]．浙机事函[2016]89
　　　　号．2016.9.26.

[116]　上海市地矿工程勘察院等．DG/TJ 08-2119-2013地源热泵系统工程技术规程[S]．上海：上海
　　　　市城乡建设和交通委员会，2013．

[117]　上海市地矿工程勘察院．DG/TJ 08-2324-2020浅层地热能开发利用监测技术标准[S]．上海：
　　　　上海市住房和城乡建设管理委员会，2020．

[118]　辽宁省人民政府．辽宁省"十三五"节能减排综合工作实施方案[R]．辽政发[2017]21
　　　　号．2017.4.21.

[119]　河南省发改委．关于开展地热能清洁供暖规模化利用试点工作的通知[R]．豫发改能源[2018]
　　　　406号．2018.5.24.

[120]　河南省人民政府．河南省推进能源业转型发展方案[R]．豫发[2017]18号．2017.11.14.

[121]　河南省发改委．河南省"十三五"可再生能源发展规划[R]．豫发改能源[2017]916
　　　　号．2018.8.30.

[122]　河南省人民政府．河南省集中供热管理试行办法[R]．河南省人民政府令[2018]183
　　　　号．2018.2.13.

[123]　江苏省机关事务管理局．江苏省公共机构节约能源资源"十三五"规划[R]．苏事管[2016]53
　　　　号．2016.10.9.

[124]　国务院．国务院关于印发"十三五"国家战略性新兴产业发展规划的通知[R]．国发[2016]67
　　　　号．2016.11.29

[125]　江苏省人民政府．江苏省建筑节能管理办法[R]．江苏省人民政府令[2009]59
　　　　号．2009.11.04.